나를
찾는
한국미학여행

신동주 지음

나를 찾는 한국미학여행

앨피

머리말

미국의 베스트셀러 작가 마크 맨슨은 2024년 초 한국을 '세계에서 가장 우울한 나라'라고 평가하면서 불안과 스트레스, 높은 자살률을 근거로 들었다. 우리나라 젊은이들은 한국을 '헬조선'이라고 부른다. 물가는 비싸고 사회안전망은 열악하다. 북한의 핵무기를 머리에 이고 산다. 합계출산율 0.7로 세계 최초 인구 소멸국이 될 것으로 예상된다. 한국은 '기적을 이룬 나라, 기쁨을 잃은 나라'로 상징된다.

한국 사람인 내가 행복하지 않다면 환경적 요소의 영향도 있겠지만, 정말 중요한 것은 내가 나답게 살지 못해서이다. 내가 누군지, 나는 어떤 사람인지 모르기 때문이다. 나에 대해 궁금해야 나답게 살 수 있다. 그러면 경쟁도 패자도 있을 수 없다. 내가 내 삶을 산다면 남과 경쟁할 이유가 없다. '젊은이'란 '저를 묻는 이'라고 한다. 나는 나를 묻고 사는 젊은이인가, 아니면 '늘 그런 이'인 '늙은이'인가? 이는 물리적 나이의 문제는 아닐 것이다.

이 땅과 우리의 문화는 나를 있게 한 근본이자 나의 과거이다. 그리고 동시에 미래이다. '신토불이身土不二'란 말도 있지 않은가. 내가 누군지 알고, 온전히 나를 만나기 위해서는 이 땅과 문화를 제대로 봐야 한다. 멀리 돌아가는 듯 보여도 이것이 가장 빠른 길이다. 그 시간과 공간들이 나의 무의식과 잠재의식 속에 중첩되어 살아 있다.

많은 곳을 여행하면서 해외에서 웅장하고 예쁜 것들을 많이 보았지만 아름다움으로 다가오는 것은 많지 않았고, 재미는 있었으나 특별한 의미를 찾기는 어려웠다. 오랫동안 진하게 몸으로 기억되어 결국 나를 바꾸는 것은 우리의 자연과 예술이다. 우리의 자연과 예술은 나에게 치유와 여유를 준다.

우리 땅과 문화를 아는 것도 중요하지만 어떤 눈으로 보는가가 더 중요하다. 본다는 건 겉모습뿐 아니라 그것(그곳)의 본질과 가치를 알아보는 것을 의미한다. 겉모습은 시력으로 보고, 진면목은 안목으로 본다. 안목은 관심과 직관, 지혜를 밑거름으로 삼는다. 안목은 진짜와 가짜를 분별한다. 벤야민이 말하는 진품의 아우라Aura를 자주 경험해 봐야 내가 진짜가 된다. 반짝인다고 다 금이 아니기 때문이다. 내 땅 곳곳을 찾아 아름다움을 발견하고 자연, 예술, 인간을 들여다보아야 높은 안목을 가질 수 있다. 이 땅에 속한 아름다운 것들은 나를 비추는 거울이고, 결국 나이기 때문이다.

인도의 철학자 라즈니쉬는 아름다운 여행이 우리에게 세 가지의 유익을 줄 것이라고 하였다. 세상에 관한 지식, 집에 대한 애정, 그리고 가장 중요한 자신의 발견이다. 아름다운 여행이 되기 위해서는 나를 만나야 한다. 여행의 목적지는 바로 나 자신이다.

이미 본 것에 대한 향수, 이미 봤으나 미처 보지 못했던 것에 대한 경이, 한 번도 보지 못한 것에 대한 욕망을 품고 많이 돌아다녔다. 그 모든 것을 한정된 지면에 다 실을 수 없기에 나에게 재미 · 의미 · 심미를 준, 돌아와서 다시 생각나는, 다시 가 보고 싶은 장소들을 골랐다. 이 장소들의 공통점은 그곳들이 나에게 미학적이라는 것, 즉 자연미, 예술성과 인간미를 갖추었으며 그 안에서 나를 생각하게 만든다는 것이다. 나는 고정불변의 실체가 아니라 미학적인 것들을 공감각적으로 받아들이는 수용체이자, 그에 따라 진화하는 변화의 연속체이다. 나는 나아가는 존재이고 나아지는 존재여서 '나'이다.

한국의 아름다움을 나의 해석과 해설로만 표현하는 데에는 아무래도 한계가 있다. 이를 극복하고자 민담, 전설 같은 이야기와 유명 문인들의 문학작품을 함께 곁들임으로써 현재의 관점으로만 보는 우愚를 피하였다. 또한, 현장 사진을 덧붙여 읽는 이의 회상 또는 짐작을 돕고, 그곳이 전하는 말을 대신하였다.

인문학적 배경을 바탕으로 하되, 가능한 한 대중적으로 쉽게 우리의 아름다움을 전하고자 하였다. 역사, 건축, 예술 등 전문 분야에 국한된 지식을 일방적으로 전달하여 책의 내용이 소수의 전유물이 되는 것을 피하고자 했다. 독자들을 지식의 식민지가 아니라 지혜의 해방구로 안내하고, 무엇보다 거기서 자신을 만날 수 있도록 애썼다.

국보, 보물, 유네스코 세계문화유산, CNN 선정 한국의 명소 등이 포함되어 있어 가족여행, 수련회 등의 각종 여행과 한국의 진수를 보고 싶어 하는 외국인들에게도 좋은 가이드북이 될 것이다. 이 책을 통해 독자들이 각자의 기억과 상상을 바탕으로 다른 장소, 다른 시대로 타임머신을 타고 즐거운 여행을 하기를 바란다. 원효와 의상, 최치원과 김시습, 세종과 세조, 류성룡과 이황으로 변신해 보자. 그리고 다시 돌아오자. 시간과 공간을 가로지르는 아름다운 여행을 하고 돌아온 나는 떠나기 전의 내가 아니다. 체험을 통해 각성된 나는 넓고 크고 깊은 나로 달라져 있을 것이다.

이 책을 읽는 모든 분들이 자기만의 아름다운 여행을 떠났으면, 그래서 기쁨을 잃은 일상 속에 감추어져 있던 행복한 나의 모습을 되찾는 기적을 경험하기를 바란다.

2024년 10월

저자 신동주 드림

차례

1장 나를 찾는 한국 미학 여행 길라잡이

2장 산사의 아름다움 순례

3장
조선의 유교 미학 기행

4장
전통마을과 명문 고택 답사

5장
한국 정원으로의 미학 산책

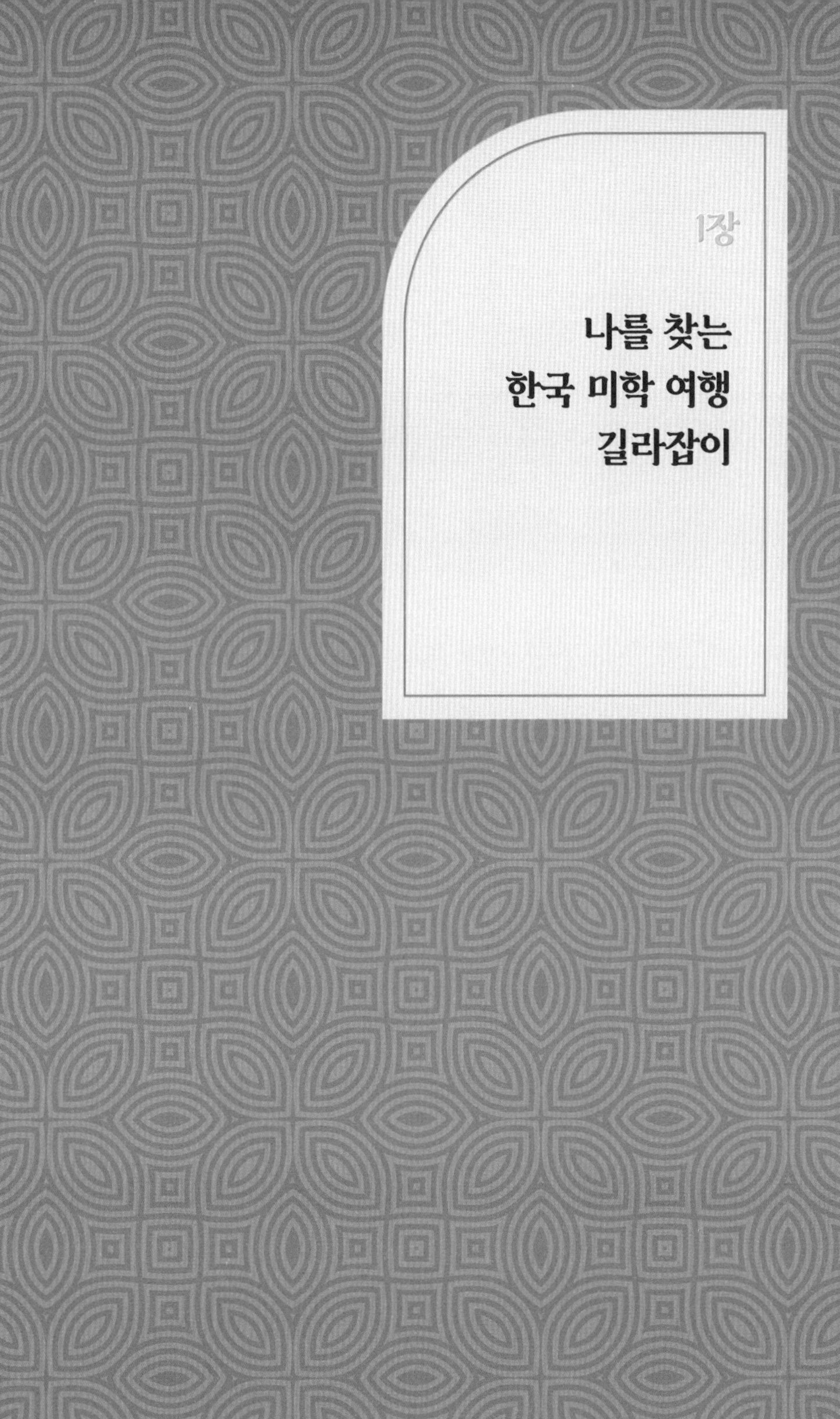

1장

나를 찾는 한국 미학 여행 길라잡이

아름다움이란 무엇인가?

세 명의 벽돌공이 벽돌을 쌓고 있었다. 그들의 표정은 저마다 달랐다. "지금 무슨 일을 하고 있나요?" 묻자, 한 벽돌공은 "벽돌을 쌓고 있소"라고 답했다. 다른 벽돌공은 "돈을 벌고 있습니다"라고 했고, 마지막 벽돌공은 "나는 지금 아름다운 성당을 짓고 있는 중이오"라고 대답했다.[1] 이 세 사람 중 누가 가장 의미 있는 일을 하고 있을까? 그리고 아름다움(美)이란 무엇일까?

일본 전통 다도의 대가 센노리큐(千利休)는 아들이 아침 일찍 정원을 쓸고 있는 모습을 바라보았다. 마당 쓸기를 마친 아들이 아버지에게 고했다. 그러나 아버지는 아들에게 다시 마당을 쓸라고 했다. 아들은 다시 정성 들여 마당을 쓸었다. 한참을 지나 아들이 다시 고했다. 그러나 아버지는 이번에도 고개를 가로저었다. 아들이 알 수 없다는 듯이 물었다.

"더 이상 쓸 곳이 없습니다. 계단도 정성스레 걸레질을 하였고, 화분의 이끼까지 깨끗이 손질하였습니다. 그런데 어찌하여 아직도 마당 쓸기가 끝나지 않았다고 하시는지요?"

"어리석구나."

아버지는 꾸짖으며 마당으로 내려섰다. 그리고 단풍이 곱게 물든 나뭇가지를 몇 번 흔들어 댔다. 깨끗한 마당 위로 소소히 단풍잎이 흩어졌다. 아버지는 한 움큼 낙엽을 주워 뿌리기도 했다.

"마당은 이렇게 쓰는 것이니라."

아들의 마당 쓸기는 청결만을 충족시키기 위한 것이었으나, 아버지의 마당 쓸기는 깨끗함은 물론 가을의 정취가 담긴 자연스런 풍경을 얻는 것이었다.[2] 아들이 추구했던 것이 기계적이고 인위적인 것이었다면, 아버지가 원한 것은 자연스럽고 심미적인 것이었다. 전자가 '품질'이고 '기술'이라면, 후자는 그 위에 '자연'과 '예술'을 더한 것이었다. 아름다움은 바로 자연스러움이고, 그것을 바탕으로 예술을 가미한 것이다. 그렇다면 예술적인 것은 모두 아름다운가?

현대 예술의 시발점인 마르셀 뒤샹의 〈샘Fountain〉은 일상의 변기를 전시장에 전시한 것으로 작품이라기보다는 하나의 사건이었다. 변기를 보고 아름답다고 느낄 사람은 별로 없을 것이다. 영국의 화가 프랜시스 베이컨의 그림들은 기괴하고 추한 형상으로 관람객들을 당혹스럽게 만든다. 그러나 어떤 아름다운 작품 못지않게 비싸게 거래되는 예술 작품이다. 우리의 것으로 고故 공옥진의 '병신춤'이나 '동물춤'은 어떤가. 공옥진의 춤에는 한과 슬픔이 진한 감동으로 녹아 있지만 보는 이를 당혹스럽게 하는 면이 있다.

예술 작품만큼이나 중요한 게 예술가의 인격이다. 우리가 잘 아는 베토벤과 괴테의 일화이다. 괴테가 베토벤보다 스무 살이나 많았지만 두 사람은 편지를 주고받으며 우정을 나누고 가끔 만나기도 한 모양이다. 어느 온천도시에서 베토벤과 괴테가 만나 함께 도시를 거닐며 산책을 하였다. 그때 마침 휴양차 방문한 오스트리아 황제의 부인과 우연히 마주쳤다. 베토벤은 허리를 펴고 고개를 당당히 들고 서 있는데, 괴테가 황후 일행에게 허리를 90도로 굽혀서 인사를 했다. 베토벤이 "그들이 세계 최고의 예술가인 우리에게 인사를 해야지 왜 우리가 그들에게 먼저 인사를 해야 합니까?" 하자, 괴테가 대답했다. "황후 개인에게 허리를 숙인 것이 아니라 유럽의 질서에 예의를 표한 것이네."

아름다움의 특성 중 하나는 질서와 관계에 대한 존중, 그리고 겸손이다. 아름다움은 자연과 대상의 외관만이 아니라 인간의 정신, 혹은 행위에도 존재한다. '화향십리 인덕만리花香十里, 人德萬里'라고 하였다. 인격의 중요성은 동서양을 가리지 않는다. 서양 속담에 '신은 마음을, 사람은 겉모습을 먼저 본다'고 하였고, 중국의 관상책 《마의상서麻衣相書》에는 '얼굴 좋은 것은 몸 좋은 것만 못하고, 몸 좋은 것은 마음 좋은 것만 못하다'는 말이 있다.

정조가 수원화성을 지을 때 신하들이 "성이란 강하면 그만이지 왜 단장합니까?"라고 묻자, 정조는 "아름다운 것이 강한 것이다. 아름다운 것이 힘이다"라고 답했다. 이 정신이 세계에서 가장 아름다운 성인 수원화성을 만든 우리의 특별함이다. 아름다움의 특성 중 하나는 강함이다. 강한 것에는 아름다움이 있다. 사람은 아름다움에 굴복한다. 아름다움은 공간과 시대를 초월하는 화두이다. 예술과 문화는 아름다움을 추구해 온 인간 삶의 과정 속에서 발전한다.

아름다움은 또한 '즐거운 것'이다. 우리는 아름다운 것을 바라보며 즐거움을 느끼고 욕망하게 된다. 아름다움은 그 자체로 매력적이고 바람직한 어떤 것과 관련된 자질이다. 아름다움은 나의 감각에 기쁨을, 정신에 즐거움을, 그리고 영혼에 생기를 가져온다. 아름다움은 결코 잊히지 않으며, 본질적으로 손에 잡히지 않는다. 사람의 마음을 가장 강하게 끌어당기는 것이 아름다움이다.[3]

아름다움은 기억하고 싶은 것이자, 변하지 않기를 바라는 것이다.[4] 그러나 아름다움은 빨리 지나간다. 짧다. 만약 아름다움이 길다면 그것은 괴로움으로 바뀔 것이다. 그래서 오는 것보다 가는 것이 더 아름답다. 덧없게 가는 것,[5] 벚꽃 같고 목련꽃 같은 것이다. 아름다움을 붙잡으려고 집착하면 추해진다. 물론 천 년을 버티는 아름다움도 있다. 우리는 그것을 고전classic이라 일컬으며 문화재로 지정해서 보존한다. 수많은 전쟁에도 불구하고 살아남은 것, 파괴되었지만 복구해야만 할 무엇은 우리에게 많은 것을 생각하게 한다.

아름다움이란 인간에게 영원한 과제이다. 나를 완성하기 위해 수행해야 할 사명이기 때문이다. '나'라는 개별 인간에서 인류로, 우주 전체로의 귀환에 이르도록 하는 필연적 조건이 '미美'이다. 아름다움은 개별 인간 사이에 놓인 벽을 허물고 서로 열리게 하여 소통하게 하는 무엇이다. 오로지 아름다움만이 가장 밝게 드러나고 가장 큰 사랑을 불러일으킬 수 있는 특권이 있다.[6]

아름다움은 일차적으로 우리의 시선과 밀접하게 관련되어 있다. 로마의 철학자 플로티누스는 《아름다움에 관하여》에서 "우리가 아름다운 존재가 아니면 아름다움을 볼 수 없다"고 하였다. 《주역周易》의 "어진 사람이 본다면 그것을 어질다고 하고, 지혜로운 사람이 본다면 그것을 지혜롭다고 할 것"이라는 말은 '아름다운 사람이 본다면 그것을 아름답다고 할 것이다'(美者見之謂之美)와 같은 말이다. 아름다움을 감상하는 것은 육체적 · 정신적 · 관계적 · 영적 성숙을 위한 조건이기도 하다.

'아름다움'에 대한 가장 보편적인 이미지는 '매력적'이라는 것이다. 미는 타인의 주목, 사유와 관심을 불러일으킨다. 이때 미의 불러일으킴에 대한 인간의 반응이 사랑eros이다. 사랑은 만물의 창조자이며 보존자이다. 이때 만물의 보존은 손상되기 이전의 온전한 본래 상태로의 회귀에 다름 아니다. 즉, 사랑은 온전한 상태를 회복하려는 욕구이다. 더 나은 일상으로의 회귀와 온전한 자기회복을 전제로 하는 여행도, 자기에 대한 사랑과 아름다움이 우리를 구원하리라는 확신이 없으면 떠나기 어렵다.

아름다움은 좁은 의미로는 '보기 좋음으로서의 아름다움'을 뜻하지만, 넓은 의미로는 진선미眞善美의 통합 개념이다. 고대 그리스인들의 '미'는 넓은 의미의 좋음을 뜻했다. 그리스에서 가장 이상적인 것을 뜻하는 용어 '칼로카가티아kalokagathia'는 '아름다운'을 의미하는 칼로스kalos와 '좋음'을 의미하는 아가톤agathon이 결합된 말로, 아름답고 좋은 것을 뜻한다.[7]

이희승 편 《국어대사전》에는 '아름다움'이 "사물이 원만하게 조화되어서 감각이나 감정에 기쁨과 만족을 줄 만하다"고 풀이되어 있다. 고유섭은 "아름다움이란 우리말은 미의 본질을 탄력적으로 파악하고 있으니, '아름'이란 '안다'의 변화인 동명사로서 미의 이해작용을 표상한다. '다움'이란 형용사로서 격, 즉 가치를 말하는 것이다. 사람다움이 인간적 가치, 즉 인격을 말하는 것처럼, 아름다움은 지적 가치를 말하는 것이다"라고 하였다.[8]

이에 반해, 조지훈은 아름다움의 어원은 알음(知)다움도 아니요, 아람(實)다움도 아니라고 보았다. 그는 "아름다움의 아름은 사私의 고훈古訓이다. 민의 통훈通訓인 백성의 속훈도 아름이지만, 이는 사민私民의 뜻이므로 사의 훈 아름에서 온 것이 분명하다"고 하였다. 아름다움은 여러 미의식에 맞는 제 가치 기준에 부합하는 것이란 뜻으로, 대상이 저 곧 각자와 같을 때 느끼는 감정이란 말이다.[9] 쉽게 요약하면, 가장 나다운 것이 가장 아름답다는 의미다. 유사하게 양주동은 '아름답다'의 '아름'은 '나의 자체, 그것'이라는 뜻이며, '답'은 '같다'의 의미라고 해석했다. 즉, 아름다움은 나를 발견할 때의 감정이며, 그것이 제 마음에 어울리는 것이 아름답다의 의미라고 했다.[10]

우리가 미의 이상을 우리의 정신 가운데 지니며 일상적인 생활 가운데에서 끊임없이 나다움을 실현코자 노력할 때, 그 인생은 아름다울 것이며 생에 보람을 느낄 수 있을 것이다.

안목眼目과 심미안審美眼

아름다움을 다루는 것이 미학美學이다. 미학은 자연과 예술에 대하여 아름다움을 느끼는 인간의 감성과 그것을 해석하는 이성을 다루는 철학의 한 분야이다.[11] 미는 인간의 마음 안에 있는 것이다. 자연 그 자체에 어디 미추美醜가 있단 말인가? 그것은 단지 인간의 구분일 뿐이다. 다시 말해서, 미는 순수한 인간적 가치다. 이런 점에서 미학은 인간학으로서 인간의 주관적 가치를 다룬다. 미는 진위의 문제가 아니라 쾌, 불쾌의 문제이다. 미학은 구체적 · 개별적인 감각이면서 동시에 생각하고 해석하는 철학이다. 학문의 꽃이 철학이라면, 미학은 철학의 꽃이라고 할 수 있다. 러시아의 철학자 모이세이 카간은 미학을 다음과 같이 정의했다.[12]

> 미학은 단지 미에 대한 학문이 아니라 인간이 자신을 둘러싸고 있는 자연을 비롯한 세계 속에서 발견하고 실천적인 활동 속에서 창조하며 또 현실을 발견하는 예술 속에 구현하게 되는 다양한 미적 가치들을 탐구하는 학문이다.

필자는 '눈먼 세계일주보다 눈뜬 동네 한 바퀴가 낫다'는 말을 종종 한다. '눈뜬'이란 무엇일까? 그것은 드러난 표면과 현상만 보는 것이 아니다. 한눈에 포착되지 않는 이면의 것, 눈 감아야 보이는 어떤 것, 다시 생각해야 느껴지는 그것, 아무에게나 쉽게 모습을 드러내지 않는 숨겨진 비밀을 감지하는 능력이다. 찰나에서 영원을 보고 티끌에서 우주를 보는, 아름다움을 제대로 볼 줄 아는 미학적 눈이다. 모두가 나와 다르지 않다는 하나된 큰 마음에서 비롯된, 우주 만물과 소통할 수 있는 열린 감각이다.

이런 오감 너머의 차원 높은 아름다움을 보는 눈을 '안목眼目'이라고 한다. 안목이 높다는 것은 미적 가치를 감별하는 눈이 뛰어남을 말하며, 그것을 자기에 반영하고 소화하는 능력까지 포함한다. 안목을 높이기 위해서는 내시경적 시각 · 현미경적 시각 · 망원경적 시각을 확보하고, 오감을 총체적으로 활용하여 그 너머로 지평을 확대해 가야 한다. '전체는 부분의 합보다 크다'는 말처럼, 공감각sensus communis은 그 자체로 하나의 감각이면서 동시에 개별 감각인 오감 하나하나를 초월한다. 공감각은 개별적인 여러 감각을 관계 맺게 하고 질서를 잡아 줌으로써 차원 높은 통합으로 향하도록 작용한다. 사랑하면 보인다고 한다. 뒤집어서 공감각으로 자세히 보면 아름답고 사랑스럽다. 사랑의 눈으로 무엇인가를 자세히 보는 것이 안목이다.

안목과 비슷한 말로 심미안審美眼이 있다. 미적인 것을 알아보는 눈을 뜻하는 심미안은 인간이 가진 어떤 능력보다 우월한 능력으로 여겨진다. '아름다움을 살피는 눈'을 갖는다는 건 얼마나 놀라운 일인가. 심미안을 갖는다는 것은 결국 '마음의 눈'을 뜨는 일이다. 미적인 가치를 느끼는 능력은 어떤 상황에서도 자존감을 지켜 주는 무기가 된다.[13] 심미안은 많이 보고 비교하여 내가 의미를 두는 것의 소중함이 분명해지고 나다움이 회복된 상태이다. 심미안은 타고난 능력이라기보다 커 가는 능력이다. 스스로 훈련하는 것이다.

미의 가치는 상대적인 비교로 분명해진다. 여러 아름다운 것들의 비교를 통해서 '미적인 것'에 대한 자신의 기준이 생겨난다. 기준이 없다면 어떤 것의 좋고 나쁨을 판정하는 것 자체가 어렵다. 비교하는 관점이 생기면 재미가 생긴다. 제 것만 보이는 세상에서 노는 것과 넓은 세상에서 다양한 것을 마주하는 즐거움을 어찌 비교할 수 있을까. 심미안을 가진 사람은 비교의 근거가 확장되는 재미를 안다. 차이를 알아보는 능력이 커지면 보이지 않는 본질의 의미를 이해하게 된다.

고전은 긴 세월을 견딘 작품이다. 고전은 내가 태어나기 전에 만들어졌고, 내가 죽고 난 다음에도 남아 있을 것이다. 시간과 공간을 뛰어넘는 불멸성을 갖추었다. 한 번뿐인 인생을 사는 인간에게 시간에 맞서 변하지 않는 아름다움과 의미를 가진 대상과 마주하는 경험은 강렬하다. 아름다움을 자주 보고 느끼면 느끼는 것으로 끝나지 않는다. 행동이 일어나고 생각이 바뀐다. 추로 가득한 일상의 도시에서도 아름다움으로 가득한 낙원 가운데 있는 것, 심미안을 가진 자의 특권이다.

나를 찾는 미학 여행이란?

우리는 왜 여행하는가? 철학자 가브리엘 마르셀은 인류를 '호모 비아토르Homo Viator', 곧 '여행하는 인간'으로 정의했다. 인간은 끝없이 이동해 왔고 그 본능은 우리 몸에 새겨져 있다. 유전자에 새겨진 이동의 본능, 여행은 어디로든 움직여야 생존을 도모할 수 있었던 인류가 남긴 진화의 흔적이자 문화이다. 우리는 모두 여행가의 삶을 타고났다.

동양에서는 인생을 바꾸는 다섯 가지 힘으로 운명, 풍수, 적선積善, 독서 그리고 가장 중요하게 여행을 꼽았다. 만 권의 책을 읽는 것보다 만 리를 여행하는 것이 더 가치 있다고 했다. 그래서 귀한 자식일수록 먼 길을 나서게 했다. 여행이 산업화・대중화된 것이 지금의 관광이다. 여행은 떠남과 만남이며 돌아옴이다. 떠남은 타성에 젖은, 이기적인, 작은 자기중심에서 탈피하는 것이다. 지금, 여기의 내가 내가 아니라는 의심을 해야 떠날 수 있다. 내가 남과 다를 바 없는 삶을 살고 있는 건 아닌지 반성하는 일이기도 하다. 전혀 뜻밖의 아름다운 것들과 만나고, 그 속에서 나를 만나는 일이다. 결국에는 진정한 나로, 더 큰 나로 돌아오는 일이다.

아름다움은 우리에게 신비를 경험할 행복한 기회를 준다. 어쩌면 아름다움의 가장 큰 미덕은 이해할 수 없는 것을 사랑하는 법을 가르쳐 준다는 데 있을 것이다. 아름다움은 우리가 사랑하고 싶은 것의 다른 이름이기 때문이다. '가 보고 싶은 곳'은 '살고 싶은 곳'에 다름 아닌 것과 마찬가지다. 미적 체험이란 측면에서 아름다움은 예술과 여행의 공집합이자 필요충분조건이다. 어떤 예술, 어떤 여행지를 아름답다고 느끼는 경험은 쾌감을 얻는 것 이상의 그 무엇임이 분명하다.

왜 미학이 필요한가? 이것은 왜 여행하는가의 문제와 정확히 일치한다. 그래서 미학과 여행은 비슷한 혹은 같은 것이다. 일상의 아름다운 경험이 미학이고, 일상 밖의 미학이 여행이다. 여행은 아름다운 경험이므로 미학 여행이다. 그러면 우리는 왜 미학 여행을 해야 하는가?

첫째, '다른 것들'과의 만남을 통해 나의 자유를 찾기 위해서다. 사르트르는 "자유야말로 인간의 본질이며, 인간을 다른 사물들과 구별해 주는 징표"라고 했다. 철학이 나를 아는 것이라면, 자유는 내가 '나' 되는 것이다. 단순히 말하면, 자유란 외부 원인에 의해서가 아니라 자기원인causa sui에 의해서 스스로 기쁨을 느끼는 바로 그 순간이다. 인간의 자유는 나만이 할 수 있는 새로운 의미를 창조하는 데로 진전되어야 한다. 물론 이러한 능동적 창조의 과정에는 자연과 예술 등 타자와의 마주침이라는 불가피한 단서가 붙는다. 타자와의 수동적이고 우연한 마주침이 아니라 적극적으로 타자와의 만남을 위해 나서는 게 여행이다. 세상의, 타자의 아름다움을 만나, 그렇게 나를 아름답게 가꾸면서 자유롭게 살아야 한다.

자유는 진리의 본질이다. 《성경》은 "진리가 너희를 자유케 하리라"고 선언한다. 진리가 우리를 자유케 하듯이, 여행이 우리를 자유케 한다. 《그리스인 조르바》를 쓴 니코스 카잔차키스의 묘비명은 이렇다.

> 나는 바라는 게 없다.
> 나는 두려운 게 없다.
> 나는 자유다.

둘째, 미학 여행은 나의 안목을 높이고 심미안을 키운다. 《어린 왕자》에서 여우는 "중요한 것은 눈으로 볼 수 없다"고 말한다. 그것은 마음으로 느껴지는 것이다. 겉으로 보이는 모습이나 현상이 아니라 그 안에 숨어 있는 관계와 의미, 과정, 맥락이 중요하며, 그것은 발견하려고 애쓰는 사람에게만 보인다. 즐거운, 의미 있는, 그리고 아름다운 인생을 살기 위해 꼭 기억해야 할 것은 보이지 않는 것을 발견하는 일이다.[14]

라즈니쉬는 아름다운 여행이 우리에게 세 가지 유익을 줄 것이라고 했다. 세상에 관한 지식, 집에 대한 애정, 자신의 발견이 그것이다. 여행이 아름다운 것이 되기 위해서는 나를 만나야 한다. 여행의 목적지는 바로 나 자신이다. 나날의 일상은 지루하게 되풀이된다. 그래서 감각은 무뎌지고 둔해진다. 자연과 예술은 우리가 발견하러 나서면 우리의 무뎌진 감각을 아름답게 변화시켜 준다. 타성에 젖은 감각의 변화는 시각을 교정시키고 아름다움을 발견할 가능성을 높인다. 나의 안목을 높이고 심미안을 키워 준다.

셋째, 미학 여행은 낯선 세계로 나아가게 한다. 장자莊子는 "우물 안 개구리는 바다를 이야기할 수 없고 여름 벌레는 겨울 얼음을 말할 수 없다"(井蛙不可以語海 夏蟲不可以語氷)고 했다. 우물 안 개구리가 되어서는 안 된다. 진정한 혁신은 바깥에서 온다. 익숙한 사물을 새롭게 보기 위해, 혹은 전혀 새로운 것을 보기 위해 때때로 넓고 낯선 세계를 찾아야 한다. 지금껏 잊고 있었던 것들, 꿈꾸어 온 것들, 우리가 알지 못하는 것들, 신비 · 영원 · 무한 · 진리 같은 것들은 넓고 낯선 곳에 자리한다. 망원경적 시각과 내시경적 시각 그리고 현미경적 시각을 확보할 때, 다시 말해 안목을 가질 때 우리는 낯선 세계로 진입할 수 있다. 그 결과 내가 고양되고 심화되는 것, 그것이 바로 미학 여행이 목적하는 바이다.

넷째, 미학 여행은 아픈 일상의 나를 치유한다. 웰빙과 힐링이 우리 사회의 주요 키워드인 것은 그만큼 현재가 고통스럽고, 그로부터 상처받은 마음을 치유하고 싶어 하기 때문일 것이다. 웰빙은 좋은 삶, 편안한 삶을 말하며, 힐링은 삶 속에서 겪은 아픔을 치유하는 것을 뜻한다.[15] 현대인이 겪는 아픔은 대개 몸과 마음의 밸런스가 깨진 데에서 비롯된다. 그런데 많은 이들이 자신의 약점과 고통을 무한함, 영원함의 잣대에 비추어 측정한다. 그리고 남의 장점과 비교한다. 자연과 예술이 우리에게 가르쳐 주는 좋은 교훈이 있다면, 그것은 '삶에서 정말 필요한 것은 그렇게 많지 않다'는 것, 소유와 경쟁과 비교의 부담에서 벗어나는 것이다.

미학 여행은 배움의 공간이지만 비움의 시간이기도 하다. 주머니뿐 아니라 머리를 비우고 마음을 텅 비우는 것은 일종의 치유이다. 미학 여행은 휴식과 놀이 이전에 치유의 의미가 더 강하게 내포되어 있다. 이런 여행은 추한 일상에 저항하고 미적 이상을 지향하도록 격려해 준다.

다섯째, 미학 여행은 나를 변화시킨다. 변화란 익숙한 것들과의 결별이다. 변화는 삶의 원칙이다. 동아시아의 고전인 《주역》의 기본 원리는 '궁즉변, 변즉통, 통즉구窮則變 變則通 通則久'라는 구절에 녹아 있다. 궁하면 변하고, 변하면 통하며, 통하면 영원하다.

부유한 집안의 심약한 모범생이자 의대생이었던 체 게바라는 모터사이클을 타고 남미 곳곳을 여행한 뒤 이렇게 선언하였다. "더 이상 예전의 내가 아니다. 여행하는 동안 나는 생각보다 더 많이 변했다." 이후 그는 남미의 혁명 영웅이 되었다. 그는 추함 속에서 진짜 아름다움을 본 것이다. 아름다운 여행은 몸속에 흐르는 피를 바꾼다. 이런 여행은 다시 태어날 수 있는 기회를 준다.

다이아몬드와 석탄은 똑같은 탄소Carbon 덩어리다. 차이는 압력과 고온을 견디느냐 못 견디느냐이다. 석탄이 150~200만 톤의 압력과 2~3천 도의 열기를 견뎌 내면 강하고 아름다운 다이아몬드가 된다. 재료는 같아도 내용과 가치가 변화하는 것이다. 미학 여행은 그걸

가능하게 한다.

여섯째, 미학 여행은 내 삶을 향유하는 일이다. 에마뉘엘 레비나스는《시간과 타자》에서 "즐김과 누림, 곧 향유가 인간이 세계와 접촉하는 가장 근원적인 존재 방식"이라고 하였다. 삶을 향유로 본다면 햇볕과 맑은 공기, 흙 냄새 같은 자연과 음악 · 그림 같은 예술은 모두 향유의 대상이다. 자연과 예술 경험은 내 삶을 온전히 살게 하는 힘을 준다. 내가 원하는 삶을 발견하고 삶을 즐길 수 있게 한다. 심미적 경험은 자기 삶의 향유로 이어진다. 향유는 인생의 긍정적 경험, 즉 삶의 기쁨과 즐거움을 충분히 누리며 자신의 행복을 스스로 만들어 간다는 뜻이다.

사람들은 무언가를 향유할 때 자신이 시간의 흐름을 늦추고 있다고 느낀다. 경험을 연장시키고 있다고 느끼는 것이다. 속도를 늦추면 스스로에게 향유할 시간을 좀 더 많이 할애하게 된다. 향유할 때 우리는 시간의 지배자가 된다. 등산할 때를 보자. 등산의 기쁨은 주변 환경과 자기 내부의 세세한 부분들을 의식할 수 있을 만큼 천천히 산을 오르면서 얻게 된다. 예술과 자연의 공통점은 인간에게 여유와 향유를 준다는 것이다. 다음은 고은의 시 〈그 꽃〉이다.

내려갈 때 보았네
올라갈 때 보지 못한
그 꽃

한·중·일 미학의 차이

자연의 아름다움과 뛰어난 예술 작품은 시대와 민족을 넘어 모두에게 감동을 준다. 이를 미학적 보편성이라고 할 수 있다. 그런데 사람들이 무엇을 아름답다고 여기는지는 국가와 민족, 시대적 배경에 따라 많은 차이가 있다. 이는 미학적 특수성이다.

'풍토風土'는 한 민족이 살아온 지역의 기후, 지형, 식생 등을 총칭하는 말이다. 자연현상뿐만 아니라 그 지역에 사는 사람들이 감각기관을 통해 느끼는 심리 상태까지 포함한다. 수많은 대상들의 형태, 색채, 질감과 자연현상에서 지각되는 다양한 감각과 감정이 인간의 경험 속에서 통합되어 독특한 미의식을 형성한다.

모든 사물은 개개의 인간에게 서로 다른 의미로 각인된다. 인간은 각자의 독특한 지각 방식에 따라 그것을 받아들인다. 풍토는 이러한 지각 방식에 영향을 주는 원초적인 요인이다. 따라서 모든 미학은 풍토의 바탕 위에서 구축된 것이며, 풍토성은 특정 지역에 사는 특정 민족의 미의식을 드러나게 하는 바탕이 된다.[16]

지리적으로 중국은 대륙성, 한국은 반도성半島性, 일본은 도서성島嶼性의 특징을 가지고 있다. 중국 문화가 외향적이고 견고한 남성적 성격을 보인다면, 일본 문화는 내향적이고 아기자기한 여성적 특징을 지닌다.[17] 일반적으로 산과 돌이 많은 지역에 살면 자연으로부터 양기陽氣를 많이 받아 남성적이고 강인한 의지가 발달하고, 물과 습기가 많은 지역에 살면 음기陰氣를 받아 여성적이고 낭만적 정취가 발달한다고 본다.

한국인의 의식 구조 바탕에는 천지인天地人 삼재三才 사상이 자리하고 있다. 중국인들이 세상을 음양의 이원 체계로 이해하는 데 반해, 한국인은 3이라는 숫자를 좋아한다. 삼신 사상, 삼세판, 그리고 사람 이름도 세 글자이다. 1이 양이고 2가 음이라면, 3은 양과 음의 대립적 통일을 이룬 접화接化의 수이다. 1은 하늘이고 2는 땅이며 3은 사람이 되는 천지인 사상이다. 대종교의 경전인《천부경天符經》에 잘 나와 있다.

> 본래 마음의 근본은 태양이니 밝음을 추구하는 사람에게는 하늘과 땅이 하나로 접화된다(本心本太陽 昂明人中天地一).

중국의 궁궐 건축은 엄격한 대칭축을 설정하고 그 위에 한 치의 오차도 없이 건물을 배치한다. 이것이 가능했던 것은 수도가 들어서는 장소가 거대한 평원이었기 때문이다. 이에 비해 한국의 건축은 비대칭적 경향이 강하다. 이는 자연지세에 순응하고자 하는 태도에서 연유했다. 사찰이나 주택 · 정원의 구성도 비대칭이 일반적이며, 대칭성을 지향하는 궁궐 · 서원 · 향교도 자세히 살피면 비대칭적이다. 일본은 대체적으로 대칭을 이룬다. 그러나 세부로 들어가면 철저히 계산된 비대칭을 접하게 된다. 비대칭이라 하면 흔히 자유롭고 여유로운 상태를 떠올린다. 그러나 일본의 비대칭은 긴장감을 느끼게 하는데, 그것은 계산되고 세밀한 솜씨로 다듬어진 비대칭이기 때문이다.

지붕의 모양도 차이가 뚜렷하다. 중국의 처마 곡선은 하늘로 치솟아 올라가는 모양으로 전체적으로 과장이 심하다. 천안문을 보면 장중하고 화려하지만 자연미를 전혀 찾을 수 없다. 일본의 지붕 선은 단조롭고 직선적이다. 우리나라 지붕의 곡선미는 단연 독보적인 아름다움을 지니고 있다. 기와지붕이나 초가지붕 할 것 없이 지붕이 지닌 선이 은근한 아름다움과 우아하면서도 담담한 곡선으로 자연미가 넘친다.[18]

또한, 우리에게는 은유의 미학이 있다. 사찰의 처마 끝에 매달린 풍경에도 절묘한 반전이 있다. 중국과 일본의 풍경에는 꽃이나 구름 문양 등 산사에 있을 법한 형상이 매달려 있다. 그러나 우리 사찰의 풍경에는 난데없이 물고기가 달려 있다. 잘 때도 눈을 감지 않는 물고기처럼 스님들도 불법을 깨닫기 위해 용맹정진하라는 뜻이다. 물고기는 물을 상징하므로 화재 예방의 의미도 담고 있다.[19]

독일인 신부로 1909년부터 20년 동안 한국에 머물렀고《한국미술통사》를 집필한 안드레 에카르트는 한국 예술가들이 중국과 일본 사이에서 위대한 조율성과 섬세한 감정으로 중용을 지킬 줄 알았다고 평가하였다. 그는 과장과 왜곡이 심한 중국미술이나 감정에 차 있고 틀에 박힌 듯한 일본미술과 다른 정제됨과 고요함을 한국미의 특징으로 주목했다.[20] 미술사학자 최순우는 중국미술이 권위적인 장중미, 일본미술이 경쾌하며 간지러운 아름다움을 특징으로 한다면, 한국미술은 소박과 의젓한 아름다움이 있으며 풍류적이고 문인적 고상함과 익살을 갖고 있다고 했다.[21]

한국 미학의 특성

2012년 문화체육관광부가 전문가 1백 명, 일반인 1천 명을 대상으로 설문조사를 실시하고 이를 기초로 10대 '한국 문화유전자'를 선정해 발표하였다. 문화유전자란 역사적 전통과 문화적 개성을 담은 문화 특징으로서 연속성을 지닌다. 전문가들은 자연스러움을 가장 중요한 한국의 문화유전자로 주목했으며, 다음으로 열정, 신명(흥), 예의, 여유, 끈기, 어울림(조화), 한恨, 공동체문화, 발효(숙성) 순이었다. 일반인들은 예의를 1순위로 꼽았고 끈기, 공동체문화, 열정, 어울림(조화), 신명(흥), 한, 자연스러움, 발효(숙성), 여유가 그 뒤를 이었다.[22]

한국의 전통문화는 농업을 생업으로 하는 역사 속에서 발전했다. 그래서 사계절의 변화에 민감하며, 아름답고 온화한 자연에 대한 깊은 감정을 생활 속에 구현하고 있다. 여기에 무속과 불교 등의 종교사상이 영향을 미쳤다.

독일의 박물학자 요한 슈멜츠는 한국미의 본질을 자연성으로 인식하고, 그 표현적 특징을 해학으로 보았다. 독일의 미술사가 디트

리히 제켈은 한국미의 특징을 "생명력, 조작 없는 자연성, 기술적 완벽에 대한 무관심"으로 정의했다.[23]

한국 최초의 미술사학자 고유섭은 1940년에 발표한 논문 〈조선 미술문화의 몇 낱 성격〉과 〈조선 고대미술의 특색과 그 전승문제〉에서 '무기교의 기교', '무계획의 계획', '민예적인 것', '비정제성', '적조미', '적요한 유머', '어른 같은 아해', '비균제성,' '무관심성', '구수한 큰 맛' 등을 한국미의 전통적 특색으로 들었다. 언뜻 이해하기 어려운 무관심성은 인위적이고 기교적인 완벽주의를 거부하는 한국미술 특유의 미적 취향을 말한다. 구수한 큰 맛이란 중국의 '웅장한 거대함'과 구별되는 것이다.

서양화가이자 미술평론가 윤희순은 1943년 발표한 논문 〈조선 미술의 특이성〉에서 시대를 일관하는 한국미의 형식에 대해 논하면서, 반도라는 특수한 지형이 대륙과 섬나라 양자의 특질을 포용하여 통일함으로써 독특한 미를 구성하였다고 보았다. 맑고 고운 푸른 하늘의 청정무구함과 가을 하늘의 청초함에서 아취雅趣와 소박미가 파생되었다는 것이다. 윤희순은 1946년 《조선 미술사연구》에서 한중일 미학을 비교하여 한국미의 특징을 정리하였다. 윤희순에 따르면, 양量에서는 대륙(중국)의 대大와 섬나라 일본의 소小에 비해 반도인 조선은 중용과 통일 있는 조화로서의 양을 추구하고, 형形에서는 대륙의 거대 · 기괴함과 섬나라의 단조에 비해 조선은 오묘하며, 색色에서는 대륙의 번화와 일본의 농연에 비해 반도는 청

윤희순의 한 · 중 · 일 미학의 특징 비교

	형(形)	양(量)	색(色)	선(線)
한국	자연스러움	소박함	조화로움	부드러움
중국	육중함	거대함	번화로움	중후함
일본	단조로움	규모가 적음	화려함	얇고 가벼움

초하다. 선線에서는 대륙의 중후, 일본의 경박에 비해 조선은 유려하다. 결론적으로 한국미의 특질은 형 · 질의 유기적인 조화라는 것이다. 윤희순은 중용, 통일, 조화 등 유가적 사유를 바탕으로 한국미의 특질을 논하였다.

화가이자 미술사가 김용준은 1948년 출간한《조선미술대요》에서 조선 민족의 특색을 '구수하고, 시원스럽고, 어리석고, 아담하다'고 요약했다. '구수하다'는 맛과 냄새가 비위에 맞아 좋음을, '시원하다'는 말과 하는 짓의 맺고 끊음이 또렷함을, '어리석음'은 꾀가 적어 되바라지지 않음을, '아담함'은 말쑥하고 담담함을 뜻한다. 구수함이 지닐 수 있는 밋밋함에 시원함이 가진 산뜻함으로 더하고, 시원함이 보여 줄 수 있는 가벼움을 어리석음이 가진 여유로 채워 준다. 어리석음이 뜻하는 슬기의 모자람을 아담함이 가진 우아한 맑음으로 메우고, 아담함이 드러낼 수 있는 곱상하기만 하여 덤덤하기만 한 것을 다시 구수함이 가진 생활 속 맛깔스러움으로 채운다. 이렇듯 어느 것 하나 어설프지 않게 서로 채워 주고 있으니, 김용준이 요약한 이 네 가지 특색은 실로 한 가지 특색이라 할 것이다.

고고학자이자 미술사학자 김원용은 고등학교 국어교과서에 수록된 〈한국의 미〉에서 이렇게 말했다.

> 세상 또 어디에 흰 구름 날아간 뒤의 맑은 한국 하늘 같은 어여쁨이 있을까. 이 맑은 하늘 밑, 부드러운 산수 속에 한국의 백성들이 살고 있는 것이다. 이것이 바로 한국의 미의 세계요, 이 자연의 미가 바로 한국의 미다. … 미추美醜를 인식하기 이전, 미추의 세계를 완전 이탈한 미가 자연의 미다. 한국의 미에는 이러한 미 이전의 미가 있다.

김원용은 한국의 미에는 중국미술에서 보지 못하는 유화와 온순이 있고, 인공적인 자극을 피하는 '자연에의 복귀'가 있다고 하였다.[24] "설탕처럼 달콤하지는 않으나, 언제 먹어도 맛있는, 본래 무미無味의 흰 쌀밥 같은 자연의 맛, 그것이 바로 한국의 미가 아닌가?"

미학자 조요한은 동양의 아름다움은 동양미학으로써만 이해된다고 주장하였다. 동양에서는 기교보다는 고졸古拙을, 화려함보다는 소박한 것을 높이 친다. 구도나 색채보다는 기운생동氣韻生動을 높이 본다.[25] 그에 의하면, 자연 순응의 인생관과 무속신앙은 한국 예술의 정신을 뒷받침하는 바탕이 된다. 전자는 예술에서 가능한 인공의 흔적을 줄여 자연에 적응하는 조화를, 후자는 활기찬 멋과 흥을 표상화하였다는 것이다.

일본의 미술평론가로서 조선의 미 연구에 큰 영향을 미친 야나기 무네요시(柳宗悅)는 그 시각의 공정성과 관련해 논란이 있긴 하지만 뛰어난 학자이다. 그는 우리 민족의 미의식을 비애나 한과 같은 비장미로 보았다.

"조선은 대륙도 섬나라도 아니다. 북쪽은 대륙의 무거운 짐에 짓눌리어 편안한 때를 얻지 못했다. 앞으로 따뜻한 빛을 바라보면서 뒤로는 매서운 바람 소리를 들어야 했다. 땅은 그들에게 편안한 나라가 아니었다. 이러한 땅에 나타난 역사가 강함을 잃고 즐거움을 잃은 것은 어쩔 수 없는 운명이었다. … 조선 민족은 주어진 그 숙명을 예술로서 따뜻하게 하고 그 마음을 무한한 세계로 연결시키려 하였다. 그와 같이 가슴을 억누르는 미가 어디에 또 있겠는가? 모든 조선의 미는 비애의 미였다."[26]

한국미의 주요 요인

산고수려山高水麗

자연환경은 마치 가정환경처럼 그 속에서 자라는 사람의 성격에 영향을 준다. 한국인의 자연에 대한 만족감, 친밀감이 결국 한국미의 바탕을 흐르는 자연주의 형성에 가장 결정적인 영향을 주었을 것이다. 파란 하늘 밑, 산고수려한 자연 속에 한국의 백성들이 살고 있다. 이것이 바로 한국의 미이다.

당나라 시인 유우석劉禹錫은 〈누실명陋室銘〉에서 이렇게 말한다.

> 산은 높지 않아도 신선이 있으면 명산이요 山不在高 有仙則名
> 물은 깊지 않아도 용이 살면 신령스럽다 水不在深 有龍則靈

바로 우리의 산천이 그러하다. 에베레스트 같은 높은 산도 없고, 아마존 열대우림이나 나이아가라폭포처럼 요란한 것은 우리 산하에 없다. 그러나 《논어論語》 〈자공子貢〉편에 공자도 살고 싶은 나라로 동경했다는 내용이 나오듯, 우리나라는 예로부터 산천이 아름답고 빼어나 삼천리 금수강산이라 불리었다.

최남선이 "우주미의 가장 신비한 면을 이만치 강렬하게 시현한 곳은 없다"고 묘사한 민족의 성산聖山 백두산을 정점으로 '동 금강, 남 지리, 서 구월, 북 묘향'의 4대 명산이 중심을 잡고 있다. 특히 금강산은 중국 북송의 시인 소동파가 "고려에 태어나서 금강산을 한 번 보기가 소원"이라고 했듯 진경 중의 진경으로 유명하다. 백두산이 북녘 끝 영산靈山이라면, 한라산은 남녘 끝의 영산이다. 백두산이 우리 민족을 지키는 주산主山(풍수지리에서 터의 운수 기운이 모여 있는 산)이라면, 한라산은 안산案山(풍수지리에서 터의 맞은편에 있는 산)이다. 서산대사가 웅장하면서도 빼어나다고 극찬한 것은 묘향산이다. 지리산은 백두대간에서 거의 유일한 흙산인 육산肉山으로 남도 문화

예술의 모태이다.

이 산들 사이로 한강, 금강, 낙동강, 영산강 등 맑은 물들이 생명에 활기를 부여하며 굽이굽이 흐르고 있다. 봄이면 눈이 녹고 날씨가 따뜻해져 대지에 생기를 불어넣는다. 여름이면 다소 덥지만 벼가 익어 가고 울창한 녹음이 우거진다. 가을은 천고마비의 계절로 들판이 황금 물결로 변하고 단풍이 아름답게 물든다. 겨울이면 흰 눈의 깨끗함 속에 참을 만한 추위가 닥친다.

이 천혜의 자연환경 속에서 한국인들은 자연이란 아름다운 것이고 인간의 생활과 조화를 이루는 것이라는 인식을 지니고 살아왔다.[27]

흰빛과 소박

야나기 무네요시는 조선의 흰색을 음울하게 묘사하였다.[28]

"중국과 일본에서는 그처럼 다양한 색채의 의복이 발달하였는데 조선은 아무런 색도 아닌 흰빛이 아닌가? 흰옷은 언제나 상복이다. 쓸쓸하고 조심성 많은 마음의 상징이다. 아마 이 민족이 맛본 고통스럽고 의지할 곳 없는 역사적 경험이 이러한 의복을 입는 것을 자연스럽게 만들어 버리지 않았나 생각한다. 어쨌거나 색이 빈약하다는 것은 생활에서 즐거움을 잃었다는 분명한 증거가 아니겠는가. 즐거움은 색으로 장식되고 쓸쓸함은 색을 떠나는 것이다."

《성경》〈요한계시록〉에 나오는 '흰옷'과 '흰 돌' 이야기 속의 흰색은 의미가 좀 다르다. 여기서 흰옷과 흰 돌은 선택된 자, 천국의 권세와 초대장 같은 것이다. 《정감록鄭鑑錄》의 "계룡산의 돌이 희어지면 정도령이 출현한다"는 것과 유사하다. 불경 《무량수경無量壽經》에서도 천상계 사람들의 옷은 흰색으로 묘사된다. 한민족을 '백의민족'이라고 부르듯이 백색은 우리 민족을 대표하는 색채로 여겨졌다. 한국인들은 원래 백색을 좋아했다. 태양빛을 신성하게 생각했던 문화적 전통에서 기인한다. 시인 김지하는 '백'의 의미를 태양을 숭배하며 '밝음(붉)'을 지향했던 고대 한인들의 미의식과 연결시킨다. 우리 민족은 밝음을 상징하는 흰빛과 불가분의 관계이다.[29]

백색의 미학은 '무위자연無爲自然'의 동양적 정신성과 연관되어, 인위적인 노력을 가하지 않고 있는 그대로인 자연의 상태를 지향하는 미의식으로 이해되었다. 흰색은 높은 색이다. 흰색은 현실적인 색이 아니다. 초월적인 색이다. 그래서 흰색은 사람의 마음을 승화시키는 힘이 있다. 승화는 성스러움으로 다가가는 첩경이다. 우리 조상들은 흰색이 귀신을 쫓는 능력이 있다고 믿었다.

우리 민족은 고대부터 백색을 수용적이고 긍정적인 상징으로 여겨 왔다. 백색은 건강, 순수, 행운, 불사, 생명, 웃음, 청결, 선행 등 상서로움을 상징하는 색으로 널리 사용되었다. 옛부터 백호나 흰 소, 흰 사슴 등 흰색의 동물 탄생을 매우 상서로운 일로 간주하였으며, 고대 태양신앙에서 백색은 태양의 빛, 신성, 청정을 뜻하였다. 또한, 백색은 선善을 상징하였다.

흰색과 잘 어울리는 심성이 소박素朴이다. 일상에서 흔히 사용하는 '소박하다'라는 말은 사치스럽거나 과하지 않고 검소하다는 의미다. 그러나 미학적으로 '소박'의 의미는 그보다 훨씬 심오한 자연에 대한 사유를 담고 있다.[30]

소박의 '소素'는 누에의 실을 막 뽑아 염색하기 전의 하얀 상태를 의미한다. 하얀 것은 빛을 상징하고, 빛은 모든 존재의 근원이기 때문에 근본이나 본바탕을 의미한다. '박朴'은 다듬기 전의 원목 상태를 말한다. 곧, 소박은 인위적으로 가공되기 전의 자연스러운 본래의 모습이다.

옛 우리말의 '고졸하다'는 예스럽고 소박하다는 뜻이다. 완숙함 이후의 어떤 천진한 품격이다. 모든 경지를 넘어선 이후 천진하고 졸렬하기까지 한, 더 높은 상태를 보여 주는 역설이 바로 한국미의 고유성이다. 예술의 대가들이 만년에 이르러 어린아이가 만든 것과 같은 천진하고 소박한 작품을 보여 주는 것도 이러한 미의식의 반영이다. 우리 고택에서 '수졸당守拙堂'이란 이름을 여러 곳에서 반갑게 만날 수 있는 것도 같은 맥락이라고 하겠다.[1]

종교적으로 살펴보면, 불교의 핵심이 자비이고 기독교의 핵심이 사랑이라면, 도교의 핵심은 '소박'이라고 할 수 있다. 인위적인 기교와 화려한 장식에 익숙한 인간에게 자연은 미숙하고 졸렬해 보이지만 그 스스로 완전하기에, 노자老子는 '대교약졸大巧若拙'이라고 하였다. 대교약졸은 소박의 정신을 대변한다. 큰 기교는 졸렬해 보인다.

노장사상은 중국에서 체계화되었지만, 정작 중국의 예술 문화는

1 경주 양동마을의 수졸당. 우리나라 고택 중에 수졸당이란 이름이 많다. 자연스러운 본래 모습, 천진하고 소박함을 추구하는 미의식을 반영한다.

소박하지 않다. 육중하고 거대한 규모로 숭고미가 강하다. 화려하고 세련된 일본의 예술 문화도 '소박'과는 거리가 멀다. 이에 비해 한국은 동아시아 3국 중에서 가장 소박한 문화를 가지고 있다. 조선의 궁궐은 외국의 궁궐에 비해 소박한 편으로 결코 화려하지 않다. 백성들이 보아 장엄함을 느낄 수 있는 딱 그 정도의 화려함이다. 한양의 도시설계와 경복궁 건립을 주도한 정도전의 《조선경국전》에서 그 이유를 찾을 수 있다.

> 궁궐이 사치하면 반드시 백성을 수고롭게 하고 재정을 손상시키는 지경에 이르게 될 것이고, 누추하면 조정에 대한 존엄을 보

여 줄 수 없게 된다.

정도전의 정신은《삼국사기》〈백제본기〉'온조왕 15년조'에서 백제의 궁궐 건축에 대해 다음과 같이 말한 바에서 연유한다.

신작궁실 검이불루 화이불치新作宮室 儉而不陋 華而不侈

'검이불루 화이불치', 곧 '검소하면서도 누추한 데 이르지 않고, 화려하면서도 사치스러운 데 이르지 않는다'는 것은 소박한 멋을 의미하는 백제의 미학이자 조선의 미학이며 한국인의 미학이라고 하겠다.[31]

한국인의 DNA: 무속

옛날부터 우리의 어머니들은 자식이 잘되게 해 달라고 깨끗한 물 한 그릇, 정한수를 떠 놓고 천지신명께 빌었다. 그 전통과 형식은 시대에 따라 바뀌었지만 여전히 유효하다. 세계적으로 권위 있는《Encyclopedia of Religion》의〈Korean Religion〉항목에서 한국말 그대로 'mosok'을 다음과 같이 설명하고 있다.

한반도의 가장 오래된 종교로서, 4천 년 전 신석기시대부터 현대사회까지 현존하는 가장 고유하고 지속적인 한국 종교이다.

> 이는 한국 종교의 기원이며 그 후에 들어온 유교, 불교, 기독교 등 외래 종교의 영향에 적응해 왔다. 고등 외래 종교들이 무속을 수용하는 현상을 보이고, 그러지 못하면 한국에서 발붙이지 못했다. 태양과 하늘에 대한 샤머니즘적 무속신앙이 건국신화인 단군을 창조하였으며 한국의 민족 정체성에 뿌리박혀 있다.[32]

우리 민족의 시조인 단군도 무당이었다. 당시의 제정일치 사회에서 정치적 우두머리인 단군이 종교적 수장인 무당인 것은 당연하다. 이후 불교가 신라에 전래되었는데, 꽤 오랜 시간이 흐른 뒤인 법흥왕 때에야 이차돈의 순교로 종교로서 인정되었다. 기독교가 예수 사후 300여 년이 지난 313년 콘스탄티누스 대제의 밀라노 칙령으로 공인된 것과 비슷하다. 당시 한반도에 토착 무속신앙이 꽤 강력하게 버티고 있었음을 알 수 있다.

우리 사찰에 가면 어디에나 있는 삼성각과 칠성각, 그리고 통도사나 부석사에 전해 내려오는 용 전설 등에서 무속이 불교에 습합되어 가는 과정을 볼 수 있다. 불교, 유교, 기독교 등이 이 땅에 들어와 널리 퍼졌지만 모두 그 밑바탕에는 무속이 있다. 무속의 관점에서 외래 종교를 취사선택했다고도 볼 수 있다.*

* 《풍류도와 예술신학》, 《네오 샤머니즘》 등 깊이 있는 연구를 한 재야 학자 유동식은 한국 문화의 지층을 불교 · 유교 · 기독교의 세 층으로 설명하고 그 지층을 이루는 지핵을 무교shamanism라고 단언하였다.

무당은 한자 '무巫'가 말해 주듯이, 하늘과 땅을 연결하여 천인합일의 경지에 이른 자, 그 경지에서 옷깃을 날리며 춤(舞)을 추는 자이다. 무당은 하늘과 땅, 신과 인간을 매개한다.[33] 신들린 무당은 인간이면서 죽은 자와 교통할 수 있는 엑스터시에 뛰어난 선택된 사람이다. 해탈에 대한 욕망이 현저한 무속과 무속적 전통의 한국예술은 한풀이의 특색을 강하게 띠고 있다.[34]

조흥윤의 《무와 민족문화》에 따르면, 한국문화의 핵심은 무교문화로, 무는 한국의 문화·예술 등 한국인의 심성에 큰 기반을 두고 있다. 한국문화의 핵심인 신바람과 조화 사상도 무속과 깊은 관계가 있다. 신비 체험은 이른바 '신비적 합일'이고, 그 경지에서 누리게 되는 엑스터시가 '신바람'이다.

조요한은 한국 미학의 사상사적 뿌리로서 유·불·도 3교를 거론하고, 특히 한국미의 특질 형성과 관련된 중요한 요소 중 하나로 무교(무속)를 꼽았다.[35]

> 우리나라에는 유·불·도의 삼교가 잘 융합되어 공존해 내려왔다. 그러면서도 한국문화는 유교의 남성적인 것과 무교의 여성적인 것이 잘 조화되어 내려왔다. 유교는 절제와 예의로 우리의 감정을 억제하고, 이성적 생활을 강조한다. 그러나 무교는 우리의 무의식까지 개방시키는 엑스터시를 오히려 용인한다. … 한국인은 유교의 남성적 엄격주의를 무교의 여성적 포용성으로

중화시켰다. … 남성적 유교의 엄격함과 여성적 무교의 황홀함 이 잘 조화를 이룬 것이 한국미의 특징이다.

아울러 미의식과 시대정신의 상관관계를 살피면서 한국문화의 모태가 된 무교는 음악미, 불교는 조형미, 유교는 생활미, 도교는 정원미를 각각 낳았다고 보았다.[36]

비디오 아티스트 백남준은 "예술은 매스게임이 아니라 페스티벌, 잔치, 즉 굿이다. 나는 굿쟁이다. 여러 사람이 소리를 지르고 춤을 추게 부추기는 무당이다. 민중이 춤을 추도록 대중 속에 파고들어 가는 것이다"라고 말했다.[37]

무당이 신을 불러서 접대하고 놀 듯이 그는 신나는 축제를 열어 하나 되는 세상을 꿈꾸었다. 백남준은 가는 곳마다 축제의 놀이를 벌이고 문명의 갈등을 치유하며 신명 나게 살다 간 월드 스타 '전자 무당'이었다.

무교는 그 기나긴 시간 동안 한국 땅에서 한 번도 사라지지 않고 지금까지 민중의 신앙 속에서 살아 있다.

풍류미학: 멋

'풍류'는 서양의 미학 혹은 예술론에 대응되는 동아시아 3국의 고유한 사유 방식과 미의식을 드러내는 데 적당한 용어이다. 최치원은 〈난랑비서鸞郞碑序〉에서 풍류를 유불선 3교를 포함하는 접화군생接化群生

이라고 정의했다. 이는 뭇 생명들이 어우러져 하나로 조화된다는 의미다. 최치원은 신라 문명의 근본을 말하면서 유불선 3교가 들어오기 이전의 고유한 신앙 체계를 현묘지도玄妙之道라 하고, 그것을 일컬어 '풍류'라 했다. 글자 그대로의 풍류는 중국의 한漢·위魏 교체기 왕찬王粲의 글에 가장 먼저 보인다.

바람이 불어 구름이 흩어지듯　　風流雲散
한 번 헤어지면 떨어진 비와 같네.　　一別如雨

바람(風)은 우리에게 하늘이며 신을 가리키는 고유명사였다. 〈자화상〉에서 미당 서정주는 "나를 키운 건 팔 할이 바람"이라 하였다. 풍류의 가장 적절한 우리말은 '멋'일 것이다. 서양의 미 개념을 대신할 수 있는 한국 미학은 멋이다. 이희승은 멋이 오직 한국의 풍속 정서와 조형 감각에서만 도출된 것이라고 하였다. 조지훈도 풍류는 곧 멋이라고 하면서, 멋이란 말은 조선 이후에 생겼지만 멋의 내용은 풍류도에서 비롯된다고 하였다.[38]

'멋'은 우리의 미의식을 표현한 말이지만, 이것이 말하는 아름다움이란 인생이 개입된 예술미에 속하기 때문에 단순한 자연미에 대해서는 사용하지 않는다.[39] 멋의 개념을 일상용어의 문맥에서 찾아보면 다음과 같을 것이다.

첫째, 멋은 제 빛깔(제 본성)을 찾는 것이다. 그러나 멋은 자기 주관에 그치지 않고 보편적인 자연의 이치를 얻는 것이다. 즉, 객관적 보편성을 인정받는 것이다. 그래서 제멋과 달리 참멋은 주관과 객관, 특수와 보편의 이분법을 넘어선다.

둘째, 멋에는 생동감과 율동성을 동반한 흥의 뜻이 들어 있다. '멋지게'는 '흥겹게'의 뜻을 가지고 있다. 이는 노래와 춤으로써 신 내리게 하는 종교적 체험에 뿌리를 두고 있어서 때로는 '신난다'는 말로 표현하기도 한다.

셋째, 멋에는 초월적인 자유의 개념이 들어 있다. 우리는 자주 '멋대로 해라'라는 말을 한다. 한편 '속도 모른다'는 뜻에서 '멋도 모른다'고 한다. 곧, 멋을 자아내는 자유란 어떠한 실체나 실력을 가진 유연한 초월자의 그것을 뜻한다. 멋은 절대자와 하나가 되어 어떠한 처지에서도 유유자적할 수 있는 사람의 모양이다.

넷째, 멋에는 서로 호흡이 맞는다는 뜻에서 조화성이 들어 있다. 주어진 환경에 조화되지 않을 때 사람들은 '멋적어' 한다. 남녀의 궁합을 보거나 집터의 풍수를 보는 것도 일종의 조화를 찾는 멋의 감각일 것이다. 가장 이상적인 조화는 천지인 삼재의 원융무애圓融無礙한 경지다. 우리는 곧잘 이것을 삼태극의 형상으로 상징화한다. 그러나 멋을 자아내는 조화가 반드시 균형을 말하는 것은 아니다. 불균형의 균형, 부조화의 조화 속에서 멋의 조화를 이루는 것이 한국미의 특징이다. 바로 '파격의 미'다.

이렇듯 풍류라는 말은 서양의 미학 혹은 예술론에 대응되는 동아시아 3국, 특히 우리의 고유한 사유 방식과 미의식을 드러내기에 적당한 용어이다.

'풍류도'가 우리에게 고유한 재래의 신앙 · 사상으로 인식되는 것은 중국이나 일본에서는 찾아보기 어려운 풍류 개념에서 비롯한다. 풍류는 종교성(유불선), 예술성(시서화 · 음악 · 자연성), 놀이성(음주가무)이 복합된 것이다. 삼라만상(우주만물) 모든 현상의 본질과 맞닿는 것을 전제로 하는 놀이가 바로 풍류이다.[40] 풍류도는 요즘으로 말하면 예술, 종교뿐만 아니라 학문까지 포함하는 종합적인 인간의 도라고 할 수 있다. 이렇게 되면 진선미를 총괄하는, 한국 미학의 총체성을 드러낸다고 할 수 있다.

한국의 공간 미학, 풍수

동양사상의 모든 것이 산과 수, 풍수風水에 녹아 있다. 위로는 천문天文에서 아래로는 지리地利, 그리고 인간에 대한 문제인 인사人事가 모두 풍수에 들어 있다.[41]

《맹자孟子》〈공손추公孫丑〉에서는 '천시불여지리 지리불여인화天時不如地利 地利不如人和', 곧 인간사에서 하늘의 뜻보다 땅에서 얻는 것이 더 많으며, 인간 스스로의 노력과 서로 간의 평화는 이보다 더 중요하다고 하였다. 아니, 무엇이 더 중요한 것이 문제가 아니라 천지인 사상 자체가 동양사상이고, 풍수가 바로 천지인이다. 의학서 《동의보감東醫寶鑑》의 "아픈 것은 통하지 않기 때문이요, 아프지 않은 것은 통하기 때문이다(通卽不痛 不通卽痛)"라는 말도 천지인 조화의 실체를 말하는 것과 다름없다.

풍수는 조상들의 지리에 관한 지혜, 전통의 환경 사상, 일종의 경관 평가이다. 풍수는 동서양 모두의 지리적 사고인 '어머니 품으로서의 땅'이란 근본 사상을 취한다(동양의 지모地母 사상, 서양의 가이아 Gaia 사상).

풍수의 주제는 바람과 물이다. 아득히 먼 옛날에는 바람(風)과 물(水)이 사람이 살고 집이 들어서는 데 가장 중요한 조건이었다. 태풍 같은 강한 바람이 불거나 홍수나 가뭄이 자주 일어나는 지역에서는 마음 놓고 살아갈 수 없기 때문이다. 하늘이란 곧 바람(공기)을 의미하며, 사람의 본질이 바람이라고 여겼다. 공기와 더불어 물 또한 생명체의 중요한 기본 요소다. 인체의 70퍼센트가 물로 구성되어 있으며,《주역》에서도 물을 모든 물질 가운데 제일로 꼽는다.[42]

동양사상의 핵심 개념은 기氣다. 기는 자연에 분산되어 있는 에너지를 말한다. 분산된 기가 모이면 생명체를 이루고, 생명체가 죽으면 기는 다시 흩어진다. 기에는 양기와 음기가 있다. 양기는 하늘에서, 음기는 땅에서 발생한다. 사람은 하늘인 아버지와 땅인 어머니가 사랑으로 결합한 결과, 곧 양과 음의 결합으로 탄생한 생명체이다. 풍수에서는 이처럼 음과 양이 결합하여 조화를 이루는 공간을 '명당'이라고 한다. '명당'이란 '생기'가 흐르는 땅이다. 풍수를 따지는 것은 좋은 땅의 기를 받기 위함이다. 산과 물의 조화를 분석하여 명당 자리를 정확하게 찾는 것이 풍수의 핵심 목적이다.

명당은 찾아내야 할 어떤 것이기도 하지만, 만들어야 할 어떤 곳이기도 하다. 사람들은 특급 호텔의 좋은 방에 머물면서도 집을 그리워한다. 집이 명당이기 때문이다. 아무리 멋진 풍경과 맛있는 음식을 먹어도 여행을 마치고 집에 돌아왔을 때 우리는 말한다. "집이 최고야!" 집은 이미 나와 내 소유물들, 사랑의 공기, 가족의 노력이 하나가 된 안성맞춤의 장소이기 때문이다. 나와 내 가족들이, 심지어는 내 조상들까지도 염원해 온 결정체이기 때문이다.

명당은 산이 뻗어 내려오다가 낮아져서 멈추고 물과 만났을 때 그 사이에 펼쳐지는 평평한 땅을 가리킨다. 청룡과 백호에 둘러싸여 안정감을 주는 곳, 그래서 바람막이 구실을 해 주는 곳이다. 산맥이 구불구불 뻗어 가는 것을 용이라고 하고, 용이 멈추는 곳에 혈穴이 있다. 흐르던 기가 그곳에 모이기 때문이다. 혈처는 산의 주맥, 주 능선이 평지로 내려 뻗은 바로 그 아래이다.

예를 들어, 사찰에서는 대웅전이 혈처(명당)이다. 여기에 생기가 집중하고, 이 생기가 바람과 물의 흐름을 타고 주변으로 퍼져 나가 땅과 사람의 안녕을 지켜 준다. 한 나라의 도읍지에서는 명당의 중심인 혈에 궁궐이 들어선다. 서울의 경우, 경복궁의 근정전 자리가 혈이다. 북악산에서 경복궁을 거쳐 광화문에 이르는 흐름은 백두산 정기를 서울에 불어넣는 용의 목과 머리에 해당한다. 청와대 터는 경복궁의 내맥이 내려오는 길목으로 풍수상 절대 훼손하지 말아야 할 곳이다. 그런데 일제강점기에 이곳에 총독 관저를 지었다. 근정전 바로 앞에 중앙청을 지어 혈처를 틀어막고, 총독 관저(현 청와대)를 의도적으로 입지시켰다. 일제가 우리의 명산 정수리에 쇠 대못을 박고, 혈을 끊는 자리에 철도와 도로를 만든 것과 같은 이치다. 영화 〈파묘〉(2024)에 적나라하게 묘사되었다.

산은 하늘의 신이 땅으로 내려오는 공간이며, 땅의 신이 하늘로 올라가는 통로다. 우리나라는 하늘신의 아들이 백두산에 내려와 건설한 국가에서 이어졌다. 한국의 산과 맥은 백두산에서 시작해서 전라남도 땅끝마을을 거쳐 한라산에 이르기까지 강하게 연결되어 있다.

풍수로 볼 때 가장 좋은 배치는 배산임수背山臨水이다. 뒤에 산이 받쳐 주고 있으면 차가운 북풍을 막고 외적의 침입에 대비할 수 있어 든든하다. 산에서 얻는 나무, 나물, 과일, 버섯 등 실리도 많다. 앞이 확 트인 평야에 개울이 흐른다면 조망이 확보된다. 경제적 · 심리적 편안함과 안정을 얻을 수 있다. 정착민에게 마실 물과 농업용 물보다 중요한 것은 없다. 물 없이는 단 하루도 살 수 없다.

사람이 병이 들면 혈맥을 찾아 침을 놓거나 뜸을 떠서 치료하듯, 산천의 병도 마찬가지다. 절과 탑을 세워 문제 있는 땅을 치료한다. 우리나라의 수많은 절의 위치를 정한 의상대사나 도선국사가 터를 잡은 기준을 '비보풍수裨補風水'라 한다. 풍수적 결함을 인위적으로 보완하는 것, 곧 지역의 불리한 환경을 극복하려는 의지의 표현이 비보 사상이며, 이것이 우리 한국의 고유 풍수인 치유의 지리학이다. 사람이 땅에 기대기도 하지만, 땅의 병을 고쳐 주기 위해 터를 잡는 것이다.

한국인은 정서적으로는 풍류를, 지리적으로는 풍수를 기본으로 한다. 우리는 신바람 나게 좋은 사람들과 아름답고 기분 좋은 곳에서 살아야 한다.

2장

산사의 아름다움 순례

한국 산사의 존재 이유

한반도에 불교가 들어온 것은 고구려 소수림왕 2년(372)이다. 신라는 불교의 힘으로 삼국을 통일하였고, 삼국시대와 고려시대에는 불교가 국교였다. 조선시대 초기에 숭유억불 정책으로 불교가 쇠퇴하였으나, 임진왜란 때 승병들의 활약으로 다시 회복되었다. 근현대 들어 기독교가 유입되었지만 불교는 여전히 건재하다.

육당 최남선은 《조선상식문답》(1946)에서 "한국은 불교로 인하여 철학을 알게 되었고, 문화를 습득하고 예술을 살찌웠다"고 했다.[1] 최남선의 말처럼, 불교는 신앙으로서뿐 아니라 문화 전반에 큰 영향을 미치며 찬란한 불교문화를 꽃피웠다. 우리의 국보와 보물급 문화유산의 60퍼센트 이상이 불교와 관련된 것이다.• 한국인의 정신적 뿌리인 불교를 모르고는 제대로 된 한국인이라고 할 수 없다. 우리 조상들이 어떤 세계관과 종교관을 가지고 있었는지는 명약관화하다.[2]

4세기 말 삼국시대 불교가 처음 전래되었을 때에는 사찰이 도심 속에 있었다. 신라의 경주 황룡사와 백제의 부여 정림사 등은 모두

• 2021년 「문화재보호법」 시행령과 시행규칙 등이 개정되어 국보, 보물, 천연기념물 등의 번호제가 폐지되었다. 번호가 지정 순서이지 가치 서열이 아닌데 그렇게 오인될 가능성이 있기 때문이라고 한다. 그러나 이 책에서는 오랜 습관상 번호를 넣는 것이 좀 더 자연스러워 그대로 번호를 부른다.

폐사되었지만, 건립 당시에는 왕궁 바로 곁에 있던 절이었다. 이후 절이 산으로 들어가 자리 잡게 된 것은 불교의 확산, 신앙 형태의 변화 그리고 우리 자연환경 조건이 맞물려 낳은 결과이다. 또한, 이는 불교가 천 년 넘게 이어진 배경이기도 하다. 특히, 9세기 도의선사道義禪師에 의해 선종이 전파되면서 선종 사찰은 참선을 행하는 수행 공간으로서의 의미가 강해졌고, 따라서 도심보다는 조용한 산중이 더 적합했다.

지금도 많은 사람들이 여행길에 산사에 들르곤 한다. 성당이나 교회를 방문하는 경우는 거의 없다. 이는 불교가 우리 민족과 함께한 시간이 긴 만큼 사찰이 공공재적 성격을 띠며 고유한 의미를 갖기 때문이다.[3] 성당이나 교회는 일상의 도시에서 쉽게 접할 수 있기 때문이기도 하다. 물론 강남 한복판에 봉은사가 자리 잡고 있긴 하지만, 봉은사는 신라시대에는 경주에서 멀리 떨어진 오지 수도산에 입지한 절이었다. 세월이 하 수상하여 지금 그렇게 된 것뿐이다.

한국인에게 절은 나름의 사연과 추억이 담긴 공간이다. 산사는 세속의 번뇌를 씻어 버리고 마음의 평화를 얻는 깨우침의 장소이다. 천 년 넘는 세월을 이어 오면서 한국의 불교는 우리 민족과 함께 영광과 고난의 시간을 보냈다. 산사에는 겨레가 이루어 놓은 정신문화의 총화가 들어 있다.[4]

한국의 산사는 위치한 산의 생김새와 성품에 따라 그 모습이 달라진다. 그러나 이들 산사가 간직한 공통적인 면모는 모두 자연과 한

데 어우러져 있다는 것이다. 마치 어미 닭이 알을 품고 있듯이, 산과 절이 한 몸이 되어 있다. 또, 그런 산사만이 오랜 시간의 압력 속에서도 살아남은 것 같다.

우리 산사는 내 마음을 씻고 마음을 여는 미학 공간이다. 산과 하늘과 숲과 물이 어우러지는 자연의 오묘한 재미를 우리에게 선사한다. 그 재미와 의미를 아름다운 건축과 불교 예술 작품으로 승화시켜 놓았다. 우리가 산사를 찾는 마음은 그런 옛사람들의 수고와 고마운 마음을 찾아가는 순례와 같다. 산사에는 불교예술 외에도 풍수, 무속, 수많은 전설, 고승 이야기, 천 년 넘은 우리 모두의 소원 등이 응축되어 있다. 한국 산사의 공통적인 불교예술은 다음과 같다.

가장 대표적인 것이 불상이다. 불상은 인간이 만들어 낸 절대자의 상이다. 그가 인간의 모습으로 나타난다는 것은 곧 이상적 인간상의 구현이다. 그것은 고대인들이 추구한 이상적인 아름다움이기도 하다. 한국 불상의 특징은 웃음을 신비하게 나타내는 데 있다. 인도의 불상은 사실적 기법이 특징이고, 태국을 비롯한 남방의 불상은 위엄 있는 자세를 보인다. 중국에서는 크고 우람한 불상이 지배적이고, 일본 불상은 세부 기교는 뛰어나지만 무섭고 기이한 귀신의 기운이 감돈다. 이에 비해 우리의 불상은 소탈하고 다정스러우면서도 전체적으로 조화가 잘 이루어져 있어 자연스러운 웃음을 머금은 얼굴이 돋보인다.[5]

경주남산 배동 석조여래삼존입상(보물 제63호) 셋 다 그렇지만 특

한국의 다양한 불상들. 왼쪽 [2] 경주남산 배동 석조여래삼존입상 중 주불, 가운데 [3] 금동미륵보살반가사유상, 오른쪽 [4] 길상사 관음보살상.

히 주불[2]은 편안하고 천진난만한 아기 부처님이다. 안아 주고 업어 주고 싶은 마음이 든다. 국립중앙박물관 '사유의 방'에 모셔진 금동미륵보살반가사유상(국보 제83호)[3]은 일본의 국보 1호 목조반가사유상의 전형으로 여겨지며 최고의 조형미를 갖춘 세련된 작품으로 평가받는다. 성북동 길상사에 있는 관음보살상[4]은 불상을 현대적 · 천주교적으로 재해석한 모습이다. 내 마음의 부처님은 어느 쪽에 가까울까?

불상 외에 불교미술 발달에서 중요한 역할을 한 것이 탑이다. 부처님이 열반하자 더 이상 그를 직접 접할 수 없게 된 사람들은 그의 유골(사리)이라도 모셔 놓고 경배하기를 원하였다. 이를 위해 세운 것이 탑stupa이다. 그러나 부처님의 사리를 모두 봉안할 수 없었기 때

왼쪽 5 화엄사 4사자삼층석탑. 네 마리 사자가 탑을 호위하고 있다. 오른쪽 6 오대산 상원사 적멸보궁의 세존진신탑.

문에 중국에서 탑은 절의 권위를 상징하는 조형물로 변하였다. 화강암의 나라로 그전부터 고인돌 문화가 발달한 한국에서 탑은 어느 나라보다 성행하였다.

필자가 꼽는 최고의 탑 두 개를 소개하고자 한다. 하나는 불국사 다보탑과 함께 우리나라에서 가장 아름다운 탑으로 꼽히는 구례 화엄사의 4사자삼층석탑(국보 제35호) 5 이다. 지혜와 용기를 상징하는 네 마리의 사자가 동서남북으로 호위하는 가운데 수도승이 가운데서 탑을 떠받들고 있다. 다른 하나는 우리나라에서 부처님의 진신사리를 모신 곳 중 가장 높은 곳에 위치한 오대산 상원사 적멸보궁의 세존진신탑 6 이다. 풍수적으로 최고의 자리에 부처님 정골(뇌) 진신사리를 모셨지만, 겨우 높이 50센티미터의 수수함과 소박함으로 한국미를 대표한다.

법고, 범종, 목어木魚, 운판雲板을 '사물四物'이라고 한다. 법고(북)는 짐승을 구제하기 위해, 목어는 물고기를 제도하고, 범종(동종)은 중생을 보살피며, 운판은 날짐승(새)을 구제하는 데 쓰인다. 큰 절은 범종각에 사물을 모두 모시고, 대부분의 절은 범종만 매달아 놓는다.

우리나라 사찰 중 해인사 장경판전, 불국사 · 석굴암이 이미 1995년 유네스코 세계유산에 등재되었다. 2018년 6월 바레인에서 열린 제42차 세계유산위원회에서 산사 7곳이 21개 회원국 중 20개국의 지지를 얻어 새로 등재되었다. 법주사 · 마곡사 · 선암사 · 대흥사 · 봉정사 · 부석사 · 통도사 등 7곳이 '산사, 한국의 산지 승원'이라는 이름으로 세계유산에 등재됨으로써 한국이 '산사의 나라'임을 국제적으로 공인받은 셈이다. 세계유산 심사 기준의 핵심은 인류의 문화유산으로서 뛰어난 보편적 가치Outstanding Universal Value를 가졌느냐인데, 우리의 산사가 이를 인정받은 것이다. 어디에 가나 아름다운 산이 있는 우리나라의 자연환경과 어울리는 산사라는 형식이 생겨났다. 인도와 중국엔 석굴사원, 일본엔 사찰정원, 우리나라엔 산사가 있다.[6]

산사는 몇 가지 특성을 갖고 있다. 첫째, 오랜 역사성에 기반한 종교문화의 전달 기능이다. 삼국시대에 불교가 공인된 이래 현재에 이르기까지 1,500여 년의 세월을 견디며 왕실은 물론이고 민중들의 아픔과 고통을 치유하는 기능을 해 왔다. 산사는 처음의 이념과 사원 구성의 큰 틀에서 벗어나지 않은 채 온전히 유지·계승되어 왔다. 산사의 역사성은 한국의 중요 목조 건축물이 대부분 산사에 남아 있는 것, 불상과 불화 및 불탑과 탑비·공예품 등 한국문화의 중요 유산이 산사에 전래·보존되고 있는 데에서 증명된다.

둘째, 수행·신앙의 종교적 기능이다. 산사의 역할은 무엇보다도 수행과 신앙 활동에서 발견된다. 승려들의 수도 공간이면서 신도들의 신앙 공간이 산사이다. 산에 있지만 접근성이 용이하여 일반인들의 신앙 요구에도 부응해 왔다. 요즘은 많은 요사채를 지어 템플 스테이를 운영하면서 산사의 대중 교육 기능이 강화되었다.

셋째, 산사는 인간과 자연이 공존하는 자연친화적 입지와 경관을 바탕으로 진입 경로와 공간 구성에서 독특한 특성을 유지하고 있다. 산의 지형과 지세에 따라 각 산사는 다양한 가람 구성을 보인다. 산사는 인간이 자연환경과 공존해야 한다는 상생 원리를 구현함으로써 자연경관에 한국 전통 건축의 미를 합친 우리만의 문화유산을 창조해 냈다.

넷째, 산사는 지역민과 함께하는 종교적·문화적 사회성을 가진다. 전통 산사는 사찰을 수호하고 유지하려는 신도들의 적극적인 시주와 도움으로 끊임없이 재보수와 재건축이 이루어졌다. 왕실을 비롯한 지배층도 공식 혹은 비공식적으로 사원을 후원하였고, 산사가 위치한 지역의 주민들도 적극적으로 사원 유지에 힘을 보탰다.[7]

다음은 조선시대 최고의 유교 선비로서 불교와의 교류를 즐겼던 '하이브리드 예술가' 추사 김정희의 시 〈산사山寺〉이다.

이리 기울고 저리 비껴가는 산을 보니 여기가 참된 곳인데
열 길 모진 속세에 잘못 들어가 길을 헤매었구나.
감실 안 부처님은 사람을 보며 얘기하자는 듯한데
산새는 새끼를 끼고 와 이미 가까이 지내는구나.

굳이 어느 절이라 말하지 않아도 산사에 가면 누구나 느끼는 감정이고 조용히 일어나는 사색이다. 일상에서 잃어버린 나를 찾고 나를 만날 수 있는 참되고 아름다운 곳이다.

유네스코 세계문화유산으로 지정된 산사를 포함하여 CNN이 선정한 대표적 한국 사찰 33곳을 정리하면 다음과 같다.

공주 마곡사, 영주 부석사, 구례 사성암, 양산 통도사, 순천 송광사, 합천 해인사, 안동 봉정사, 여수 향일암, 남해 금산 보리암, 전남 곡성 태안사, 구례 화엄사, 춘천 청평사, 화순 운주사, 울진 불영사, 김제 모악산 금산사, 보은 속리산 법주사, 순창 감천산 감천사, 경주 함월산 골굴사, 정읍 내장산 내장사, 청송 주왕산 대전사, 해남 두륜산 대흥사, 영월 태백산 만경사, 영천 팔공산 백흥암, 부산 금정산 범어사, 동해 두타산 삼화사, 진천 보련산 보탑사, 순천 조계산 선암사, 남양주 운기산 수종사, 화순 쌍봉사, 구례 지리산 연곡사, 구례

지리산 천은사, 포항 운제산 오어사, 도봉산 천축사, 봉화 청량산 청량사, 진안 마이산 탑사.

남해 금산 보리암, 양양 낙산사 홍련암, 강화 보문사, 여수 향일암은 산에 있으면서 바다를 끼고 있어 4대 해수관음 성지로 꼽힌다. 부처님의 진신사리를 모신 5대 적멸보궁은 양산 통도사, 평창 오대산 월정사, 설악산 봉정암, 영월 법흥사, 정선 정암사이다. 8대 적멸보궁은 여기에 고성 건봉사, 구미 도리사, 달성 비슬산 용연사가 추가된다 .

수많은 한국의 산사 중 자연미, 예술미, 고승 이야기를 포함한 인간미, 전통, 지역 분포 등을 고려하여 한국의 불교미학을 대표하는 곳들을 살펴보려 한다. 허세, 과시, 왜곡, 상업성 등이 만연한 곳들은 제외하였다. 어디까지나 저자인 나의 생각이고, 나를 만나는 곳이다. 이를 참고하여 독자 여러분도 산사를 찾아 나서는 기회로 삼고, 그곳에서 나를 만나는 특별한 경험을 하기를 바란다.

신라 최고의 미,
석굴암

우리나라의 자랑스런 문화유산이라고 하면 으레 입버릇처럼 석굴암(국보 제24호)과 불국사를 든다. 오래전에는 단골 신혼여행지였고,

지금도 수학여행 1순위 대상지다. 석굴암의 수학적 계획과 과학적 시공, 불국사의 과학과 예술은 온 신라인의 염원으로 이루어졌다. 두 절은 그 이전에도 이후에도 없는 한국적이고 독창적인 창작품이다. 또한, 인간의 솜씨를 벗어난 듯한 영원한 예술적 가치를 지닌 조형 작품들로 가득하다.

신라적 고유함과 세계적 보편성을 지닌 석굴암은 우리나라 최고의 문화유산이자 세계 유일의 인공 불교 석굴이다. 서양에 판테온Pantheon이 있다면, 동양에는 석굴암이 있다. 석굴암보다 600년 전인 118년에 지어진 판테온의 돔 양식은 실크로드를 통해 이어져 동쪽 끝 경주에서 가장 완벽한 모습으로 나타났다. 판테온의 돔 양식은 한가운데가 열려 있어서 완성된 형태가 아니다. 서양에서 돔 양식은 1437년이 되어서야 르네상스의 본거지 피렌체의 대성당에 브루넬레스키에 의해 도입되었다. 그것도 원형이 아니라 팔각형이다. 석굴암보다 700년 뒤에 만들어진 것인데 말이다. 석굴암은 쐐기돌을 활용한 무게 분산으로 완벽한 원형 돔을 구현하였다.

석굴암은 2,500년 불교의 법이 한 곳에 응축된 공간으로 가장 신라적인 아름다움을 표현한 최고의 조각들로 채워져 있다. 서양의 황금비가 1:1.6이라면 석굴암 조성에 적용된 금강비는 1:1.4이다. 석굴암은 이 비율이 한 치의 오차도 없이 적용되었다. 유네스코 세계유산위원회는 1995년 12월 석굴암을 세계유산에 등재하며 그 이유를 이렇게 발표했다.

> 석굴암은 신라시대 전성기의 최고 걸작으로 건축, 수리, 기하학, 종교, 예술이 총체적으로 실현된 유산이다.

야나기 무네요시도 1919년 《예술》지에 석굴암 내부 석불들에 대해 자세히 논하면서, 종교예술로서 석굴암에 아낌없는 찬사를 보낸다. 동양의 종교 · 예술의 귀결이며, 그 시대의 살아 있는 종교 그 자체로서 세계적인 걸작이라고 했다.

> 누가 능히 이 조각에 나타난 그 뜻을 말할 수 있을 것인가, 말할 수 없다는 사실에 이 불상의 아름다움이 있다. … 모든 것을 말하는 침묵의 순간이다. … 모든 것을 포함한 무의 경지이다. … 여기에선 종교도 예술도 하나이다.

석굴암은 신라 경덕왕 10년(751) 김대성이 공사를 시작하여 혜공왕 10년(774)에 완성되었다. 《삼국유사》 〈효선孝善〉에 "김대성이 현생과 전생의 어머니를 위해서 불국사와 석굴암을 지었다. 대성은 장성하여 현세의 부모를 위하여 불국사를 세우고 전생의 부모를 위하여 석불사(석굴암)를 세웠다"고 하였다. 조선 영조 대에 편찬된 《불국사고금역대기》를 보면 "석불사를 흙과 나무는 사용하지 않고 다듬은 돌만 사용하여 마치 옷감을 짜듯이 만들어 돌집을 지었다"고 하였다.

인도에서 만들어지기 시작한 석굴사원은 중국을 거쳐 우리나라에 전해졌다. 인도의 아잔타석굴, 둔황의 막고굴, 중국의 룽먼석굴 등이 석굴암에 영향을 미쳤을 것이다. 인도나 중국에서는 절을 짓기보다는 무른 돌을 파서 그 안에 부처를 모시는 게 쉬었던 데 비해, 한반도는 암질이 단단한 화강암이 대부분이어서 석굴을 굴착하기에 불리했다. 그래서 바위를 깎아 내고 불상을 새겨 석굴의 분위기를 만들거나, 자연 암벽 주위에 돌벽을 쌓아 인공 석실을 만드는 등 석굴과 유사한 구조를 실험하였다. 일찍이 백제의 서산 마애불이나 경주남산의 삼화령 석실 등에서 그 노력을 볼 수 있다. 이러한 석굴 건축에 대한 염원이 통일신라 문화예술의 최전성기에 결실을 맺은 것이 바로 석굴암이다.[8]

석굴암 입구 전실은 참배 공간으로 네모난 땅의 모습을 상징한다. 전실에는 좌우로 네 구씩 불교의 수호신인 팔부신장을 배치하였다. 통로 좌우 입구에는 양쪽에 하나씩 금강역사를, 좁은 통로에는 불교 세계의 중심인 수미산의 동서남북 사방을 수호하는 사천왕상을 좌우 2구씩 조각하였다. 하늘 세계를 상징하는 원형 주실은 20톤의 연꽃 무늬 천개석이 덮인 원형 돔 천장으로 되어 있다. 돔형 천장에 108개의 돌이 사용된 것은 108번뇌를 상징한다. 석굴암의 천개석은 세 조각으로 갈라져 있는데, 이에 대하여 《삼국유사》에는 천개석을 올릴 때 세 조각으로 나뉘어(고구려, 백제, 신라의 분열을 상징한다) 하늘의 천신이 내려와 다시 만들어 덮었다는 내용이 있다. 신라의 통일이 하늘의 뜻이라는 해석이다.

주실 입구 좌우에는 팔각 돌기둥을 세우고, 주실 안에는 중심에서 약간 뒤쪽에 본존불을 안치하였다. 사람들의 눈높이인 160센티미터에서 보았을 때 가장 성스럽게 느껴지도록 입지시킨 것이다. 그 배려는 눈썹과 이마, 왼손과 오른손, 어깨와 무릎 등의 크기와 높이, 뒷광배의 타원형, 크기가 다른 연꽃잎 장식에서도 엿볼 수 있다. 부처님의 완벽한 신성을 사람들에게 보여 주기 위한 것으로 볼 수 있지만, 인본주의적 해석도 가능하다. 즉, 부처가 우주의 중심이 아니라 부처를 보는 내가 우주의 중심이란 의미일 것이다. 부처가 나이고 내가 부처이다.

주실 벽면에는 입구부터 천부상 · 보살상 · 나한상 등이 채워졌고, 본존불 뒷면 둥근 벽에는 석굴 안에서 가장 정교한, 머리에 열한 개의 얼굴이 있는 십일면관음보살상이 서 있다. 본존불을 포함하여 석굴암에는 모두 38구의 조각상이 있다.

각각의 조각상들은 당대 최고의 예술품이다. 불교 교리의 위계와 순서에 따라 배열된 조각상들은 가람 구성의 원리를 나타내고 있다. 석굴암 조각상들의 배열을 지상 가람으로 옮겨 놓는다면, 일주문과 천왕문을 지나 주 불전인 대웅전이 나타나고 그 주위로 나한전과 보살전 · 관음전이 감싸고 있는 형식이다. 즉, 석굴사원과 지상 가람은 구조적 · 공간적 차이가 뚜렷하지만, 교리적 배열 면에서는 동일한 원리를 따르고 있다. 그 어둡고 딱딱하고 좁은 세계에 밝고

왼쪽 7 석굴암 본존불. 단단한 화강암으로 부드럽게 빚어낸 솜씨가 놀랍다. 오른쪽 8 석굴암 발견 당시의 모습. 석벽 일부가 무너져 있는 등 훼손된 모습이다.

넓고 부드러운 부처의 세계를 압축해 놓았다. 음 속에 양을, 어둠 안에 밝음을 모셨다. 어두운 현실에서도 밝은 희망을 간직하라는 아름다운 메세지다.

1.58미터의 좌대 위에 자리 잡은 본존불7은 3.26미터 높이로, 단단한 화강암을 조각하여 부드럽게 빚어낸 솜씨가 놀랍다. 가늘게 뜬 눈, 온화한 눈썹, 길게 늘어진 귀 등 인자한 얼굴을 보고 있으면 숭고하고 자비로운 마음이 전해지는 듯하다. 본존불의 얼굴은 깨달음의 순간을 구현한 것이다. 인간적이라고 하기에는 신적으로 완벽하고, 신적이라고 하기에는 인간적으로 사랑스러운 모습이다.

본존불의 시선은 동지 때 해 뜨는 방향을 향하고 있다. 가장 밤이 긴 동지에 가장 햇볕이 잘 드는 방향이다. 시선이 동해를 향해 있는 것은 고대인들의 태양숭배 사상과 함께 흉악한 왜구의 침략을 막으려는 결의도 담겨 있다. 어렵게 이룬 신라의 평화를 영원히 지켜 줄 듯한 눈길이다. 동해에서 해가 돋는 순간 빛나는 대불의 미소야말로 우리 역사에서 가장 아름다운 것이 아닐까? 최고의 조각 예술품으로 꼽히는 석굴암 본존불은 사실적인 동시에 환상적인 경지의 극치이자 불교예술의 궁극적인 이상이다.

석굴암은 1,200여 년의 시간을 견디고 지금까지 원형을 유지하고 있다. 신라의 장인들은 석굴암을 평지가 아니라 샘이 흐르는 터에 건축하였는데, 이로써 내부 습기를 아래로 모이게 하고 자연 통풍이 되도록 한 것이다. 한동안 잊힌 채 우리 역사에서 사라졌던 석굴암은 1909년 한 우체부에 의해서 우연히 발견되었다.[8] 발견 당시의 모습을 《조선총독부 월보》(1912년 2권 11호)는 이렇게 묘사하고 있다.

> 이들 여러 불상은 모두 정교하고 단청을 칠했으나 지금 대부분은 박리되었다. 여기에 특기해야 할 것은 천장이 무너질 우려가 있는 것이다. 굴은 돌로 주변을 에워싸고 기와를 얹었는데 상부의 기와를 훔쳐 가기도 하고 물이 침투하여 얼음이 얼어 있고 결국 석벽 일부가 무너져 있고 연꽃 무늬로 된 천개석 역시 균열이 생겨 낙하의 위험이 있다.

왼쪽 9 석굴암 일주문. 오른쪽 10 석굴암 외부에 세워진 목조 전실.

일제는 석굴암 보수에 당시 최신 토목건축 기술을 모두 투입하였다. 1913년부터 3년 동안 보수공사를 진행하였는데, 콘크리트로 뒤덮는 등 잘못된 방법을 사용해 습기와 곰팡이가 발생하였다.[9] 현재는 석굴사원 앞에 목조 전실⑩과 유리벽을 설치하고 에어컨을 틀어 두었다. 습기 문제를 근본적으로 해결하지 못하였으니, 현재의 과학기술이 과거 신라인들의 예술과 종교, 무엇보다 그들의 정성만 못한 것이다. 이는 우리가 과거의 아름다움을 통해 현재의 나를 찾아야 하는 이유이기도 하다. 21세기의 양대 축인 과학기술과 자본주의 속에서 나는 경건하게 정성껏 살고 있는지 가끔은 되물어 볼 필요가 있다.

석굴암에서 동북쪽으로 150미터 떨어진 언덕에는 석굴암 삼층석탑(보물 제911호)이 있다. 화강암으로 만든 희귀한 탑으로, 다른 탑에서는 볼 수 없는 원형으로 이루어져 있다. 높이는 3미터이며 통일신라시대에 만들어진 것으로 짐작된다. 일반인 출입금지 구역에 있어 관람이 제한된다.

석굴암은 우리나라에서 가장 아름다운 길 중 하나인 불국사에서 감포 가는 길로 구불구불 7킬로미터를 올라가면 왼쪽에 있다. 주차장에서 한동안 걸어 들어가야 한다. 사진 촬영은 금지되고 본존불과 양쪽의 수호 협시상(금강역사)만 볼 수 있어 다소 허망하다는 생각이 드는 게 사실이다. 여행자 입장에서는 그 명성에 비해 가성비(?)는 떨어진다고 할 수 있다. 석굴암의 전체 모습, 진면목을 보고 싶다는 아쉬움은 경주 보문동에 있는 신라역사과학관에서 모형으로나마 달랠 수 있다.

불교미학의 보물섬,
경주남산

불국사와 석굴암이 있는 경주는 보통의 도시가 아니다. 한국인의 문화적 원형 혹은 고향이라고 해도 과언이 아니다. 가장 융성했던 8세기 무렵 경주는 바그다드, 장안(현재의 시안), 콘스탄티노플(현재의 이스탄불)과 더불어 세계 4대 도시로 꼽혔다. 그중 경주는 상대적으

로 가장 덜 알려져 있다.[10]

신라의 모든 문화는 경주에 집중되었다. 경주에 가면 신라가 통째로 보인다. 신라 멸망 후 왕조의 변화와 잦은 전쟁을 겪으며 많은 문화재가 사라졌지만, 그래도 경주에는 볼거리가 무궁무진하다. 한국전쟁은 물론이고 임진왜란과 정유재란을 거치면서도 이만큼 보존된 것이 신기할 뿐이다. 인간의 영역이 아닌 신의 영역이 있는 것이 분명하다. 한번 가 봤다고 끝이 아니다. 가고 또 가서 숨어 있는 신비를 내 눈으로 확인해야 안목과 심미안이 높아지고 내 삶이 달라질 수 있다. 눈에 보이지 않는 나를 찾고, 가장 만나기 어려운 나를 만날 수 있다.

일연은《삼국유사》에서 신라의 불교 공인 후 서라벌(경주) 시가지 모습을 이렇게 묘사하고 있다.

절들은 밤하늘의 별처럼 총총하고　寺寺星張
탑들은 기러기처럼 줄지어 늘어섰다　塔塔雁行

경주는 사방에 산이 포진하고 있는 분지다. 동쪽에는 명활산, 서쪽에는 옥녀봉과 선도산, 남쪽에는 금오산(남산), 북쪽에는 금강산이 둘러싸고 있다. 산이 많은 경상도에서 경남의 김해평야를 제외하고 경주 주변만큼 넓은 들판이 있는 곳도 드물다. 물도 충분하다. 경주의 산세에서 남산이 특이하다. 불교가 국교였던 신라는 남산을 정신적인 중심으로 간주하여 불교 유적 대부분이 남산에 집중되어 있다. 경주에서 남쪽을 향해 집을 지을 때 정면 앞산에 해당하는 산이 남산이기 때문이다.

높이 468미터의 금오산과 494미터의 고위산으로 이루어져 있는 남산은 남북 길이가 8킬로미터, 동서 너비가 4킬로미터에 이르는 크지 않은 산이다. 나는 남산을 세 번 횡단 · 종단했는데, 갈 때마다 재미와 의미가 다르다. 작지만 깊고, 낮지만 높은 심미의 보물섬이다. 남산이라고 하면 서울의 남산을 떠올리는 사람이 많은데, 세계적으로 경주남산이 서울 남산보다 유명할 것이다. 경주남산은 유네스코 세계문화유산으로 등재되어 있기 때문이다. 경주 사람들은 '남산에 가지 않았다면 경주를 다녀갔다고 말하지 말라'고 한다. 나 또한 나의 진면목을 만날 때까지 가도 가도 다시 가 봐야 할 것 같다는 사명감을 품고 있다.

남산은 바위 곳곳에 부처가 들어 있는 불교 성지이자, 산 전체가 야외 박물관이면서 불교 조각공원이다. '남산의 구르는 돌 하나도 문화재'라고 할 정도이다. 남산의 유적들은 자연과 일체를 이루고 있다는 것이 가장 큰 매력이 있다. 온전히 남아 있는 것은 그 아름다움으로 보는 사람을 매혹시키고, 훼손된 것은 떨어져 나간 부분에 대한 안타까움과 미안함을 불러일으킨다.

528년 신라에서 불교가 공인된 이후 남산은 천상의 부처님이 하강하여 머무는 산으로 신앙시되어 많은 절이 지어지고 부처가 새겨지고 탑이 서게 되었다. 백두산에 천인天人이 내려와 우리나라를 세운 것과 비슷하다. 지금까지 발견된 절터가 112곳, 바위에 새겨진 마애불이나 입체 불상이 80구, 크고 작은 탑이 61개나 된다. 남산은 불교 유물 · 유적의 메카이다.

남산은 또한 아득한 석기시대 유적부터, 신라 건국설화에 등장하는 우물 나정蘿井, 그리고 신라의 종말을 맞았던 포석정 등이 자리한 신라 역사의 산증인이기도 하다. "나정에서 남자아이를 얻으니 혁거세왕이 되었다"는 《삼국사기》 기록이 있다. 《삼국유사》에 따르면, 혁거세왕이 나라를 세우고 남산 기슭, 지금의 창림사 터에 최초의 왕궁을 지었다고 한다. 곧, 남산은 신라 역사의 시발점이다. 신라 왕궁이 월성으로 이전했지만, 남산은 지척이다. 그래서 신라의 왕들은 월정교를 통해서 남산을 자주 찾았다.

불상의 조성은 부처의 존엄을 나타내기 위한 것이므로 경전에서 엄격한 제약을 규정하고 있다. '32길상, 80종호' 등이 그것인데, 이에 따라 부처 뒷배경 모양인 광배, 불상을 앉힌 대좌, 손 모양인 수인 등의 특징이 나타난다. 이런 규정은 인도에서 불상이 처음 조성되기 시작한 이래로 시대와 지역의 차이를 초월하여 지켜져 왔다. 그러나 경주남산에는 이런 제약에서 벗어난 불상들이 많다. 이러한 파격은 남산 불상들의 모습을 더욱 다채롭게 만들었다.

석굴암 불상들의 얼굴이 귀족적인 면모를 보여 준다면, 남산의 불상들은 뒤에서 볼 운주사의 불상만큼은 아니지만 서민적이다.

추상적이고 이념적인 불상이 아니라 구체적이며 사실적인 당대 신라인, 이름 없는 보통 사람의 모습을 보여 준다. 이러한 불상들을 민중적인 것이라고 부를 수 있을 것이다.[11]

Le Monde

a couche d'ozone va mieux

Le bouddha géant de Gyeongju, intact, 1 300 ans après une chute salvatrice

11 열암골 마애불 불상 발견 소식을 전하는《르몽드》1면 기사.

여러 불상 중 특히 열암곡의 마애불상은 뛰어난 수작이다. 약수골 마애불에 이어 경주남산에서 두 번째로 큰 이 불상은 무게 80톤, 높이 6미터의 바위로 거꾸로 박혀 있다가 최근에 발견되었다. 1430년 세종 때 경주 일대에 규모 6.4의 지진이 발생했는데, 그때 쓰러진 것으로 추정된다. 2007년 프랑스의《르몽드》는 1면에 '5센티의 기적'이라는 제목 아래 "경주에서 1,300년 전 불상이 발견되었다"는 내용을 사진과 함께 대서특필하였다. 11

남산에 있는 신라 석불 가운데 가장 온전한 모습으로 남아 있는 것은 보리사 뒤편에 있는 석조여래좌상(보물 제136호) 12 으로 대좌와 광배까지 갖추고 있다. 현재 우리나라에 남아 있는 석조 불상 중 명품으로 꼽힌다. 통일신라 시기인 8세기 후반경의 작품으로 추정되는 이 불상의 얼굴은 종종 석굴암 본존불의 얼굴과 비교되며, 그 은은한 미소는 '신라의 미소'라고 일컬어진다.

왼쪽 12 경주남산 보리사 뒤편에 있는 석조여래좌상. '신라의 미소'라고 일컬어진다.
오른쪽 13 경주남산 용장사터 삼층석탑. 남산 전체를 탑의 기단으로 삼고 있다.

석탑 중에서 가장 대표적이고 아름다운 것은 남산 용장사터에 있는 삼층석탑(보물 제186호)13 이다. 통일신라시대 때 조성된 이 석탑은 현재 터만 남아 있는 용장사지 위쪽 산마루에 위치해 있다. 불상이 만들어지기 전에는 불국토의 축소판인 절의 중심에 탑이 자리하였다. 부처님의 사리를 모신 탑은 부처님을 상징하기 때문이다. 탑은 상륜부·탑신부·기단부로 구성되는데, 용장사 삼층석탑은 기단이 없다. 남산 전체를 기단으로 삼았기 때문이다. 꼭 뭐가 있어야 뭐를 할 수 있는 나는 너무 고지식하고 겁 많은 사람은 아닌지 반성하게 만드는 것이 이 탑이고 남산이고 신라 사람들이다. 인공적이고 지엽적인 것을 배경 삼지 않으며, 나는 전체와 연결되어 있고 그것에 기반하며, 우리가 다르지 않고 하나라고 생각한다면 얼마나 든든하고 자신 있게 살 수 있을까! 이를 일깨우는 장횡거張橫渠의 〈서명西銘〉이라는 글이다.

하늘은 나의 아버지이고
땅은 나의 어머니이니
작은 미물에 불과한 나도
그 사이에 연결되어 있음을 발견한다.
그러므로 내 몸이 우주이고
우주가 나의 본질이다.
이 세상 모든 사람이 나의 형제자매이며
만물이 나의 동료이다.

삼층석탑이 자리한 용장사는 김시습과 관련이 깊다. 세종 때 5세 신동으로 유명했고 단종 복위를 시도했던 생육신 중 한 사람이다. 김삿갓과 더불어 조선의 대표적 방외지사方外之士(방랑하는 문인)로 꼽히는 인물이 김시습이다. 그가 용장사에 머물면서 《금오신화》를 집필했다는 기록이 전해 온다. 《금오신화》는 우리나라 첫 한문소설로, '금오金鰲'는 경주남산의 다른 이름이다. 당시 김시습은 중 신분이었는데 법명이 '설잠雪岑'이어서 설잠교라는 다리가 남산에 있다. 김시습은 〈용장사茸長寺〉라는 시를 남겼다.

용장골 깊어 오가는 사람 없네
보슬비에 신우대는 여울가에 움 돋고
빗긴 바람은 들매화 희롱하는데
작은 창가에 사슴 함께 잠들었네
의자에 먼지가 재처럼 깔렸는데
깰 줄 모르네
억새 처마 밑에서
들꽃은 떨어지고 또 피는데

용장사 삼층석탑에서 조금만 내려가면 여느 불상과 다르게 생긴 불상이자 탑인 용장사지 석조여래좌상(보물 제187호)⑭을 만나게 된다. 이 독특한 불상은 내가 보기에 감은사지 삼층 쌍탑(국보 제112호)과 더불어 가장 아름다운 불교 예술품이다. 이 불상은 머리가 없으며, 좌대의 모양이 독특하다. 바퀴처럼 생긴 것이 세 개가 있고, 그 사이에 북처럼 생긴 것이 끼워져 있는 형태이다. 이런 식의 원형 좌대 모양은 우리나라에서 화순 운주사의 원형 다층석탑(일명 '연화탑')⑮ 외에는 거의 볼 수 없다.

이 석조여래좌상과 관련한 설화가 있다. 당시 유식학唯識學 분야에서 세계적 명성을 얻은 대현大賢이라는 스님이 이 절에 있었는데, 대현이 이 미륵상 주위를 돌면 미륵상 역시 머리를 돌리면서 대현을 쳐다봤다고 한다. 좌대가 동그랗게 되어 있기 때문이다. 이 불상을 전

왼쪽 14 용장사지 석조여래좌상. 오른쪽 15 화순 운주사 연화탑. 두 탑은 납작한 원형 판을 쌓아 올린 모양이 유사하다.

체적으로 보면 맨 밑부분은 자연 그대로를 이용하였고, 올라가면서 인위적인 터치를 조금씩 해서 맨 윗부분은 인공미의 극치를 이룬다. 불상 조각 안에서 자연과 인간이 조화롭게 어울리고 있는 것이다. 그런 면에서 한국의 미의식을 나타내는 대표작이라고 할 만하다.

남산을 오르는 경로가 여럿 있는데, 통일전 쪽에서 올라가다 보면 똑같이 생긴 탑 두 개가 남산을 배경으로 나란히 서 있는 것을 볼 수 있다. 염불사지 동서 삼층석탑이다. 염불사의 원래 이름은 '피리사'였다. 이곳 스님 한 분의 염불 소리가 서라벌 안에 가득하여 전체 17만 호에 들리지 않는 곳이 없었는데, 그 스님이 돌아가시자

절 이름을 피리사에서 염불사로 바꿔 불렀다고 한다. 두 탑 중 동탑은 1963년 불국사역 광장으로 옮겨져 그곳에 서 있다가 이곳으로 다시 돌아왔다.

염불사지에서 골짜기를 따라 2킬로미터 정도, 1시간쯤 다소 힘들게 가파른 길을 오르면 층계가 끝나는 곳에 '남산의 꽃'이라 불리는 칠불암이 있다. 깎아지른 절벽을 등지고 동향으로 자리한 바위에 마애삼존불이 새겨져 있고, 그 앞 네모난 바위 사방에 부처가 새겨져 있다. 이 둘을 합쳐서 '칠불七佛'이라고 부르는데 남산 불상들 중에서 규모가 큰 편이고 조각 솜씨도 우수하다. 남산에서 유일한 국보로 2009년 보물에서 국보 제312호로 승격하였다. 본존불인 석가모니불은 석굴암 부처와 몹시 닮았다.16

칠불암에서 올려다보이는 정상 바위 절벽 위쪽에는 신선암 마애보살반가상(보물 제199호)17 이 있다. 이 마애보살은 머리에 보관을 쓰고 있으며, 왼발은 대좌 위에 올리고 오른발은 대좌 밑으로 내린 '유희좌'라는 독특한 자세를 하고 있다. 살찐 얼굴, 풍만한 몸매가 특징적이며, 아래쪽에 구름이 새겨져 있어 부처가 구름을 타고 내려오는 듯한 모습이다. 이곳은 일출 사진의 명소로도 유명하다.

경주남산에서 사람들이 가장 많이 찾는 곳이 삼릉계곡이다. 초입에 신라 왕릉 세 개가 있고 남산의 유물이 가장 많이 분포해 있기 때문이다. 삼릉계곡 직전에 삼불사라는 절이 있는데 그 위에 유명한 배동 석조여래삼존입상(보물 제63호)18 이 있다. '삼화령 애기부처'로

위 16 남산 유일의 국보인 칠불암. 아래 17 신선암 마애보살반가상. 이곳에서 사진을 찍으면 천지인의 신묘한 조합을 담을 수 있다.

왼쪽 18 통통한 외모와 웃고 있는 모습의 아기부처인 배동 석조삼존여래입상.
오른쪽 19 삼존여래입상 보호각. 세 분의 아기부처님이 무거운 보호각 아래 갇혀 있다.

불리는 경주박물관의 장창골 삼존불과 함께 미술사학자들이 걸작으로 꼽는 고신라시대의 작품이다. 통통하고 천진난만한 얼굴과 몸에서 느껴지는 온화함에 저절로 미소를 짓게 된다. 그러나 이 삼존불은 새로 세워진 보호각 19 때문에 웃음을 잃어버렸다. 보호각이 너무 무거워 미소를 짓고 서 있는 아기부처들이 힘겨워 보인다. 7세기에 조성된 아름다운 아기부처님들에게 21세기 후손들이 전혀 미학적이지 않은 추한 가혹 행위를 한 것 같아 몹시 안타깝다.

삼릉계곡은 곳곳에 수많은 불상이 모셔져 있어서 계곡 전체가 하나의 불국토를 이루고 있다. 경주남산의 어느 곳보다도 불교문화의 아름다움을 충분히 느낄 수 있는 곳이다. 무엇보다 아름다운 소나무 군락이 인상적이어서 유명한 소나무 사진들이 이곳을 배경으로 하고 있다.

삼릉계곡에서 처음 만나는 삼릉곡 제2사지 석조여래좌상20은 머리가 없지만 입고 있는 가사 부분의 선이 잘 표현되어 있다. 도굴 과정에서 부장품을 빼 가려고 넘어뜨려 가장 약한 부위인 목 부분이 부러져 없어진 것으로 여겨진다. 이렇듯 조선시대의 억불 정책과 임진왜란, 일제의 탄압, 훼손, 밀반출에 많이 없어졌지만 그래도 경주남산에는 많은 불상과 불탑이 존재한다.

20 머리 없는 삼릉곡 제2사지 석조여래좌상.

문득 이런 생각이 든다. 저 머리 없는 불상에 내 얼굴을 갖다 붙이면 어떨까? 산과 절이 둘이 아니고 너와 내가 둘이 아니라는 불교의 가르침이 아닐까? 나와 그것이 아니라 그것이 너가 되고, 너와 내가 다르지 않고 '우리'라는 깨우침을 얻을 수 있다면 이기적이고 옹색한 나에서 큰 나로 부활할 것이다. 이것이 나를 찾아 떠나는 미학여행의 이유일 것이다.

삼릉계곡에서 상선암 방향으로 좀 더 올라가면 삼릉계곡 선각육존불이 나온다. 여기서 조금 더 올라가면 불상의 몸과 광배, 좌대를 모

21 삼릉계 석조여래좌상. 불상의 몸과 광배, 좌대가 온전하게 남아 있으나 복원이 잘못되어 아쉽다.

두 갖추고 있는 삼릉계 석조여래좌상(보물 제666호) 21 이 있다. 원래 불상의 얼굴 아래쪽이 부서지고 광배도 떨어져 흩어져 있던 것을 발굴・조사한 후 복원한 것이다. 복원이 완벽하지 못해 원래의 부분과 복원한 곳의 명암 구분이 선명하다. 그러나 당당하고 안정감 있는 자세와 섬세한 조각 기법으로 보아 8~9세기 통일신라시대 작품으로 추정된다.[12]

경주남산은 높은 산은 아니지만 얕잡아 보고 올라가면 큰코다친다. 그러나 석굴암처럼 힘들게 접근하였지만 제대로 볼 수 없는 곳은 아니다. 또, 불국사처럼 많은 사람들 속에서 성스러운 곳이라는 느낌보다 세련된 관광지처럼 여겨지는 곳도 아니다. 많이 생각할 수 있고 많이 걸을 수 있다. 그러면서 많은 신라시대 불교 예술품들을 만날 수 있으니 여행자로서는 수지맞는 곳이다. 특별한 루트가 있는 곳도 아니라서 어디서부터 올라가도 무엇이든, 잘하면 나 자신도 만날 수 있는 재미있고 의미 있는 아름다운 산이다.

천불천탑의 꿈,
운주사

화순은 김삿갓이 35년간의 방랑 생활 중 세 번이나 방문한 곳이다. 세 번째 방문 때 6년간 머물다가 생을 마감하였다. 도대체 무엇이 방랑 시인 김삿갓을 여러 번 불러들이고 머물게 하였으며, 죽음의 장소로 선택하게 했을까? 전남 화순군 도암면 대초리와 용강리 일대에 자리 잡은 운주사가 그 힌트가 될 것이다.

운주사가 위치한 곳은 무등산의 한 줄기로 해발 100여 미터의 야트막한 야산 지대이다. 남북 방향으로 뻗은 두 산등성이와 계곡에 돌부처와 석탑들이 이곳저곳에 널려 있다. 화순에는 고인돌 유적지도 산재해 있어, 일찍부터 돌과 종교가 결합한 문화가 존재했던 곳임을 알 수 있다. 이곳을 처음 주목한 이는 독일인 요헨 힐트만이다. 그는《미륵》에서 운주사를 이렇게 묘사한다.[13]

> 눈앞에 완전히 다른 세상이 펼쳐져 있다. 형식적인 미와 기술에서 불필요한 과정이 없다. 전통적인 형식으로부터 특별하고 철저하게 해방된 형태를 느끼게 된다. 마치 한국의 아름다운 농가처럼 소박하고 꾸밈이 없다. 현대의 어떤 예술 작품도 그만큼 나를 감동시키진 못했다. 사람들 사이에 신이 녹아 있는 풍경이었다.

외국인도 느낀 감동을 시인 김삿갓이 놓쳤을 리 없다. 우리나라 어느 절집보다도 한국적인 민중의 불상이 많이 모셔져 있는 곳이 운주사다. 이곳에는 도선국사가 하룻밤 사이에 천불천탑을 세웠다는 전설이 전해 온다. 많은 탑과 불상이 한 지역에 빽빽이 들어서 있다는 점에서 경주남산과 자주 비교된다. 그렇지만 운주사의 불상과 탑은 남산처럼 여러 계곡에 시기가 다른 별개의 불사로 이루어진 유적이 아니어서 분명히 구별된다.

많은 돌부처와 석탑들이 한 계곡에 널려 있어 마치 야외 전시장을 방불케 한다. 이는 우리나라뿐만 아니라 인도나 중국, 동남아 등 그 어느 나라 불교 사찰에서도 유래를 찾기 힘든 희한하고 불가사의한 유적이다. 최근 이곳에 절 건물들이 신축되고 있는데, 그보다는 민중에 의한 야외 불교 전시장으로서의 묘미가 더 주목을 받는다. 팔만대장경을 만들어 몽골의 침입을 극복하려 한 것처럼 천불천탑을 조성하여 국난을 이겨 보겠다는 의미라고 볼 수도 있고, 권력과 부에서 멀리 떨어져 있는 서민들의 울분을 예술적으로 승화하고 정화한 장소라고도 할 수 있다. 조병중의 시 〈운주사〉를 보자.

용한 절 보자 해서 왔더니
절 좀 보게
곰보 아재, 서푼이 고모
등신 어주바리

쯔루루미 둘러서서

흙 빵떡 탑주가리

동글동글 빚어 놓고는

별 덮고 누워 내우 간에 바라잘 게 없으신 듯 보이시네

이 시처럼 운주사 석불들은 하나같이 못생기고 어설프다. 꼭 어린이들이 놀이하듯 만들었다. 그래도 즐겁다. 보는 맛이 난다. 아이디어나 영감을 자극하는 무엇이 있다. 수수께끼 같기도 하고 보물찾기 놀이 같기도 하다. 누구에게 잘 보이기 위한 욕망은 사라지고 순수함만 남은 소박한 미감의 경지다.[14]

고려는 불교를 통치 철학으로 삼은 귀족정치 시대로 귀족적 취향의 화려함과 장식성이 돋보이는 완벽주의 미감을 보여 주었다. 팔만대장경의 완벽에 가까운 목판 기술과 완성도, 고려청자의 신기에 가까운 비취색과 빼어난 조형미, 고려불화의 독특한 불화 기술과 채색법, 금속공예술의 현란한 기술과 화려한 외형 등이 그것이다. 미술과 공예뿐 아니라 건축에서도 부석사 무량수전의 배흘림기둥, 경천사지 팔각구층탑 조각에서 보이는 라마교풍의 장식적 화려함 등이 그러하다. 이에 비하여 운주사 석불들은 너무 조촐하고 소박하다.[15]

운주사에는 유명한 석조불감(보물 제797호)[22] 이 있다. 돌로 만든 건물에 두 돌부처가 등을 대고 앉아 있는 이 쌍배 석조불감은 지붕과 벽체를 시멘트로 잘못 보수하여 보기에 다소 흉하다. 《동국여지

22 운주사 석조불감. 두 돌부처가 등을 맞대고 앉아 있다.

승람》〈능성현조〉에서는 "운주사는 천불산에 있다. 절의 좌우 산마루에 석불과 석탑이 각각 천 개 있고 또 석실이 있는데 두 석불이 서로 등을 대고 앉아 있다"고 석조불감을 설명하고 있다.

《장길산》의 저자 황석영은 운주사를 수도천도설과 관련지어 역성혁명의 성지로 이해했다. 《녹두장군》의 저자 송기숙은 미륵 사상이 불교 차원에 머물지 않고 사회개혁을 바라는 민중 사상의 큰 흐름을 이루는 데 운주사가 중심지 역할을 했을 것으로 보았다. 임동확은 〈몸체가 달아난 불두〉에서 운주사를 "어딜 가도 환영받지 못한 열망들이 드디어 찾아낸 스스로의 유배지, 임시 망명정부"라고 묘사한다. 운주

23 운주사의 대표적 유물인 와불. 서쪽 산정에 나란히 누워 있다. 부부불로 알려져 있다. 큰 것은 길이 12미터, 작은 것은 11미터이다.

사의 대표적 유물인 와불臥佛 23 에서 드러나는 미완성의 세계에 깃든 여운과 애석함이 운주사의 매력인 듯하다. 운주사는 우리의 잃어버린 꿈과 좌절된 역사의 상처를 달래 주는 영원한 고향 같은 곳이다.[16]

운주사에는 글로 남아 있지 않고 전설로, 입으로 전해 내려오는 이야기가 있다. 태조 왕건이 '모든 사원은 도선이 천거하는 곳을 택하라'고 했을 만큼 독점적 권위를 인정받은 도선대사와 관련된 설화이다. 도선대사가 하룻밤 사이 이곳에 천불천탑을 세우기로 하고

기도를 올리자 하늘에서 1천여 명의 선남선녀가 내려와 불상과 불탑을 만들기 시작했다. 이들은 날이 새면 모두 하늘로 올라가 버릴 것이어서, 반드시 하룻밤 사이에 첫닭이 울기 전까지 일을 마쳐야 했다. 도선대사는 해가 뜨는 것을 늦추기 위해 일봉암이라는 바위에 해를 묶어 두었다. 모든 일이 순조로워 새벽녘까지 천불천탑이 거의 다 조성되고, 이제 와불만 일으켜 세우면 되는데 대사를 모시는 어린 상좌가 일에 지쳐 그만 첫닭 우는 소리를 흉내 냈다. 그러자 와불을 세우려던 선남선녀들이 일순간에 모두 하늘로 올라가 버렸다. 그래서 와불을 세우지 못하고, 지금도 그렇게 누워 있는 상태로 있게 되었다는 것이다.

이외에도 풍수사상의 시조가 도선이라는 점에서, 한반도가 행주行舟(떠다니는 배) 형국인데 동쪽이 너무 무거워 배가 한쪽으로 기울기 때문에 무게중심을 잡기 위해 이곳에 천불천탑을 조성하였다고도 한다. 이를 세우면 중국이나 일본의 기를 누를 수 있다고 믿었다는 것이다. 조성국의 시 〈운주사 와불〉이다.

누워 있는 것이 아니다
걷고 있는 거다 저문 하늘에
빛나는 북극성 좌표 삼아
천지간을 사분사분 밟으며 오르고 있다.
등명燈明의 눈빛 치뜬 연인과

나란히 맞댄 어깨 죽지가 욱신거리도록
이 세상 짊어지고
저 광활한 우주로 내딛는 중이다
무릇 당신도 등짐 속의 한 짐!

운주사에서 가장 주목받는 와불은 서쪽 산정에 있다. 2기의 미륵이 나란히 누워 있는데, 두 불상이 남녀 또는 부부의 모습처럼 보인다. 그리고 바위 밑에 옹기종기 모여 있는 불상들을 보면 이들이 가족불의 형상을 하고 있다는 느낌이 강하게 든다.24 남녀불 또는 부부불의 형

24 운주사의 가족불. 추운 겨울에 나란히 서서 따뜻한 봄을 기다리고 있다.

㉕ 운주사 와불 입구의 시위불.

상은 불교의 본질과 충돌한다는 점에서 치명적인 약점일 수도 있다. 그러나 직접 방문해서 보면 알겠지만, 이것이 진정 불교와 평범한 인간의 만남, 혹은 궁극의 행복에 대한 불교의 대답이 아닐까 하는 생각이 든다. 와불 입구에 본존本尊을 모시는 협시불脇侍佛로서 '시위불(머슴미륵)'이라 불리는 석불 입상이 있는데,㉕ 갸름한 모습의 이 입상이 와불과 함께 짝을 이루는 삼존불일 가능성도 있다.

전설과 달리, 운주사의 천불천탑이 실제로 정확히 1천 개였던 것으로 보이지는 않는다. 현재 21기의 탑과 90여 개 석불이 남아 있다. 그중 주목할 것은 계곡 왼쪽 산등성이에 위치한 7개의 바위, 칠성암이다. 이 바위는 북두칠성이 지상에 그림자를 드리운 듯한 모습의 배열 상태와 원반 지름의 크기가 북두칠성의 방위각이나 밝기와 매우 흡사하다. 고려시대 칠성신앙의 근거지이자 천문학적 관측 자료로서 그 가치가 높다.[17] 큰 것은 18톤이고, 작은 것은 12톤이다. 칠성암은 그 크기와 길이상 항공사진이 아니고서는 사진 한 장에 전모를 다 담기가 어려워 사진은 생략한다.

칠성신은 탄생과 죽음을 관장하는 신이다. 와불이 풍요다산을 관장하는 신이라면, 칠성은 무병장수를 관장한다. 가장 세속적이며, 그래서 가장 민속적이라고 할 수 있는 풍요다산과 무병장수라는 두 무속적 소원이 운주사의 신앙적 근간인 것이다.[18]

이 절의 조성자에 대해 어떤 학자들은 백제가 망했을 때 중국으로 떠났던 백제 유민들이 통일신라가 망하고 고려가 들어서자 고향으로 대거 귀국하여 자신들의 염원을 실현하려고 만들었다고 주장한다. 무언가 억울한 일이 있을 때, 이렇게 살면 안 되겠다 싶을 때, 나 스스로의 혁명이 필요할 때 운주사에서 나만의 부처님을 찾아보고 마음속에 탑 하나 세워 보자.

불지종가, 국지대찰 통도사

통도사는 낙동강을 끼고 하늘 높이 치솟은 해발 1천 미터의 영축산(가야산) 남쪽 기슭에 자리 잡고 있다. 가야산에 대하여 이중환은 《택리지》에서 "경상도에는 바위가 적은데, 오직 가야산만이 바위산"이라고 하여 영험한 산임을 말하고 있다.

통도사가 '통도사通度寺'인 이유는 첫째 석가모니가 《화엄경》을 설법한 인도의 영축산靈鷲山과 기가 통하기 때문이다. 둘째 자장율사의 '천하의 승려가 되려는 사람을 이곳에서 통틀어서 득도시켜라'(天下爲僧者通而度之)라는 말과, '만법을 통달하여 모든 중생을 제도한다'(通諸萬法度齊衆生)라는 말씀의 약자이다. 이는 대승불교의 이상인 상구보리上求菩提 하화중생下化衆生의 의미를 '통도通度'라는 응축된 말로 표현한 탁월한 발상이다.[19]

절은 불교에서 가장 귀중하게 여기는 세 가지 귀한 보물을 모신 곳이다. 첫 번째 보물은 스스로 진실한 진리를 깨닫고 다른 이를 가르쳐 인도하는 불교의 교주인 부처님이다. 두 번째 보물은 부처님이 깨달은 진리를 기록한 불교 경전이다. 세 번째 보물은 부처님의 진리를 배우고 실천하는 진정한 수행자들이다. 이를 각각 불보佛寶, 법보法寶, 승보僧寶의 '삼보'라 한다. 모든 불교 행사 때 맨 먼저 하는 의식이 삼귀의三歸依인데, 이는 삼보인 부처님, 부처님의 가르침, 승가공동체에 귀의하는 일을 뜻한다.

통도사는 삼보 가운데 으뜸인 불보(진신사리)를 간직하고 있으니 진정 불지종찰이자 국지대찰이라 할 수 있다. 그러나 통도사가 '불보사찰'로 불리게 된 것은 단순히 부처님 진신사리가 모셔져 있기 때문만은 아니다. 진신사리를 모신 다른 절들도 있지만, 통도사는 부처님이 직접 설법한 장소인 영축산과 산세가 비슷한 곳에 진신사리가 봉안되어 있다는 점에서 석가모니 부처님이 직접 계시는 곳으로 존중받기 때문이다.[20] 통도사에는 법화, 정토, 미륵, 관음, 약사, 산신, 칠성, 토지신 등 정통 불교에서 토착신앙에 이르기까지 한국

불교의 모든 요소가 망라되어 있다.[21]

통도사는 신라 선덕여왕 15년(643) 자장율사에 의해 창건되었는데, 그는 원효와 의상보다 연상이었으리라 추측된다. 자장은 귀족 출신으로 당나라 청량산에 들어가 문수보살에게 기도하여 가사와 사리를 받아 왔다. 진신사리와 관련하여 통도사 대웅전 주련(기둥이나 벽에 써 붙이는 글귀)에 다음과 같은 글귀가 써 있다.

> 만대의 전륜왕 삼계의 주인
> 쌍림에 열반하신 뒤 몇 천추던가
> 진신사리 오히려 지금도 있으니
> 널리 중생의 예불 쉬지 않게 하리.

2018년 '올해의 아름다운 숲 전국대회'에서 대상을 받은 계곡을 끼고 1~2백 년 된 멋드러진 소나무들이 울창한 숲을 한참 지나야 통도사 일주문에 도달한다. 가는 도중 용의 피가 묻어서 검붉다고 하는 용피바위가 있다. 자장율사의 설법을 듣고 급하게 도망가던 용이 피를 흘렸다는 전설이 있다. 월하 큰스님(전 종정)이 쓴 '영축총림靈鷲叢林'[•]이란 편액이 붙은 총림문을 지나 계곡을 따라 진입하면, 오

• '총림'은 선원, 승가대학, 율원, 염불원을 갖춘 종합수행도량을 뜻한다. 조계종에는 해인사 · 송광사 · 통도사 · 수덕사 · 백양사 · 동화사 · 쌍계사 · 범어사의 8개 총림이 있다.

26 통도사 일주문. '영축산통도사'라고 쓰여진 현판 아래 불지종가, 국지대찰이란 글이 쓰여 있다.

른쪽 길 위 높은 터에 부도원浮屠園이 나온다. 사찰 창건 이래 산중 암자 곳곳에 흩어져 있던 탑과 비를 한곳에 모아 놓은 것이다. 전국에서 가장 큰 부도원으로 부도의 숲, 부도림이라고 한다.

부도원 앞을 지나 더 들어가면 일주문26을 만난다. 일주문에는 대원군이 '영축산통도사'라고 쓴 현판이 있고, 해강 김규진이 쓴 '불지종가, 국지대찰'이란 커다란 글씨가 걸려 있다. 일주문으로 가는 길 양쪽에는 네모 돌기둥과 큰 나무가 한 그루 서 있다. 두 개의 돌기둥에는 '서로 성격이 다른 대중이 모여 사는 데는 반드시 화목해야 한다'(異性同居必須和睦), '삭발한 수행자들은 늘 청규를 중요하게 여겨야 한다'(方袍圓頂常要淸規)라는 경구가 새겨 있다.

일주문을 지나면 천왕문이 나온다. 천왕문에는 원칙에서 물러나지 않는 불퇴전의 마음을 품은 수호천왕을 세워 두어 불자들에게 힘센 자가 지켜 준다는 위안을 준다. 수호천왕은 어찌 보면 무섭게 생겼지만 화관을 쓰고 다소 우스운 표정을 짓고 있다. 통도사 천왕문은 중앙 칸을 통로로 하고 좌우 측칸에 거대한 목조 사천왕상이 배치되어 있다. 동방 지국천은 칼을 들었고, 북방 다문천은 보탑을, 남방 증장천은 용을, 서방 광목천은 비파를 들고 있다. 천왕문 옆 초입에는 가람각이 있다. 통도사에서만 볼 수 있는 전각인데 사방 1칸의 작은 전각으로 통도사가 들어서기 전부터 이곳을 지키는 가람신(용)을 모시는 공간이다.

40여 동의 건물, 12개의 암자가 있는 통도사는 기본적으로 세 요소로 구성된다. 첫 번째는 영산전 · 극락보전 중심의 하로전, 두 번째는 대광명전 · 용화전 · 관음전 일대의 중로전, 세 번째는 통도사의 가장 핵심적인 부분으로 금강계단이 있는 상로전(대웅전 일곽)이다. 정토신앙의 하로전, 미륵신앙의 중로전, 통도사의 하이라이트인 사리신앙의 상로전이라고 할 수 있다. 불사리를 봉안하는 것이 창건의 이유였으니, 통도사의 권위는 상로전의 금강계단에서 출발한다.

하로전의 중심 공간은 극락보전인데, 여기에는 1868년 제작된 반야용선 벽화[27]가 그려져 있다. 아미타불을 모신 극락전 자체가 중생들을 극락으로 인도해 가는 반야용선般若龍船이라는 뜻이다. 용의

27 통도사 극락보전의 반야용선 벽화.

머리와 꼬리가 선명한 배의 앞뒤에 관음보살과 지장보살로 보이는 보살이 자리하여 푸른 파도로부터 배를 보호하며 중생들을 안전하게 극락으로 이끌고 있다.[22]

용은 물의 신이다. 우리 고대어에서 용을 '미르'라고 했다. 미륵도 미르에서 왔다. '미'가 물을 의미하여 미역, 미나리 등이 여기서 왔다. 용이 살던 곳은 신령한 곳이다. 그래서 여기에 통도사가 들어섰다. 토착신앙과 불교의 이상적인 조화를 보여 주는 것이 용이 등장하는 반야용선이다.

영산전에는 불교 박물관처럼 다양한 그림이 그려져 있다. 여기에 석가여래와 다보여래가 마주 보고 있는데, 이는 불국사에서 석가탑과 다보탑이 마주 보고 있는 것과 같다. 영산전의 그림 중 1775년에 제작된 유명한 〈팔상도〉가 있다. 〈팔상도〉는 석가모니의 생애를 여덟 개의 장면으로 압축 · 묘사한 것으로, 시대와 종파를 초월하여 제작 · 봉안되었다. 특별한 교리를 담은 것이 아닌 이야기 그림이기 때문에 다른 불화보다 더 많은 사랑을 받고 있다. 팔상의 장면은 다음과 같다.

제1 도솔래의상 석가모니가 도솔천에서 이 세상에 내려오는 모습
제2 비람강생상 인도의 룸비니 동산에서 탄생하는 모습
제3 사문유관상 네 성문으로 나가 생로병사의 세상을 관찰하는 모습
제4 유성출가상 궁성을 나가 왕자의 신분을 버리고 출가하는 모습
제5 설산수도상 설산에서 수행하는 모습
제6 수하항마상 보리수 아래에서 악마의 항복을 받는 모습
제7 녹원전법상 녹야원에서 최초로 설법하는 모습
제8 쌍림열반상 쿠시나가라의 사라나무 아래에서 열반에 드는 모습

서쪽에 있는 불이문(해탈문), 즉 부처와 중생이 둘이 아니라는 뜻의 문을 들어서면 세 단으로 높이 차이를 보이는 마당이 전개된다. 미륵신앙의 전각들이 자리 잡은 중로전 영역이다. 중로전의 용화전 앞에는 석가모니의 발우를 상징하는 봉발탑(보물 제471호)이 서 있다. 석가모니가 수제자인 가섭에게 미륵이 강림하면 깨달음의 증표

인 발우를 전하라고 했기에, 미륵부처님을 모신 용화전 뜰 앞에 발우를 형상화한 봉발탑이 세워져 있다. 불법이 영원히 이어진다는 의미일 것이다.

중로전의 중심 전각인 대광명전은 비로자나 부처님을 모신 전각이다. 전각 사방 구석에 소금 단지를 얹어 놓았는데, 이는 화재 방지를 위한 것으로 매년 용왕제를 지내면서 소금 단지를 교체한다고 한다. 대광명전에만 있던 소금 단지는 이제 통도사 전체 전각에 배치되어 소방관 역할을 하고 있다. 잦은 화재에 시달렸던 해인사도 추사 김정희가 화재 방지용 비방으로 대웅전의 상량문을 쓴 1818년 이후에 화재가 없었다고 한다.

상로전에는 대웅전이 자리하고 있는데, 특이하게 그 안에 불상이 없다. 통도사는 대웅전에 불상이 없는 사찰로 유명하다. 석가모니의 진신사리가 대웅전 뒤쪽 금강계단에서 살아 숨 쉬고 있기 때문이다. 한편, 정사각형의 대웅전 법당 외부 사면에는 각기 다른 이름의 편액이 걸려 있다. 동쪽은 대웅전, 서쪽은 대방광전, 남쪽은 금강계단, 북쪽은 적멸보궁이라 씌어 있다.

신라시대부터 승려가 되려는 사람은 모두 금강계단[28]에서 계戒를 받아야 한다. 성스러운 수계 장소인 금강계단은 통도사의 존재 이유이다. 자장율사는 "계를 지키고 하루를 살지언정, 계를 깨뜨리고 백 년을 살기를 원치 않는다. 목숨을 버릴망정 물러나지 않으리라"고 지계 정신을 강조하였다.

28 통도사 금강계단. 부처님의 진신사리를 모시고 있는 공간으로 통도사의 존재 이유이다.

통도사가 창건되기 이전 그 땅에 아홉 마리의 용이 사는 연못이 있었는데, 자장이 문수보살의 말에 따라 연못 자리를 메워서 금강계단을 쌓았다고 한다. 자장에게 항복한 용 아홉 마리 중 다섯 마리는 오룡동으로, 세 마리는 삼동곡 계곡으로 갔으나, 한 마리는 굳이 그곳에 남기를 청해 자장이 연못의 일부분을 남겨 그 용이 머물도록 했으니 지금의 구룡지29다. 못은 타원형이고, 돌다리가 놓여 있으며, 못가 북서쪽에는 배롱나무가 자라고 있다. 여주 신륵사에도 비슷한 이야기가 전하는 구룡루가 있다. 원효가 아홉 마리의 용이 살

29 통도사 구룡지. 아홉마리 용이 살았다고 전한다.

던 연못을 메워서 신륵사를 창건했다고 한다.

통도사의 12개 암자 중 자장암은 자장율사가 통도사를 창건하기 위해 기도 수행했던 곳이다. 통도사가 시작된 유서 깊은 곳으로, 통도사에서 유일하게 마애불이 있다. 자장암에는 유명한 금와보살(금개구리) 이야기가 전한다. 자장율사가 손가락으로 굴을 파서 금개구리를 살게 했다고 하는데, 누구는 개구리를 보았다고 하고 누구는 개구리가 우는 소리를 들었다고 한다.

통도사 암자 중 가장 아름다운 사명암은 사명대사가 임진왜란 당시 머물며 진신사리를 수호한 곳이다. 주 전각인 극락보전으로 진입하는 다리 오른쪽에 육바라밀(열반에 이르는 여섯 가지 실천수행법)을 상징하는 육각형 모양의 정자 일승대가, 왼쪽에는 사성제(네 가지 가장 훌륭한 진리)를 의미하는 사각형 모양의 정자 월명정이 있다. 월명정의 다른 현판에는 무작정이라고 씌어 있다. 육바라밀을 닦아 사성제를 뛰어넘으면 무작정의 세계로 진입할 수 있다는 의미인 듯하다.

영각에는 사명대사의 진영이 모셔져 있다. 사명당은 임진왜란 당시 승병을 조직해 평양성과 한양을 탈환하는 데 결정적인 역할을 하였고, 일본에 건너가 조선인 포로 수천 명을 데리고 귀국하는 공을 세웠다. 숭유억불 정책으로 쇠퇴하던 조선 불교를 부활시킨 불교의 큰 인물이다.

진리의 바다에서 공부하다 죽어라, 해인사

해인사는 '삼남의 금강산'이라고 불리는 가야산에 자리 잡고 있다. 경상남·북도가 만나는 소백산의 큰 지맥으로 해발 1,430미터의 깎아지른 듯이 높고 경관이 좋은 가야산 서남쪽 중간 움푹하게 들어간 대지 위에 서남향의 가람을 형성하고 있다.[23]

가야산은 이중환이 《택리지》에서 "산이 높고 물이 맑으며 삼재(화재 · 수재 · 풍재)가 들지 않는 영험한 곳"이라 하였다. 인도의 붓다가야Bodhgaya에서 이름을 따온 그야말로 불교의 성지다. 여기에 넓은 해인海印의 바다에 떠가는 배의 모습, 즉 행주형의 해인사가 들어섰다. 경사진 터에 높이를 달리하여 여러 단을 조성하고, 이 단들에 여러 전각들을 배치하였다.

해인은 세계 일체가 바다에 그림자로 찍히듯 우주의 모든 것을 깨닫는 삼매三昧의 경지, 곧 불교의 화엄 정신을 나타낸다. 세종의 〈월인천강지곡〉도 천강千江에 월인月印이 두루 찍힌다는 뜻으로 해인과 일치한다. 경전의 꽃인《화엄경》의 '일즉다 다즉일一卽多 多卽一'의 세계를 나타낸다. 그야말로 진리의 바다인 것이다.

서거정이 쓴《동문선》에 따르면, 해인사는 신라 애장왕 3년(802)에 순응, 이정 두 스님에 의해 창건되었다. 이후 신라 말 930년경에 희랑 스님이 왕건을 도와 고려를 세운 공로로 희사받아 중창하였다고 한다. 임진왜란 때에도 화를 면한 해인사는 1997년 세계문화유산으로 등록되었다. 해인사는 법보사찰로서 불보사찰 통도사, 승보사찰 송광사와 더불어 '삼보사찰'로 꼽히며, 신라 '화엄십찰' 가운데 하나이기도 하다. 75개의 말사와 16개의 부속 암자를 거느리고 있다.

가야산에서 흘러내리는 가야천 변을 따라 적송과 전나무가 아름다운 진입로를 따라 올라가면 당간지주와 가람 제일문인 일주문 30 31 을 만난다. 1940년에 중건한 일주문에는 '가야산해인사'라고 씌어진 현판이 있고, 뒷면에는 '해동제일도량'이라고 씌어 있다.

해인사 일주문 왼쪽 30 일주문 정면에 '가야산해인사'라고 씌어 있다. 오른쪽 31 일주문 뒷면에 '해동제일도량'이라고 씌어 있다.

100미터를 더 걸어가면 두 번째 문인 사천왕문 격인 봉황문이 나온다. '해인총림'이라고 씌어 있으며 사천왕 탱화가 그려져 있다. 진입 축을 꺾어 올라가면 높은 계단 아래에 이르고, 계단 위에 있는 세 번째 문 해탈문을 만난다. '해동원종 대가람'이란 현판이 붙어 있다. 해탈문을 들어서면 해인사의 주 전각인 대적광전 아랫마당에 이른다. 일주문부터 대적광전 뒤 보안문에 이르기까지는 108계단을 딛게 되는데, 이는 108번뇌를 상징한다.[24]

대적광전 아랫마당 정면에는 구광루가, 측면에는 보경당이 있다. 보경당은 불교회관으로 쓰이는 큰 건물로, 그 앞마당에 〈해인도〉가 그려져 있다. 〈해인도〉는 의상대사가 화엄사상을 요약한 210자 게송偈頌을 그림 안에 써 넣은 것이다. 게송을 따라 도는 동안 내용을 몸으로 체득하면서 따라가면 깨달음에 도달한다고 한다.

구광루 옆문을 지나 계단을 오르면 주 전각인 대적광전이 나온다. 대적광전은 원래 비로전이라 하였고, 주불은《화엄경》최고의 부처인 비로자나불을 모셨다. 17세기 겸재 정선이 그린 해인사 그림을 보면 대적광전이 2층으로 되어 있다. 대적광전은 통도사처럼 4개의 현판을 달고 있는데 정면은 대적광전, 뒷면은 대방광전, 서북쪽은 법보단, 동남쪽은 금강계단이라고 씌어 있다. 대적광전 안에 있는 해인사 동종(보물 제1252호)은 '홍치弘治 4년'이라고 제작 연대가 양각되어 있다. 대적광전 중건 때 조성되었는데 아직도 보존 상태가 완벽하다.

해인사는 여러 차례 화재를 입었으나 고려의 팔만대장경을 보관한 장경판전(장경각: 국보 제52호)은 조선 초기에 개수한 그대로 보존되었고, 그 덕분에 국보 중의 국보인 팔만대장경이 지금까지 온전하게 계승될 수 있었다. 장경각은 대적광전 뒤편에 있으며 수다라장 · 법보전 · 동사간고 · 서사간고의 4동으로 구성되어 있다. 계단을 올라 보안문을 지나면 바로 수다라장 출입구가 나온다.32 수다라장의 총 15칸 중 가운데 칸에 종 모양으로 출입구를 만든 것이 특이하다. 법보전은 수다라장에서 약 15미터 간격을 두고 동북쪽에 나란히 있으며, 수다라장과 마찬가지로 가운데 종 모양 출입구가 있다.33 법보전에는 비로자나불과 문수 · 보현 협시보살을 봉안하고 있다. 수다라장

왼쪽 32 수다라장 출입구. 오른쪽 33 법보전 출입구.

과 법보전 양쪽 끝에 동사간고(동북쪽)와 서사간고(서북쪽)가 마주 보고 있다.

해인사 장경각은 습도 · 온도 · 통풍이 저절로 조절되는 과학적 구조로 유명하다. 4개 건물의 기둥 수는 모두 108개이다. 안에 고려 대장경판(국보 제32호) 8만 1,258매 및 고려각판(국보 제206호) 2,275매가 보존되어 있다. 팔만대장경은 고려 후기 몽골의 침입을 받아 조정이 강화도로 피난을 갔을 때, 불심으로 국민 정신을 수습하고 필승의 호국 신념을 굳히기 위하여 만든 것이다.

팔만대장경의 경판 1장은 앞과 뒤 14×23행으로 644자가 새겨져 있다. 모두 8만 장이니 5천만 자가 넘는 방대한 규모이다. 지금 5천만 한국인 모두를 축복하는 것 같다. 이 많은 글자를 한 자 한 자 새길 때마다 합장을 하는 경건한 태도로 완성한 데서 그 정성을 짐작할 수 있다. 수많은 글자 가운데 한 획도 틀린 것이 없으며, 조각이 정교하기로 세계의 으뜸이다. 남해 거제도에서 질 좋은 자작나무 원목을 베어다가 바닷물에 3년간 담근 뒤 꺼내어, 소금물에 삶고 또 그늘에 말려 글자를 새겼다. 무슨 일을 이런 극진한 정성으로 해 본 적이 있던가?

오대산 상원사가 세조와 관련된 에피소드가 많다면, 해인사에는 세조의 영정이 모셔져 있다. 세조 때 그의 지원으로 대장경 50부를 탁본하여 전국에 분산 보관하였으며, 대적광전과 장경각을 복원·확장하기도 하였다. 세조가 물을 마신 어수정도 있다.

법보전을 나오면 보이는 학사대는 경주 최씨의 시조로서 유불선儒佛仙에 통달한 우리나라 최초의 방랑 시인 해운 최치원과 관련이 있다. 그가 이곳에 지팡이를 꽂아 두었는데 전나무 움이 돋았다고 한다. 이 전나무는 2019년 태풍에 부러졌다. 해인사에서는 좀 떨어져 있지만 같은 계곡에 최치원이 시를 읊으면서 은둔 생활을 했던 농산정도 있다. 농산정 바위에 그의 시가 새겨져 있다. 그곳에서 최치원이 신선이 되어 하늘에 올랐다고 한다.

해인사 본사에서 계곡을 하나 지나 무생교라는 다리를 지나면 원당암이 나온다. 신라 애장왕이 해인사를 창건하기 위해 몸소 머물면

왼쪽 34 원당암 보광전 앞 석등과 다층석탑. 오른쪽 35 혜암 스님의 '공부하다 죽어라' 탑.

서 정사政事를 보았던 당시의 현장사무소 같은 곳이다. 진성여왕이 먼저 죽은 연인이자 삼촌인 위홍을 위해 원당을 짓고 왕위를 버리고 이곳에서 여생을 보낸 것으로 유명하다. 화강암과 점판암으로 만들어진 석등과 다층석탑(보물 제518호)34이 있으며, 대지혜와 대자유를 상징하는 문수보살이 모셔져 있다.

원당암의 미소굴은 2001년 12월 31일 입적한 10대 종정 혜암 스님의 발자취가 많이 남아 있다. "공부하다 죽어라"35는 말로 유명한 혜암 스님은 하루에 솔잎 약간과 콩 10개를 먹으면서 용맹정진하였다고 한다. 우리가 하기 어려운 두 가지다. 여기에서 혜암 스님의 사리를 친견할 수 있으며, 혜암 스님이 만든 달마선원(선불당)에서는 승려가 아닌 일반 신도들도 동안거 · 하안거를 할 수 있다. 다음은 혜암 스님의 열반송이다.

나의 몸은 본래 없는 것이요
마음 또한 머물 바 없도다
무쇠소는 달을 물고 달아나고
돌사자는 소리 높여 부르짖도다.

백련암은 해인사에서 가장 높은 암자이다. 일제강점기 많은 시인, 작가들이 이곳에서 낭만주의를 길렀다.[25] 큰 법당은 적광전인데 단청이 다른 곳과 달리 간단하고 정갈하다. 이곳에 '불면석佛面石'이라는 특이한 바위가 있다. 글자 그대로 부처님의 얼굴을 닮아서 붙여진 이름이다. 그리고 고심원에는 성철 스님의 전신상이 모셔져 있다. 백련암이 유명해진 이유는 '가야산 호랑이'로 불리던 마지막 큰스님 성철 스님이 이곳에서 30년 넘게 거처했기 때문이다.

성철 스님은 출가 3년 만에 견성見性하였으며, 8년간 눕지 않는 장좌불와, 10년간 절 밖에 나가지 않는 동구불출, 한국불교의 쇄신을 위한 봉암사 결사(목숨 걸고 수행하는 일) 등을 행하고 일본 불교 잔재 청산에 힘을 기울였다. 교리적으로는 지눌의 돈오점수頓悟漸修(단박에 깨치고 점진적으로 수행함)에 반대하여 돈오돈수頓悟頓修를 주창하였다. 단박에 깨치고 동시에 체득하는 것이다. 대중에게 알려진 것은 아래의 종정 취임 법어 때문이다.

> 산은 산이요, 물은 물이다.
> 산은 산이 아니요, 물은 물이 아니다.
> 산은 다만 산이고 물은 다만 물이다.

각 행의 산과 물은 같은 것이 아니다. 부정의 단계를 거쳐 3행에서 다시 확인되는 산과 물은 처음에 확인된 바로 그것이지만, 같은 수준이 아니라 체험을 통해 각성된 산과 물이다. 우리가 미학 여행을 통해서 궁극적으로 발견하려고 하는 나의 모습이 이 같은 것이다.

성철 스님은 늘 "책 보지 말라"고 했다. 남에게 영향받지 말고 스스로 깨우치라는 이야기다. 필자의 학교 연구실에는 책꽂이 달랑 하나에 책도 몇 권 없다. 다른 교수들 방에 책꽂이가 쭉 도열해 수많은 책이 쌓여 있는 모습과 사뭇 다르다. 내가 쓴 책들과 앞으로 쓸 책의 자료들뿐이다. 타인들의 지식 점령지가 아니라 지혜의 해방구로 만들고자 하는 마음이다.

스스로 깨우침을 강조하여 책을 보지 말라 했지만, 성철 스님 본인은 백련암 서고 장경각에 책을 두고 늘 책을 보고 책을 지었다. 불교서적 수집상 김병용이 그를 만나고 "생불을 친견했다"면서 평생 수집한 책들을 기증한 것은, 스님이 가사 두 벌로 40년을 보낸 것과 함께 유명한 일화이다.

해인사에 속한 홍제암은 임진왜란 때 큰 공을 세운 사명대사가 선조의 하사로 1608년에 창건하여 수도하다 입적한 곳이다. 홍제암의 '사명대사탑과 석장비'(보물 제1301호) 36 는 1612년에 세워졌는데, 1943년 일본인 합천 경찰서장에 의해 파손된 것을 해방 후 복원한 것이다. 우리가 생각할 것이 많고 해야 할 것이 많음을 증명하는 비석이다.

36 홍제암 사명대사 석장비. 일제강점기 일본인들에 의해 네 동강이 난 것을 이어 붙였다.

16국사와 법정, 송광사

가야산 해인사가 장엄한 바위들로 이루어진 산세로 남성적이고 활달한 기상을 보여 준다면, 조계산 송광사(사적 제506호)는 어머니의 품속처럼 아늑하고 너그럽다. 전남 순천시 송광면에 자리 잡은 송광사는 소담하게 피어난 연꽃처럼 맑고 우아한 자태를 간직하고 있다. 송광사 터는 마치 큰 새가 알을 품듯 다정하다 하여 '금계포란형' 명당이라 한다. 이 산 이름이 조계산인 데서 오늘날 한국불교를 대표하는 조계종의 이름이 나왔다. 조계종은 신라 때부터 내려오던 9산선문의 총칭으로, 고려 숙종 때 대각국사 의천이 수립한 천태종이 세를 확장하자 이에 대응하여 선종의 분파들이 합쳐져 일컬은 명칭이다.[26]

이곳에는 송광사 외에도 이웃에 선암사가 자리 잡고 있다. 선암사는 태고종의 근본 사찰이다. 한국불교계에서 선禪의 송광사와 교敎의 선암사, 즉 양 문의 대표가 조계산에서 등을 대고 있으니 심상치 않은 광경이라 할 것이다.[27] 선암사는 대각국사 의천이 천태종을 전파한 곳이며, 송광사는 보조국사 지눌이 조계종을 최초로 연 곳이다. 실로 어마어마한 곳이다.

송광사와 선암사는 여러 면에서 흥미로운 차이가 있다. 선종에 기반을 둔 송광사는 논리적인 화엄학의 영향을 받아, 마당 한가운데의 법왕문을 중심으로 기하학적으로 가람을 배치했다. 반면 교종에 가까운 선암사에서는 통일된 교리적 질서를 발견하기 어렵고, 오히려 고정된 형식을 부정하는 선불교적 정신을 강하게 표현하고 있다. 건물들 또한 송광사의 것들이 기교적이고 형식적이라면, 선암사의 것들은 토속적이고 자유분방하다.[28]

기록에 의하면, 신라 말 혜린선사에 의해 길상사로 창건된 송광사는 50여 년간 폐허로 있다가 지눌의 정혜결사가 이곳으로 자리를 옮기면서부터 다시 활발해졌다고 한다. 고려 무신정권 시대인 1197년 지눌은 길상사에 터를 잡고 귀족 불교로 타락한 현실을 타파하고자 정혜결사를 조직하였다. 이때 가람은 큰 변화를 겪어 수도원으로 탈바꿈하게 된다. 송광사 중흥주라 할 수 있는 보조국사 지눌의 개혁 사상을 한 마디로 요약하면, 선정과 지혜를 함께 닦아야 한다는 '정혜쌍수定慧雙修'이다. 그 실천 방법은 깨달음을 얻은 후에도 계속 수행하여 그 경지를 심화시켜야 한다는 돈오점수 사상으로 압축할 수 있다.

길상사는 1208년 송광사로 개칭하면서 조계종의 으뜸 사찰이 되었고, 지눌 이후 16명의 국사를 배출하는 등 명실상부한 최고의 지위를 누리게 된다. 한국의 불교가 이만큼이라도 버틴 것은 송광사가 있었기 때문이다. 송광사라는 이름과 관련하여 전하는 이야기가 있다. 보조국사 지눌이 터를 잡을 때 산 정상에서 나무로 깎은 솔개를 날렸더니 지금의 송광사 국사전 뒷등에 떨어져 앉았다고 한다. 그래서 그 뒷등의 이름을 '치락대'(솔개가 내려앉은 터)라 불렀다.

현대에 이르러 송광사의 전통을 계승하여 빛낸 큰 별로 효봉 스님을 빼놓을 수 없다. 어려서 사서삼경에 통달하고 일본 와세다대 법대를 졸업하고 조선인 최초의 법관이 된 '판사 스님'으로 유명하다. 한번 참선에 들면 엉덩이가 바닥에 붙을 정도로 미동도 하지 않았다고 하여 '절구통 수좌'로 알려졌다. 토굴에서 정진하여 깨달은 뒤에 다음과 같은 게송을 읊었다.

바다 밑 제비집에 사슴이 알을 낳고
타는 불 속 거미집엔 고기가 차 달이네
이 집안 소식을 뉘라 알리오
흰 구름 서쪽으로 달은 동으로 가네

효봉의 열반송이 인상적이다.

내가 말한 모든 법
그거 다 군더더기
누가 오늘 일을 묻는가
달이 일천 강에 비치는데

효봉은 구산 스님의 스승이다. 구산은 송광사에 조계총림을 개설하고 '불일국제선원'을 열어 외국인 제자를 많이 양성해 한국불교, 특히 선을 세계화하는 데 공헌하였다. 구산 역시 토굴에서 정진하여 득도하고, 1954년 불교정화운동 때 500자 혈서를 써서 '단지 스님'으로 유명하다. 송광사야말로 한국불교 전통의 산실이요, 그 전통을 잇는 중요한 사찰이다.

송광사 입구 편백나무 숲은 피톤치드가 가득해 절에 진입하기 전부터 몸이 힐링되는 경험을 할 수 있다. 계곡을 따라 걸어 올라가면 송광사의 입구인 일주문[37]이 나온다. 다른 사찰과 달리 세로로 '조

37 송광사 일주문. 다른 사찰과 달리 세로로 씌어 있다.

계산 대승선종 송광사'라고 씌어 있어 송광사가 수선修禪을 중시하는 사찰임을 알리고 있다. 최근에 보물로 지정되었다.

일주문 앞에는 오래되어 새카만 돌사자가 앉아 있다. 불교와 인연된 사자는 인도환생人道還生을 꿈꾸고 있는 걸까? 돌사자는 앞발 하나를 들어 턱을 고이고 수많은 선 지식들이 드나드는 길가에서 온갖 이야기를 다 듣고 있다. 반가사유상을 본받은 듯 다소곳이 앉아 있는 모습이 삼매경에 빠진 생각하는 사람 같다. 돌사자가 이 정도면 이 절의 도력은 말할 필요가 없다.[29]

일주문을 지나면 초입에 고향수38가 있다. 보조국사 지눌이 자신의 불멸을 입증하기 위해 짚고 있던 지팡이를 꽂으며 스님이 되어 다시 송광사를 찾을 때 소생하리라는 예언을 남겼다고 한다.

38 송광사 고향수. 보조국사 지눌의 전설을 담고 천 년을 서 있다.

너와 나는 같이 살고 죽으니,
내가 떠날 때 너도 떠나고,
너의 푸른 잎을 다시 보게 되면,
나도 그런 줄 알리라.

그 뒤 지팡이에서 잎이 피어 자라다가, 지눌이 입적하자 이 향나무도 말라 버려 고향수枯香樹라 하였다. 고향수에 대하여 이중환의 《택리지》를 비롯하여 여러 기록이 남아 있다. 이처럼 고향수는 보조국사 지눌이 송광사에 환생하면 다시 푸른 잎을 피우게 되기를 기다리며 천

년 가까이 서 있다. 부석사를 창건한 의상대사가 중생을 위하여 짚고 다니던 지팡이를 조사당 처마 밑에 꽂았더니 가지가 돋고 잎이 피어났다고 하는 조사당 선비화나, 해인사에 최치원이 은거하다 떠나며 꽂은 지팡이가 무성하게 자랐다는 학사대 전나무와 스토리가 비슷하다.

일주문 다음에는 사천왕상이 있는 천왕문이 나오기 마련인데, 송광사의 천왕문은 개울 위에 세워진 다리 홍교와 그 위에 지어진 우화각을 지나야 만날 수 있다. 개울에 걸쳐 지어진 임경당, 날개가 생겨 하늘에 올라 신선이 되었다는 우화등선을 말하는 우화각, 계곡을 베개 삼아 눕는다는 뜻의 침계루, 이들의 조화로운 형태가 거울 같은 개울에 비치는 풍경은 한국 산사 건축미를 대표하는 명장면으로 꼽힌다.[30] 39

홍교 위 우화각은 불국으로 향하는 선승의 마음을 상징적으로 나타내는 곳이다. 인근 선암사에도 우화각처럼 도교적 혹은 한국 고유의 신선 사상에 영향을 받은 흔적이 여럿 있다. 가장 아름다운 다리인 신선이 하늘로 올라간다는 승선교, 신선이 내려와 놀다 간다는 강선루, 그리고 가장 안쪽 대각국사 의천이 깨달음을 얻은 대각암에 신선을 기다린다는 대선루가 있다. 모두 조계산 일대의 아름다움을 증거하는 곳들이다.

우화각 아래 돌다리 홍교는 조선 숙종 때 만들어졌는데, 다리 불사 비용 중 남은 동전 세 닢을 돌다리 아래 매달아 놓고 훗날 돌다리를 보수하게 되거나 새로 세울 때 쓰도록 했다고 한다. 청빈하고 엄

39 한국 산사의 건축미를 대표하는 송광사 우화각, 홍교 그리고 임경당이 안개에 덮여 있다.

격하기 그지없다. 황금만능 시대에 금전 문제를 대하는 자세가 어떠해야 하는지 우리에게 전하는 바가 크다.

가슴이 시원해지는 넓은 마당 가운데 범종루 너머 대웅전이 위치한다. 대웅전은 '亞 자' 형으로 지어졌으며, 과거 · 현재 · 미래의 삼세불인 연등불 · 석가모니불 · 미륵불을 모시고 있다. 마당 한 켠에는 거대한 나무통이 누워 있어 눈길을 끈다. 1742년 남원 세전골의 큰 싸리나무가 쓰러지자 그것을 다듬어 만든 '비사리구시'라고 한다. 정확한 용도는 모르지만 밥통으로 쓰였을 것으로 추측한다. 현재는 보시하는 공덕통으로 쓰이는데, 돈이 모이면 복지시설의 기금으로 쓴다고 한다.

대웅전 뒷면 석축 위로 설법전, 수선사를 비롯하여 조선 초기의 중요한 건물인 하사당과 국사전이 있는 상단 지역이 있다. 이곳에 선원의 성격을 지닌 설법전과 수선사를 둔 것은 선종에 바탕을 두고 수선을 중시한 보조국사의 창건 이념을 잘 보여 준다. 일반적인 사찰이 예배를 보는 불전을 위쪽에 두고 수도원 기능을 하는 승방을 아래에 두는 데 비해, 송광사는 승보사찰로서 한 단을 더 두어 참선 공간을 마련한 것이다. 법보사찰인 해인사가 대적광전 뒤 가장 높은 곳에 장경각을 배치하고, 불보사찰인 통도사는 대웅전 뒤편에 금강계단을 두었듯이 말이다.

16국사의 영정을 봉안한 송광사의 상징적 건물인 국사전과 하사당은 각각 국보 제56호와 보물 제263호로 지정되어 있다. '국사전을 안 보고 송광사를 봤다고 할 수 없다'는 말처럼 16국사의 영정을 모신 국사전은 송광사에서 가장 중요한 곳이다. 1995년 진본 진영 13점을 도난당해서 새로이 모사본을 모셨다. 특이한 것은 15국사가 모두 가운데 보조국사를 향하고 있다는 점이다. 하사당 옆에 위치한 관음전은 고종의 만수무강을 기원하는 왕실의 원당으로, 편액은 고종이 내렸고 내부에 여러 관리들이 절하는 모습이 그려져 있다.[40]

송광사는 규모가 큰 사원임에도 마당에 탑이나 석등을 비롯한 어떤 기념물도 세워져 있지 않다. 풍수지리설에 따라 연꽃 형상의 절터에 무거운 석물을 세워 놓으면 가라앉기 때문이라는 해석이 있다.

40 송광사 관음전 내부 벽화. 일반적인 사찰과 달리 관리들이 절하는 모습이 그려져 있어, 이곳이 왕실 기도처였음을 알 수 있다.

이곳이 정혜결사의 도량인 만큼 모든 번거로움을 피하고 오로지 마음을 깨쳐 도를 이루려는 선종 사찰의 특징이기도 하다. 탑과 석등뿐 아니라 풍경도 참선에 방해가 되기 때문에 없고, 기둥에 쓴 글씨인 주련도 없다. 이를 '송광사 3무無'라 한다. 이는 인근 선암사도 마찬가지다. 선암사에는 대웅전 중앙문인 어간문이 없고, 본존불을 좌우에서 보좌하는 협시보살과 주련도 없다. 특히 주련이 없는 것은 개구즉착開口卽錯, 즉 '진리를 말하면 말하는 즉시 진리와 어긋난다'는 생각에서다. 송광사는 '3다多'라 하여 전각, 스님, 보물이 많은 절이기도 하다.

송광사 뒤쪽에 있는 탑전은 1983년 조계총림의 초대 방장인 구산 스님이 입적한 자리다. 이곳에 세워진 구산선문에는 좁은 문을 설치해

왼쪽 41 송광사 불일암. 법정 스님이 손수 만든 나무 의자가 그대로 남아 있다. 오른쪽 42 불일암 앞마당 법정 스님이 묻힌 곳.

겸손한 하심下心의 자세를 요구한다. 이곳 다비터에는 적광탑을 세웠다.

송광사 부속 암자 중 불일암은 법정 스님이 오랫동안 머물며 글을 쓴 곳이자 묻힌 곳이다. 현재 그가 손수 만든 나무 의자만 덩그러니 남아 있다.41 법정 스님은 무소유의 정신으로 유명하다. 그는 "무소유란 아무것도 가지지 않는 것이 아니라, 불필요한 것을 가지지 않는 것이다"라고 하였다. 불일암에 올라 원래 내게 없었으나 어느 순간 탐욕과 화와 어리석음(탐진치貪瞋癡)으로 물들어 버린 마음을 비운다면 재미, 의미, 심미의 3덕으로 충만해질 것이다.

법정은 서울 성북동 길상사의 회주會主를 맡기도 하였다. 백석의 시

〈나와 나타샤와 흰 당나귀〉에서 나타샤의 실제 인물로 유명한 백석의 연인 김영한이 법정의 《무소유》를 읽고 2천억 원의 가치를 지닌 요정 대원각을 희사했고, 그 자리에 세워진 아름다운 절이 길상사다. 그래서 길상사는 송광사의 말사이다. 그녀는 2천억이 아깝지 않냐는 물음에 "백석의 시 한 구절만도 못하다"고 대답하였다. 예술의 힘인가, 사랑의 힘인가. 그 두 가지를 느꼈다면 억만금이 아깝지 않다. 《살아 있는 것은 다 행복하여라》에서 법정 스님의 말이다.

> 산속에 들어가 수행하는 것은 사람을 피하기 위해서가 아니라 사람을 발견하는 방법을 배우기 위해서다.

다른 사람만이 아니라 나를 발견하는 것까지를 포함한 말씀이다.

송광사의 상징적 건물로서 옛 대웅전인 승보전에는 석가모니, 10대 제자, 16나한, 125비구 제자상을 봉안하여 부처가 영축산에서 법화경을 설법한 영산회상을 재현하고 있다. 이곳의 벽화 〈십우도〉는 송광사가 우리에게 존재하는 의미를 말한다.

첫째, 심우尋牛는 소를 찾는 그림이다. 둘째, 견적見跡은 소의 발자국을 찾은 것을 나타낸다. 셋째, 견우見牛는 발자국을 좇아 소를 찾은 그림이다. 넷째, 득우得牛는 소를 잡았으나 소가 아직 길들여지지 않은 상태로 몸과 마음을 다스리기 어려움을 나타낸다. 다섯째, 목우牧牛는 소가 어느 정도 안정되어 의지를 따르는 것을 나타낸다. 여섯째, 기우귀가騎牛歸家는 소를 타고 집으로 돌아오는 그림이다. 단순히 소를 탄 것만이 아니라, 피리를 불면서 모든 것을 소에게 맡겨도 본래의 집으로 돌아오는 것을 표현한다. 일곱째, 망우존인忘牛存人은 소 없이 사람만 남아 있다. 소가 완전히 길들여져 뜻대로 자유롭다는 것은 깨달음이란 방편 역시 필요하지 않다는 것, 그래서 어떤 것에도 의지하지 않는 자신으로 되돌아온 것이다. 여덟째, 인우구망人牛俱妄은 소와 더불어 인식 주체마저도 의식하지 않는 상태를 의미한다. 이는 전체와 하나가 된 진리의 체득 단계를 뜻한다. 그래서 도교의 〈팔우도〉는 여기에서 그친다.

아홉째, 반본환원返本還源은 본성으로 되돌아간 것이다. 이를 통해서 일상은 이제 새롭게 자각된 것이다. '산은 산이요, 물은 물'이라는 것은 이처럼 자리를 되찾은 자각을 의미한다. 열째, 입진수수入廛垂手는 속세로 들어가는 것을 말한다. 자신이 본래 진리 밖으로 단 한 번도 이탈한 적이 없다는 것을 깨달아, 일상에서 자유로운 실천의 문제로 관점이 바뀌면서 전체가 완성되는 것이다.[31] 이는 곧 나를 찾는 미학 여행의 전체 스토리와 같다.

지봉 이수광은 송광사에 대하여 이렇게 노래하였다.

> 골짜기에 달이 뜨니 날 저물어도 환하고
> 숲에 바람 부니 여름에도 가을 같네
> 내 이제 밤마다 송광사를 찾아가리라

한국 산사의 백미,
부석사

부석사는 태백산맥이 두 줄기로 나뉘어 각각 제 갈 길로 떠나가는 양백지간, 태백산과 소백산 사이 봉황산 중턱 높은 곳에 자리 잡고 있다. 부석사 터는 풍수적으로 송광사처럼 금계포란형, 곧 봉황이 알을 품은 천하의 명당이다. 부석사는 신라 문무왕 16년(676) 의상대사가 창건하여 화엄학을 펼친 최초의 가람이다. 의상대사는 《청구비결》이라는 풍수지리서를 쓸 만큼 풍수의 대가였으므로 천혜의 땅을 골랐을 것이다. 의상과 그 제자들은 신라 각지에 화엄도량을 건립하였는데, 후대 역사가들은 그 가운데 여러 곳을 추려서 '화엄십찰'이라고 불렀다. 부석사는 화엄십찰 가운데 제1의 가람이다.[32]

의상이 창건했다고 주장하는 사찰이 100여 개가 넘지만, 대부분은 의상의 명성을 빌리고자 한 것이다. 기록이 확인된 곳은 양양 낙산사와 부석사 정도인데, 낙산사는 임진왜란과 한국전쟁, 그리고 2005년의 큰 산불로 불에 타서 의상의 체취를 오롯이 느낄 수 있는 곳은 부석사가 유일하다.

불국사가 외국인들이 좋아하는 절이라면, 부석사는 우리나라 사람들이 가장 좋아하는 절이다. 건축 잡지 《PLUS》가 건축가 200여 명을 상대로 한 설문조사에서도 압도적인 표를 얻어 가장 잘 지은 고건축 1위를 차지한 것도 부석사다. 건축가들이 부석사를 꼽은 이유는 다양했다. 부석사를 둘러싼 백두대간의 웅장함, 지형을 적극적으로 이용한 구성의 뛰어남, 무량수전의 정제된 구조의 아름다움, 무량수전과 안양루가 중첩된 풍경의 빼어남 등 다양한 측면에서 부석사를 높이 평가하였다.

부석사를 창건한 의상대사가 〈법성게〉에서 말한바, "모든 것이 원만하게 조화하여 두 모습으로 나뉨이 없고, 하나가 곧 모두요, 모두가 곧 하나됨"이라는 원융圓融의 경지를 가람 배치에 담았다. 곧, 부석사는 오묘하고 장엄한 화엄세계의 이미지를 건축이라는 시각 매체로 구현한 것이다.

부석사는 의상대사가 직접 창건한 사찰이기에 천왕문에서 범종각, 안양문, 그리고 무량수전에 이르는 10개의 석단 배치가 《화엄경》에 나오는 초지부터 십지까지의 단계(보살의 10가지 수행 단계)를 상징하고 있다. 또한, 부석사의 도량은 9품 만다라를 상징한다. 9품 만다라는 《관무량수경觀無量壽經》에 나오는 극락세계에 이르는 방법으로, 하품하생에서 중품중생을 거쳐 상품상생에 이르기까지 아홉 단계를 착한 행실과 공력으로 수행하면 극락세계에 환생할 수 있다. 스토리텔링의 중요성이 날로 커지는데, 부석사에 오면 모든 것이 스토리텔링이다.

부석사의 가치 중 제일은 희귀한 고려시대 목조건물이 두 채나 있다는 희소성, 그리고 터를 선정하고 정리하는 안목부터 거대한 자연에 대응하여 종교적인 감동의 장소를 구현한 건축적 구성의 뛰어남이다. 부석사의 구성 기법 가운데 큰 특징은, 첫째, 대지 전체가 여러 단의 석단으로 나뉘어 구축되어 있는 점, 둘째, 범종루까지의 구성 축과 무량수전의 축이 분리 굴절되어 있다는 것, 셋째, 무량수전을 비롯한 여러 구성 요소에서 치밀한 시각적 조정이 이루어졌다는 것이다. 이 특징적 기법들은 각각 교리적인 이유와 지형적 해석, 그리고 부석사 자체의 건축적 개성에서 비롯된다. 부석사의 가람 배치는 크게 두 부분으로 이루어진다. 일주문부터 범종루를 거쳐 안양루 앞까지와, 안양루와 무량수전으로 이루어지는 부분이다.[33]

일주문에서 천왕문까지 이어진 1킬로미터가 넘는 진입로는 자연에서 철학으로, 철학에서 종교로 변해 가는 최고의 길이다. 천왕문으로 오르는 길 중턱 왼편에는 4.3미터 높이의 당간지주(보물 제255호) 두 개가 1미터 간격을 두고 마주 보고 서 있다. 곧게 뻗어 오르면서 위쪽이 약간 좁아져 선의 긴장과 멋이 함께 살아난다.

부석사가 가장 아름다운 때는 가을날 빨간 사과가 주렁주렁 매달리고 일주문으로 오르는 길이 노란 은행잎 카펫을 깔아 놓은 듯 할 때이다.[34] 비탈길이 끝나고 낮은 돌계단을 올라 천왕문에 이르면 여기부터가 부석사 경내이다. 사천왕이 지키고 있으니 이 안쪽은 도솔천이 되는 것이다. 경내에서 제일 먼저 만나는 범종루 앞에 좌우로 2기의 삼층석탑이 있는데, 이 탑은 부석사 창건 때 건립된 것이 아니라 부석사 동쪽 약사골 절터에서 옮겨 온 것이다. 42

범종루에서 세 계단을 올라 안양루 누각 밑을 거치면 부석사의

42 부석사 삼층석탑에서 바라보는 백두대간과 운해.

혈자리인 무량수전 앞마당에 이른다. 여기서 우리나라에 현존하는 석등 중 가장 화려한 조각 솜씨를 보여 주는 석등(국보 17호)을 마주한다. 안양루가 석등과 무량수전의 중심에서 약간 벗어나 위치하기 때문에 석등은 안양루 약간 왼쪽으로 치우쳐 보인다. 누각 아래에서 진입할 때 석등이 중앙에 위치하면 대칭 구도상 생명력을 잃을 것을 고려한 공간 처리다.[35] 43

더도 덜도 없이 있을 것만 있는 부석사의 주인공 무량수전의 그늘에 가려 안양루는 영원한 조연일 수밖에 없지만, 무량수전이 고려 남성미의 전형이라면, 안양루는 조선 여성미를 대표한다고 할 만하

43 부석사 안양루. 고개를 숙이고 몸을 낮춰 통과하면 비로소 극락이다.

다.[36] 방랑 시인 김삿갓이 부석사 안양루에 올라서 읊은 시이다.

평생에 여가 없어 이름난 곳 못 왔더니
백발이 다 된 오늘에야 안양루에 올랐구나.
그림 같은 강산은 동남으로 벌려 있고
천지는 부평같이 밤낮으로 떠 있구나.

지나간 모든 일이 말 타고 달려오듯
우주 간에 내 한 몸이 오리 마냥 헤엄치네.
인간 백세에 몇 번이나 이런 경관 보겠는가
세월이 무정하여 나는 벌써 늙어 있네.

부석사의 가장 큰 자랑거리는 무량수전(국보 제18호) 44 이다. 우리나라에서 안동 봉정사 극락전 다음으로 오래된 목조건물로, 건물 규모나 완성도 면에서 최고로 꼽힌다. 극락세계를 주재하는 아미타여래의 공간인 무량수전 건물은 고려 정종 9년(1043)에 지어졌다. 아미타여래는 끝없는 지혜와 무한한 생명을 지녀 '무량수불'로도 불린다. 전문적 지식이나 기법을 몰라도 무량수전을 보면 조화와 균형의 아름다움을 느낄 수 있다. 부석사의 아름다움은 모든 길과 집과 자연이 무량수전을 위하여 제자리에서 제 몫을 하는 데 있다.

무량수전 내부 45 에는 서쪽에 아미타불인 소조여래좌상(국보 제45호)이 놓여 있다. 협시보살 없이 독존으로만 동향東向하도록 모신 점이 특이하다. 일반적인 불전과 달리 건물의 진입 방향과 불상을 모신 방향을 다르게 하여 장엄하고 깊이 있는 공간을 구성하였다. 소조여래좌상 뒤에 배치된 목조 광배는 당초문과 화염문이 화려하게 조각되어 불상의 위엄을 강조할 뿐 아니라 고려시대 불교미술의 정교함을 보여 준다. 유명한 최순우의 《무량수전 배흘림기둥에 기대서서》의 한 대목이다.

왼쪽 44 고려 건축의 백미 부석사 무량수전과 석등. 오른쪽 45 무량수전 내부. 아미타부처가 독존으로 동향한 특이한 모습이다.

> 나는 무량수전 배흘림기둥에 기대서서 사무치는 고마움으로 이 아름다움의 뜻을 몇 번이고 자문자답했다. … 이 자연 속에 이렇게 아늑하고도 눈맛이 시원한 시야를 터 줄 줄 아는 한국인, 자연의 아름다움을 한층 그윽하게 빛내 주고 부처님의 믿음을 더욱 숭엄한 아름다움으로 이끌어 줄 수 있었던 뛰어난 안목의 소유자, 그 한국인, 그 큰 이름은 부석사의 창건주 의상대사이다.

부석사 무량수전은 그 건축의 아름다움도 감동적이지만, 무량수전이 내려다보고 있는 경관이 장관이다. 웅대한 스케일로 백두대간 전체가 무량수전의 앞마당인 것처럼 끌어안고 있다.

왼쪽 46 부석사 창건 설화에 등장하는 부석. 오른쪽 47 부석사와 의상대사의 수호신 선묘낭자.

무량수전 석축에서 북쪽으로 난 좁은 길로 내려가면 이 절의 창건 설화와 관련된 '부석浮石'46을 만날 수 있다. 부석사를 말할 때 빼놓을 수 없는 것이 부석과 선묘 낭자 이야기다. 선묘 낭자는 당나라 등주登州 사람으로 의상이 그곳에서 공부할 때 흠모하는 마음을 품어 10년 동안 공양하였고, 공부를 마친 의상이 신라로 귀국할 때 바다에 몸을 던져 용으로 몸을 바꾸어 뱃길을 지켰다고 한다. 뿐만 아니라 의상이 부석사 터에 도착했을 때 불한당 잡배(명당이므로 무속 집단이었을 것으로 추측된다)들이 먼저 자리를 잡고 있자, 선묘가 사방 10리 넓이의 바위로 변하여 공중으로 날아올라 이들을 겁주어 쫓아냈다. 용이 된 선묘가 변한 바위가 이 부석이다. 마침내 의상이 이곳에 절을 짓고 부석사라 이름 지었다고 한다. 선묘 낭자를 모신 선묘각은 무량수전 북서쪽 모서리에 있다.

무량수전 북쪽 오른쪽으로 올라가면 남향의 뒷산 숲속에 의상의 영정을 모신 조사당(국보 제19호)이 나온다. 조사당 앞에는 의상대사가 꽂은 지팡이로 알려진 나무가 있고, 이 나무를 보호하기 위해 철조망이 쳐 있다. 퇴계는 이 조사당 앞 나무를 바라보며 〈부석사비선화시〉를 지었다.

> 옥같이 빼어난 줄기 절문을 비꼈는데
> 지팡이 꽃부리로 변하였다고 스님이 말하네.
> 지팡이 끝에 원래 조계수 있어
> 비와 이슬의 은혜는 조금도 입지 않았네.

필자도 몇 번이나 부석사를 찾았다. 개인적으로 봉화와 안동의 경계에 있는 청량산의 청량사와 부석사를 가장 좋아한다. 돌 기운과 시원함은 이름 탓인지 청량산이 좋고, 멀리 보는 맛에 산사의 그윽함과 품어 줌은 부석사가 으뜸이다. 이 책을 보는 분들도 종교와 상관없이 찾으면 그냥 좋은 산사 하나, 바라보면 그저 좋은 부처님 한 분 모시길 바란다.

유마양수지간維麻兩水之間, 마곡사

공주 시내에서 20킬로미터쯤 떨어진 해발 614미터의 태화산에 자리한 마곡사는 640년 신라의 자장율사가 통도사·월정사와 함께 창건한 절이다. 역사와 규모 그리고 소장 문화재 등에서 한국을 대표하는 사찰 가운데 하나이다. 마곡사의 역사적·문화적 가치에 대해 문화재위원회에서는 다음과 같이 정리하였다.[37]

> 마곡사는 처음 창건된 신라시대부터 지금까지 한국불교의 흐름에 따라 배치와 절의 규모를 확장해 오며 초기 조성 영역을 온전히 지켜 옴과 동시에 주변 지형과 조화를 이루며 변화를 이룬, 독특한 배치를 지닌 사찰임.
>
> 또한 각종 사지, 회화 작품, 석조물 등 다양한 형태의 유산을 보유하고 있어 문화적 가치가 뛰어남. 향후 마곡사의 입지 및 배치가 가진 공간적인 중요성을 강조하기 위하여 유산 구역 전체를 사적으로 지정할 필요가 있음. **2013년 문화재위원회(세계유산분과) 제4차 회의록**

이곳은 《정감록》에서 신성한 지역으로 꼽은 십승지 중 한 곳이며, 그중에서도 풍수상 가장 좋은 자리다. 신라 말 도선대사는 마곡사 터를 "삼재가 감히 들지 못하는 곳이며, 유구와 마곡 두 냇물 사이의 터는 능히 천 명의 목숨을 구할 만하다"고 하였다. 이것이 그 유명한 '유마양수지간維麻兩水之間'이다. 한때 당나라의 중 보철이 이 절에 머물렀는데, 그의 법문을 들으러 찾아온 사람들이 '삼대(麻)와 같이 무성했다'고 하여 '마麻' 자를 넣어 마곡사라고 하였다고 한다. 이 지역이 삼을 많이 심어 '삼골'이라 불린 것을 한자로 옮긴 것이라는 설도 있다.

1851년에 쓰여진 〈마곡사사적입안〉에는 "초장은 자장이요, 재건은 보조며, 3건은 범일이요, 4건은 도선이며 5건은 학순이다"라고 하여 한국불교사의 고명한 승려들과의 연관설이 실려 있다.

마곡사는 임진왜란이 일어난 임진년에 왜적의 수중에 들어가지 않고 충청도 의병의 진지로 사용되었다. 마곡사가 만공, 김구와 같은 독립운동가를 품을 수 있었던 것도 임진왜란 때 영규대사가 승병을 일으켰던 호국불교의 전통을 가진 화엄도량이었기에 가능했을 것이다. 만공은 조선 후기 한국불교의 큰스님인 경허의 의발衣鉢을 받은 대표적 선승으로, 스승인 경허와 함께 한국 근세 선불교의 두 거목으로 꼽힌다. 1937년 만공이 마곡사 주지 시절에 조선총독부가 주최한 주지회의에 참석하여 조선불교의 일본불교화를 꾀하는 조선 총독 미나미 지로에게 호통을 치며 꾸짖었다는 유명한 일화가 있다. 다음은 만공의 게송이다.

빈 산에 서릿기는 고금 밖이요
흰 구름 맑은 바람 스스로 가고 오네

무슨 일로 달마는 서천을 넘어왔나

축시엔 닭이 울고 인시엔 해 뜨네

마곡사는 대한불교조계종 제6교구의 본사로서 갑사, 신원사, 동학사 등 70여 개의 말사末寺를 관할한다. 제7교구 본사인 수덕사와 함께 충청도를 대표하는 사찰이다. '춘春마곡 추秋갑사'라고 할 만큼[38] 봄 풍경은 마곡사를 따라올 절이 없다. 그러나 현재 주차장 초입에 식당과 기념품 가게들이 들어서서 다소 산사의 분위기를 해치고 있어 안타깝다.

전통적으로 한국인의 미감은 비대칭의 대칭이다. 좌우가 같아 보이는데 한 군데도 같지 않은 공간 구성이 그것이다. 여기에 일직선의 미감도 좋아하지 않는다. 마곡사 해탈문과 천왕문 그리고 극락교로 이어지는 진입 공간의 동선이 직선이 아니고 조금씩 비틀려 자리한 것도 이러한 한국미의 속성을 자연스럽게 반영한 것이다.[39]

금강역사와 보현보살 · 문수보살을 모신 해탈문을 지나면 사천왕상이 세워진 천왕문이 나오는데, 이는 다른 절의 일반적인 순서와 다르다. 다른 절들은 천왕문 다음이 해탈문이다. 이어지는 극락교는 이곳 자체가 극락이라는 뜻이기도 하고, 개울을 중심으로 세속과 극락이 나뉜다는 이중적인 뜻이 있다.

8천여 평의 부지에 동서 250미터, 남북 400미터인 마곡사의 가람 구성은 매우 독특하다. 개울 위 극락교를 사이에 두고 남원南院과 북원北院 두 개의 가람이 공존하는 형태이다. 태극 모양의 두 개울 사이의 터가 남원이다.

남원의 영산전 일곽은 별도의 암자와 같은 모습이다. 영산전이 자리한 곳은 천하의 명당으로, 왕이 나올 만한 곳이라는 '군왕대君王垈'의 맥이 흐르는 곳이다. 그래서 입시나 승진 등의 발원을 하려는 신도들이 끊이지 않고 찾는 장소이기도 하다.

북원의 대웅보전(보물 제801호)은 2층 구조로 대략 19세기 전반기에 중창된 것으로 추정된다. 남한에 현존하는 2층 불전은 마곡사 대웅보전을 비롯하여 화엄사 각황전, 법주사 대웅전, 무량사 극락전 등 4개뿐이다. 마곡사 대웅보전은 가장 오래된 2층 불전인 화엄사 각황전48과 마찬가지로 네 군데 활주를 세워 무거운 지붕 무게를 분산하고 있다. 대웅보전 현판은 신라의 명필 김생이 쓴 것으로 알려져 있다. 대웅보전 내부49에는 4개의 싸리나무로 만든 든든한 기둥

왼쪽 48 화엄사 각황전. 마곡사 대웅보전과 같은 2층 불전 형식 중 가장 오래된 건물이다. 오른쪽 49 마곡사 대웅보전 내부. 싸리나무로 만든 4개의 기둥이 있다.

이 있는데 6번 돌 때마다 10년씩 장수한다고 한다. 싸리나무는 스님들의 사리함을 만드는 나무이기도 하다.

대웅보전 뒤에 자리한 대광보전(보물 제802호)은 1831년에 중창된 건물이다.[40] 단층이지만 대웅보전보다 훨씬 우람하고 견고해 보인다. 대광보전은 대웅보전 · 영산전과 더불어 마곡사에 있는 3채의 불전 중 하나이자 그 중심이다. 대웅보전이 중층의 수직적 건물이라면, 대광보전은 수평적 아름다움을 보여 준다. 대광보전 편액은 표암 강세황의 글씨이다. 내부에 불상이 안치된 불단이 동쪽에 있어서 남쪽을 향한 건물 방향과 직각을 형성하는 것이 부석사 무량수전과 비슷하다. 대광보전 바닥에는 참나무로 짠 110제곱미터의 삿자리(굴피자리)가 깔려 있다. 걷지 못하는 사람이 백일기도를 드리는 동안 정성으로 삿자리를 짰더니, 비로자나의 가피加被(부처나 보살이 자비를 베풀어 중생에게 힘을 줌)로 마지막 날 제 발로 걸어 나갔다는 이야기가 전한다.

50 이성자의 그림 〈천년의 고가〉 부분.

2021년 국립현대미술관 〈이건희 컬렉션〉 특별전에서 우리나라 추상화 1세대 작가인

이성자의 작품〈천 년의 고가〉50가 전시되었다. 그림을 보는 순간 마곡사의 삿자리가 불현듯 떠올랐다. 1950년대에 남편과 이혼하고 세 아이와도 이별한 상태에서 홀로 프랑스 유학을 떠난 화가의 치열함과 간절함, 그러나 따뜻함이 삿자리를 생각나게 한 것이다. 삿자리와 관련해서는 전하는 이야기 외에 그 실물을 본 이도 증거도 없지만, 부처를 감동시킬 정성은 분명 있을 것이라고 믿는다.

남원의 영산전51은 적어도 18세기 이전에 중창된 건물로, 현존하는 마곡사의 건물 중 가장 오래되었다. 보통 영산전에는 설법하는 석가

51 영산전 내부. 칠불과 설법을 듣는 수많은 군중들의 모습을 재현하고 있다.

불과 10대 제자상 정도만 안치되어 있다. 그런데 이 전각은 영축산에서 《법화경》을 설하는 석가불을 포함한 칠불과 설법을 듣는 수많은 군중들의 영산회상 광경을 재현하고 있다.[41] 앞에는 칠불이, 뒤에는 천불이 위치하고 있는데 각각의 얼굴과 표정이 모두 다르다. 일곱 분의 부처님이 공통적으로 말씀하신 칠불통계七佛通戒는 다음과 같다.

모든 악을 짓지 말고
온갖 선을 받들어 행하라
스스로 그 마음을 깨끗이 하는 것이
모든 부처님의 가르침이라.

52 마곡사 오층석탑. 상륜부에 라마탑 형식의 풍마동이 올려져 있다.

마곡사에서 눈에 띄는 유물은 대광보전 앞에 있는 오층석탑(보물 제799호) 52 이다. 고려 후기에 만들어진 탑으로 상륜부에 풍마동이라는 특수한 구조물이 올려져 있다. 이 탑의 건립 시기는 고려가 원나라의 간섭을 받은 1280~1356년 사이로 추정된다. 고려시대에 전해진 라마

탑의 영향을 살펴볼 수 있는 대표적인 예가 이 마곡사 오층석탑과 현재 국립중앙박물관에 있는 경천사지십층석탑이다. 이 탑의 탑신부 동서남북 사면에 사방불이 새겨져 있는데, 나라의 기근을 3일간 막아 준다는 전설이 내려온다.

〈마곡사사적입안〉에 따르면, 세조 임금이 마곡사에 은거하고 있는 김시습을 찾아와 영산전 현판 글씨를 써 주었으며, 잡역의 부담을 면하도록 하는 내용의 수패도 내렸다고 한다. 실제로 현재 마곡사 영산전에는 세조 어필임을 밝힌 현판이 걸려 있고, 성보박물관에는 세조가 탔다는 가마가 있다. 세조가 이 가마를 타고 김시습을 만나러 왔으나 그가 부여 무량사로 옮겨 못 만나자, "매월당이 나를 버리고 떠났으니 타고 갈 수 없다"면서 가마를 하사하고 소를 타고 돌아갔다고 한다. 세조는 영산전의 터를 보고 영원히 잊혀지지 않고 기억될 명당(萬世不忘之地)이라고 극찬하였다.

다른 절과 달리 마곡사에 천불과 다양한 불화가 있는 것은 이곳이 불화를 전문으로 그리는 화승畵僧들의 전통적인 요람이었기 때문이기도 하다. 마곡사의 화승들은 전통성과 근대성이 융합된 그들만의 화풍을 형성하였고, 당시 전통 불화를 계승하면서 현실에 대응할 수 있는 화풍을 개척해 한국 불화사의 새로운 방향을 제시하였다. 근대에 활동한 여러 화파 중 유일하게 현재까지도 맥이 이어져 오고 있기에 그 가치가 더욱 크다.[42]

마곡사의 근현대사에서 가장 눈길을 끄는 인물은 백범 김구이다.

53 마곡사 백범당. 독립 후 이시영과 마곡사를 찾아 기념식수를 하고 찍은 사진이 걸려 있다.

마곡사는 김구가 입산하여 청년 시대에 은신처로 삼았던 곳이다.[43] 백범은 1898년 23세 때 마곡사에서 출가하여 원종이라는 법명을 받았다. 1896년 명성황후 시해에 가담한 일본군 중위 쓰시다를 살해하여 사형선고를 받고 투옥되었다가 탈옥하여 마곡사에 은신하다 출가를 결심했다. 백범은 독립 후인 1946년 이시영 등과 함께 마곡사를 찾아 기념식수를 하였는데, 그 향나무가 지금도 푸르다. 당시 촬영한 기념사진이 백범당53에 걸려 있다. 백범을 영원히 잊지 않기 위해 백범이 머물렀던 요사채를 '백범당'이라 하고, 뒤쪽 산행로를 '백범 명상길'이라고 이름 붙였다. 김구는《백범일지》에 마곡사에 대한 심정을 이렇게 썼다.

> 나는 이 서방과 함께 마곡사를 향하여 계룡산을 떠났다. 마곡사 앞 고개에 올라선 때는 벌써 황혼이었다. 산에 가득 단풍이 누릇불긋하여 감회를 갖게 하였다. 마곡사는 저녁 안개에 잠겨 있어서 풍진에 더러워진 우리의 눈을 피하는 듯했다. 댕, 댕 인경이 울려 온다. 저녁 예불을 알리는 소리다. 일체 번뇌를 버리라 하는 것같이 들렸다.

《백범일지》에는 고종의 전화 한 통이 김구를 살렸다는 이야기도 나온다. 김구의 사형이 집행되기 바로 직전에 고종이 직접 전화를 걸어 막았다는 것이다. 그래서 그가 탈옥할 수 있었다. 큰 인물은 하늘이 오고 감을 정하는 것 같다. 김구의 글에서도 느낄 수 있듯, 인생에서 절체절명의 순간을 경험해 봐야 큰일을 할 수 있다. 작은 일에 일희일비하고, 아무 생각 없이 무표정한 얼굴로 핸드폰만 들여다보는 '스몸비smartphone + zombie'로 살고 있는 건 아닌지, 마곡사 백범당에 앉아 반성하는 기회를 가져 보면 좋겠다.

마곡사는 앞서 살펴본 경상도와 전라도에 위치한 통도사, 해인사, 송광사보다 화려하지도 크지도 않다. 그렇지만 느낌이 깊은, 보기에는 부드러우면서 속내는 강인한 외유내강의 산사이다. 굳이 표현하자면, 백제적이고 충청도적이다. 우리도 나이를 먹으면서 그래야 한다.

천지인의 만남,
월정사

《삼국유사》를 저술한 일연은 "우리나라 명산 중에서도 오대산이 가장 좋은 땅이요, 불법佛法이 길이 번창할 곳"이라고 했다. 태백산맥에서 가장 부드러운 흙산이 오대산이다. 이곳에 자리 잡은 월정사는 신라 선덕여왕 12년(643)에 자장율사가 세운 사찰이다. '월정月精'이란 이름은 뒤편 만월대에 떠오르는 보름달이 유난히 밝아서 붙여진 것이라 한다.

당나라 유학길에 올랐던 자장율사는 중국 오대산에 있는 문수보살상 앞에서 기도하다가 한 노승으로부터 부처님의 가사와 발우, 진신사리를 전해 받았다. 노승이 이르기를 신라의 오대산이 1만 문수보살이 항상 머물러 계신 곳이라 하였는데, 자장율사가 공부를 마치고 귀국할 때 오대산에 살던 용이 나타나 그 노승이 문수보살임을 알려 주었다고 한다.[44]

자장율사로 인해 오대산은 문수보살의 상주처로 간주되고 문수신앙의 중심지가 되었다. 이후 조선시대에 세조가 피부병인 등창으로 고생하던 중 월정사의 말사인 상원사에서 백일기도를 하고 문수동자가 목욕을 시켜 준 뒤 나았다는 이야기가 전해지면서 조선에서 문수신앙이 더욱 성행하게 되었다. 원래 이곳은 태조 이성계의 원찰願刹(월정사 사자암)이기도 했다.

왼쪽 54 선재길. 선재동자가 지혜를 구하는 구도의 길이란 뜻으로, 월정사와 상원사를 잇는 길이다. 오른쪽 55 월정사 일주문. '월정대가람'이라는 탄허 큰스님의 글씨가 돋보인다.

대한불교 조계종 제4교구의 본사로서 상원사를 비롯한 말사와 5대 암자를 거느리고 있는 월정사는 전각이 많지 않기 때문에 한 바퀴 둘러보는 데 30분이면 족하다. 하루 일정이라면 월정사와 상원사를 둘러보고 적멸보궁까지 갔다 오면 좋다.

월정사와 상원사를 잇는 약 9킬로미터 구간을 《화엄경》에 나오는 선재 동자가 지혜를 구하는 과정의 길이란 뜻에서 '선재길'54로 명명하였다. 이 길은 자장율사가 진신사리를 모시기 위해 걸었던 길이기도 하다. 매년 5월 5일 어린이날에 '선재길 걷기 대회'가 열린다.

대개의 경우 일주문에는 절 이름 앞에 산 이름을 붙여 쓴 현판을 거는데, 월정사 일주문55에는 탄허 스님이 쓴 '월정대가람'이라는 현판이 붙어 있다. 일주문을 지나 수령 500여 년의 울창한 전나무 숲길을 10분 정도 걸어가면 월정사 경내에 도달한다. 우리나라 대부분의 산은 소나무 산인데 이곳에는 전나무가 많다. 이와 관련하여 고려 말의 고승 나옹선사의 전설이 전한다. 그가 발우에 공양을 받았는데, 그 위로 소나무에 쌓여 있던 눈이 떨어지자 산신령이 불경하다고 소나무를 모두 없앴다는 것이다. 사실 전나무도 소나무과에 속하는 나무이다. 전나무는 유달리 피톤치드를 많이 내뿜어 도시인들에게 치유와 힐링의 장소로 인기가 높다.

월정사는 전각들이 일정한 공간에 모여 있는 것이 아니라 여러 곳에 흩어져 있다는 특징이 있다. 전각 대부분은 오대산 대표 봉우리인 각 대에 세워져 있다. 진신사리를 모신 오대산 신앙의 출발지인 적멸보궁과 사자암은 오대산의 으뜸 명당인 중대에, 관음암은 동대에, 지장암은 남대에, 염불암(수정암)은 서대에, 미륵암은 북대에 나뉘어 있다. 그래서 오대산五臺山이다. 높이 1,563미터, 면적 300제곱킬로미터의 오대산 전체를 하나의 가람으로 본 스케일에 입이 다물어지지 않는다. 우리도 째째하게 계산하지 말고 좀 크게 놀자. 계산하고 살면 결국 손해 보는 게 인생이다.

월정사 경내에는 적광전과 범종루, 무량수전, 삼성각 등 몇 개의 전각만 있다. 적광전은 월정사의 중심이 되는 전각이다. 적광전에는 보통 비로자나불을 모시는데, 월정사 적광전에는 석가모니불이 모셔져 있다. 적광전 왼쪽의 무량수전에는 아미타불과 함께 극락의 법

56 국보 제48호 월정사 팔각구층석탑과 적광전.

회를 묘사한 〈극락회상도〉가 있다. 적광전 앞에 자리한 높이 15.2미터의 팔각구층석탑(국보 제48호)56은 고려시대 다층탑의 대표이자 월정사의 상징이다. 팔각의 각 모서리에 풍경이 걸려 있어 바람이 불면 풍경 소리가 은은하다. 탑이 부처님의 몸이라면, 풍경 소리는 부처님의 진리의 말씀일 것이다.

팔각구층석탑 앞에는 다른 절에서는 보기 어려운, 그래서 눈길을 휘어잡는 석조보살좌상이 있다. 《법화경》의 약왕보살을 묘사한 것으로, 무릎을 꿇고 팔각구층석탑을 향해 공양을 올리는 모습이다. 그러나 탑 앞에 있는 것은 복제품이고, 실물(보물 제139호)은 성보박물관에 보관되어 있다. 하체에 비하여 상체가 크게 조각된 것은 착시현상을 고려한 것이다.

월정사의 말사로 중대에 위치한 상원사는 지혜를 상징하며 만 가지 다른 형상으로 변신한다는 문수보살을 주존불로 모시고 있다. 《삼국유사》에 따르면, 신라 신문왕의 아들 보천과 효명이 각각 1천 명의 무리를 이끌고 강릉에서 놀다가 성오평이라는 곳에서 사라져 오대산으로 들어갔다. 이들은 푸른 연꽃이 피어 있는 두 곳에 각각 암자를 지은 후 수도에 들어갔다. 신문왕의 후계를 잇기 위해 둘 중 한 명은 돌아가야 했는데, 보천이 거절하여 아우인 효명이 왕위에 올랐다. 왕이 된 효명이 705년 문수보살이 여러 형상으로 나타났던 곳에 절을 짓고 '진여원'이라 하였으니, 이것이 오늘날의 상원사이다.[45]

상원사에서 가장 대표적인 유물은 국보 36호 동종이다. 비천상의 유려한 조각과 그 울림이 우리나라에서 가장 아름다운 종이다. 본래 안동 읍성의 문루에 걸려 있던 것을 세조가 상원사 문수동자에게 바친 것이다. 그런데 이 종을 운반하던 중 죽령고개에서 동종이 꼼짝하지 않았다. 지혜 밝은 한 스님이 동종이 고향 땅을 떠나는 것이 아쉬워 신통력을 부린 것을 알고 종에 달린 연꽃 봉오리 장식 하나를 떼어 안동으로 보냈더니 비로소 움직였다고 한다. 그래서 상원사 동종은 36개의 꽃봉오리 장식 중 하나가 떨어져 나가고 없다.[46] 지금은 보호를 위하여 유리 박스 안에 모셔 두고, 옆에 모형을 만들어 놓았다.

왼쪽 57 문수전에 모신 문수동자좌상(왼쪽)과 문수보살좌상(오른쪽). 오른쪽 58 상원사에 그려져 있는 세조의 등을 씻어 주는 문수동자.

상원사에서 유명한 또 다른 보물은 문수전 내에 봉안되어 있는 문수동자좌상(국보 제221호) 57 이다. 세조가 친견했다는 문수동자를 불상으로 조성한 것으로, 세조의 기억대로 머리 양쪽에 상투를 튼 모습이다. 병을 고치기 위해 상원사에 온 세조가 계곡에서 목욕을 하면서 지나가는 동자를 불러 등을 밀어 달라고 한 뒤 "임금의 등을 씻어 주었다고 아무에게도 말하지 말라"고 하자, 동자가 "임금도 문수보살이 씻어 주었다고 말하지 말라"고 했다고 한다. 세조가 놀라 뒤를 돌아보니 동자는 사라지고 온몸을 덮고 있던 종기가 씻은 듯이 나았다고 한다. 58

1984년 보수 과정에서 문수동자좌상 복장유물 23점(보물 제793

호)이 발견되었는데, 이 중에는 세조의 장녀 의숙공주가 "주상 전하의 만수무강을 기원하며 불상을 조성한다"고 밝힌 발원문과, 큰 화제를 모은 세조의 피고름이 묻은 속적삼이 있다(해인사에는 광해군의 속적삼이 보관되어 있다). 이 유물들은 성보박물관에 보관되어 있다. 세조는 계유정란을 일으켜 왕위에 오르는 과정에서 김종서·황보인 등 중신들을 죽이고 이후 친동생과 조카 단종, 사육신 등 많은 이의 목숨을 빼앗았다. 이 때문에 늘 자신도 살해당할지 모른다는 불안과 스트레스에 시달렸으며 피부병이 끊이질 않았다고 한다. 그래서 피부병에 좋다는 온천을 많이 찾아서 온양온천에도 네 차례나 방문했다고 한다.

세조가 불교에, 특히 상원사에 특별한 애정을 보인 것은, 왕조가 바뀌면서 정치 이념은 유교가 되었지만 아직도 민중들은 불교를 믿었기 때문이다. 세조가 부처님의 가호를 받고 있고 불교를 늘 신경 쓰고 있다는 인식을 심어 주어 정통성과 민심을 확보하고자 한 것으로 보인다. 《세조실록》 권29에는 다음과 같이 기록되어 있다.

> 임금이 상원사에 행차할 때 관음보살이 나타나는 이상한 일이 있어 백관들이 글을 올려 축하했다. 임금은 교서를 내려 군령과 강도를 범한 죄 이외에 일반 백성들의 죄를 용서하는 사면령을 내렸다.

왼쪽 59 문수전 앞 고양이상. 오른쪽 60 고려시대에 조성된 영산전 앞 돌탑.

상원사의 주 전각인 문수전 돌계단 옆에는 역시 세조와 관련된 한 쌍의 고양이상59이 있다. 상원사 계곡에서 불치병을 고친 세조가 이듬해에 다시 상원사를 찾아 법당으로 들어가 예배를 드리려 하자, 어디선가 고양이가 나타나 세조의 옷자락을 물고 늘어졌다. 기이하게 여긴 세조가 살펴보니 불상 뒤편에 자객이 숨어 있었다. 고양이 덕에 목숨을 구한 세조가 고양이상을 세우고, 이른바 묘전(고양이 밥)으로 강릉 저수지 일대 많은 땅을 떼어 주었다고 한다. 그래서 상원사는 애묘인들의 성지가 되었다. 고려시대에도 태조 왕건 이래로 매년 봄가을로 백미 200석과 소금 50석을 오대산에 공양하였다.

상원사 내 영산전 앞에도 고양이상 못지않게 특이한 돌탑60이 있다. 고려시대 조성된 것으로 알려져 있으며 기단에는 구름, 용, 연꽃 등의 무늬가 있다. 많이 훼손되었지만 소박하고 당당하게 천 년을 버티고 서 있다.

상원사와 인연이 깊은 스님으로는 나옹선사를 꼽을 수 있다. 나옹선사는 한국인이라면 한번쯤 들어 봤을 게송으로도 유명하다.

청산은 나를 보고 말없이 살라 하네
창공은 나를 보고 티 없이 살라 하네
사랑도 벗어 놓고 마음도 벗어 놓고
물같이 바람같이 살다가 가라 하네

나옹선사는 고려 말의 고승으로 무학대사의 스승이다. 여주 신륵사 조사당에 나옹과 무학의 진영이 걸려 있으며, 조사당 앞에는 무학대사가 스승 나옹을 추모하여 심었다고 전하는 600년 넘은 향나무가 있다. 나옹이 오대산에 있을 때 북대 미륵암에서 상원사로 십육나한을 옮겼는데, 스님들이 지게로 일일이 나르기가 어려워 나옹이 신통력을 발휘하여 나한들을 스스로 걷게 했다고 한다. 이때 열다섯 나한만 도착하고 한 분이 부족해 온 길을 따라가 보니 칡넝쿨에 걸린 걸 발견하고 오대산에서 칡넝쿨을 모두 없애 버렸다는 이야기가 전한다.

근현대 스님으로는 고승 한암과 탄허가 있다. 한암은 근대 한국

불교의 개조인 경허의 제자로, "천고에 자취를 감춘 학이 될지언정 춘삼월 말 잘하는 앵무새가 되지 않겠다"면서 잘나가던 강남 봉은사 조실을 그만두고 경제적으로 어려운 오대산으로 들어갔다. 그리고 1926년 상원사에서 '승가오칙僧伽五則'을 선포한다. 5칙이란 참선, 염불, 경전 공부, 불교 의례, 가람 수호로, 결혼을 하고 고기를 먹는 (대처육식) 왜색 불교로부터의 독립선언이기도 하였다. 조계종 초대 종정으로 네 차례나 종정을 역임한 한암은, 일제강점기에 총독 등 고관들이 미국과 일본 중 누가 이길 것 같느냐는 질문에 '덕자승德者勝'이라고 우문현답을 한 것으로 유명하다.

한국전쟁 때 국군이 상원사에 불을 지르려 하자, 한암이 문수전에 들어가 정좌하고 "중이 죽으면 화장하는 것이니 불을 질러라" 하여 문수전의 문짝만 떼어 불태우고 돌아갔다는 이야기도 유명하다. 한암은 활불活佛, 즉 살아 있는 부처로 통했고 27년 동안 월정사 밖으로 나서지 않은 동구불출로 널리 알려졌다. 1951년 앉은 채 열반에 든 좌탈입망坐脫立亡으로 도력을 증명했다.61 다음은 입산 3년 만인 24세에 깨달은 한암의 게송이다.[47]

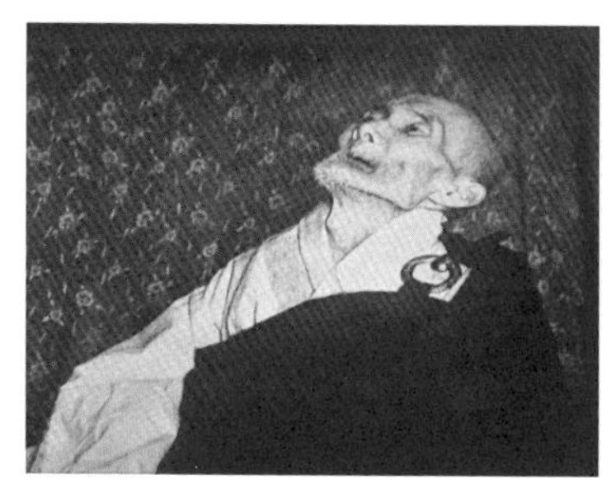

61 좌탈입망한 한암. 이 사진은 한국전쟁 당시 종군기자 선우휘가 찍은 것이다.

발 아래 하늘 있고 머리 위에 땅 있네
본래 안팎이나 중간은 없는 것
절름발이가 걷고 소경이 봄이여
북산은 말없이 남산을 대하고 있네

탄허는 한암의 제자로 어려서 사서삼경에 훤하고 유불도에 능통한 신동이었다고 한다. 그는 이곳 월정사 방산굴에 머물면서 화엄경을 우리말로 번역한《신화엄경합론》47권을 10년 이상 정진하여 펴내는 등 16종 75권의 저서를 간행하여 불교 발전에 이바지하였다. 그가 대중들에게 알려진 것은 여러 가지 예언 때문이다. 1950년 한국전쟁 발발, 미국의 베트남전쟁 패전, 1979년 박정희 대통령 시해, 영화 〈서울의 봄〉으로 알려진 1980년 12 · 12 군사반란, 구 소련의 붕괴 등을 예언했다. 그는 66세에 "내가 5년 후 71세 음력 4월 24일 유시(오후 5~7시)에 간다"고 예언했는데, 과연 5년 뒤인 1983년 예언한 날짜와 시각에 열반하였다.

단순한 불교 고승을 넘어 대학자이자 민족의 선각자로 평가받는 탄허의 말씀 중 "하루의 시작은 인시, 새벽 3시인데, 이 시간을 놓치면 하루를 잃는 것뿐만 아니라 평생을 잃는 것이다"라는 말이 특히 와 닿는다. 천재의 제일 큰 자질은 근면 성실이다. 물론 스님들은 도량석과 아침 예불 때문에 그 시간에 일어나야 하지만, 스님의 말씀은 단지 형식적 · 기계적인 기상이 아니다. 평생 깨어 있음, 남처럼 사는 헛된 삶을 깨뜨리고, 쓸데없는 욕심을 깨부수고, 나다움의 아름다움을 찾아 나가야 한다는 것이 아닐까? 나는 나아가는 것이고, 나아지는 것이어서 나이다.

불가에 '고산 제일 월정사, 야산 제일 통도사'라는 말이 있다. 한국에서 부처님의 사리를 모신 곳으로 높은 산의 터는 월정사 적멸보궁이 최고이고, 낮은 산에서는 통도사 금강계단이 제일이라는 말이다.

월정사 적멸보궁을 관리하고 보존하는 곳이 중대 사자암이다.62 사자암에서 조금 더 높은 곳에 있는 해발 1,190미터의 오대산 적멸

62 월정사 중대 사자암. 상원사 위쪽에 자리하고 있다. 비탈진 지형 탓에 5개의 전각이 비스듬히 구성되어 있다. 맨 위가 비로전이다.

63 오대산 중대 적멸보궁(보물 제1995호) 내부. 진신사리를 모신 곳이어서 불상을 따로 두지 않았다.

보궁63은 부처님의 이마에서 나온 뇌(정골) 사리가 모셔진 곳이다. 적멸보궁이 있는 곳은 용의 머리에 해당한다. 용의 머리에 부처님의 뇌 사리를 모신 것이다. 통도사 사리탑이 거대한 금강계단에 장중하게 세워져 있는 데 반해, 오대산 적멸보궁에는 수수하고 소박한 50센티미터의 세존진신탑만이 서 있다. 59쪽 사진 6 참조 통도사처럼 거창한 격식을 갖추지 않아 불사리가 봉안된 것이 맞느냐는 의심도 하지만, 풍수적으로 한국 제일 명당으로 꼽히는 이 산에 부처님이 머물러 계시다는 상징으로는 충분하다. 이것이 오대산에 적멸보궁을 모신 옛

사람들의 소박하고 아름다운 뜻일 것이다.

수많은 산사를 다녔지만, 이곳처럼 올라가기 어렵고 내려가고 싶지도 않은 곳은 처음이다. 신(하늘), 산(자연)과 나의 천지인, 즉 공간 · 시간 · 인간이 첨예하게 한 점에서 만나는 낯설지만 가장 미학적인 풍경을 경험하였다. 가슴속에 나의 미션과 비전을 밝히는 등불 하나 켜진 것 같았다.

3장

조선의 유교 미학 기행

서울과 조선의 궁궐

서울은 한반도의 지리적 · 정치경제적 · 문화적 중심omphalos으로 세계 굴지의 오래된 도시 중 하나이다. 한성백제 500년, 조선왕조 500년, 근현대 100여 년간의 수도로서 역사의 자취가 켜켜이 쌓여 있다.[1] 서울은 5대 궁궐, 종묘와 사직, 왕릉 등 조선왕조의 공간들이 시내 중심가에 여전히 위치하여 과거와 현재가 공존하고 있다. 지하철 요금만 내고 경복궁역에 내리면 타임머신을 타고 조선시대로 갈 수 있다. 이런 축복이 없다. 머리 터져라 입력만 하는 지식의 식민지 학교에서, 스트레스 지옥인 직장에서 조금만 이동하면 옛사람들이 들려주는 자연 속 온고지신 지혜의 해방구로 탈출할 수 있다.

서울의 풍수 관련 비하인드 스토리를 살펴보자. 조선의 건국으로 수도를 고려의 개성에서 서울로 옮기고자 할 때이다. 개국공신이자 성리학자로서 《불씨잡변》을 짓는 등 불교에 적대적인 정도전과, 이성계의 정신적 스승(왕사王師)이자 "돼지의 눈에는 돼지만 보이고 부처의 눈에는 부처만 보인다"는 말로 유명한 풍수지리의 달인 무학대사가 논쟁을 벌였다. 무학대사는 인왕산을 주산으로 하여 동향으로 궁궐을 배치해야 한다고 주장하였다. 하지만 당시 실권자인 정도전은 인왕산 아래 궁궐이 들어서면 명당수인 청계천이 일직선으로 흘러가는 것이 그대로 보여 생기가 빠져나가 결국 망한다고 하며 북악산을 주산으로 지금의 남향 배치를 결정하였다. 이에 무학대사는

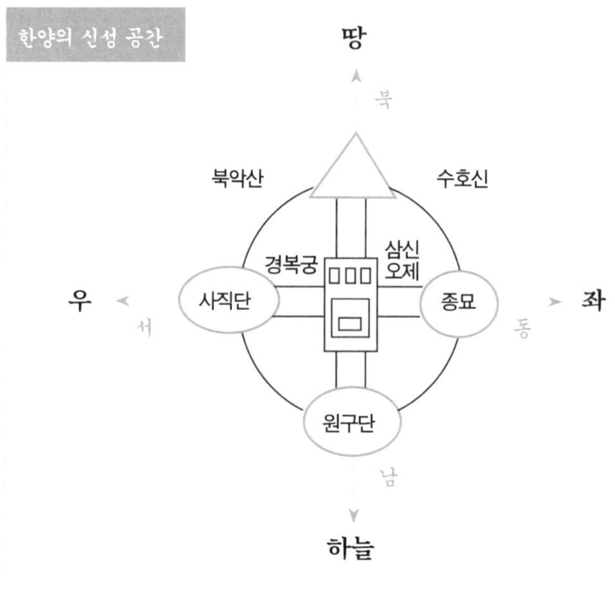

"200년 후에 큰 변고가 날 것"이라고 탄식하며 사라졌다고 한다. 그의 예언처럼 200년 후 임진왜란이 발생하였다.

광해군 때 문인인 차천로의 《오산설림초고》에는 이런 이야기가 나온다. "도읍을 선택하는 자가 만일 중의 말을 믿게 되면, 약간 오래갈 희망이 있다. 정씨가 나와 시비를 하게 되면 5대를 가지 못해 다툼이 생기고 200년이 못 가서 나라가 어지러워진다." 이미 지난 일을 말한 것이 아니다. 이는 신라의 의상대사가 한 말을 후에 정리한 것으로, 800년 뒤의 일을 알아맞혔으니 신기할 따름이다.

한양을 수도로 하는 도시계획의 기본 사상은 위 도표 참조 동양의 근본

사고인 천원지방天圓地方, 곧 '하늘은 둥글고 땅은 네모나다'이다. 이를 바탕으로 경복궁의 왼쪽(동쪽)에는 왕가의 신위를 모신 종묘를, 오른쪽(서쪽)에는 사직단을 두었다. 사직단은 국토의 신을 모시는 사단社壇과 농경사회에서 가장 중요한 곡식의 신을 모시는 직단稷壇을 합쳐 부르는 것이다. 남쪽에는 왕이 하느님에게 직접 제사 지내는 제천 공간인 원구단이 있다. 원구단은 현재 조선호텔 앞에 있다.

대문 이름에는 인의예지신仁義禮智信 다섯 글자가 사용되었다. 이 다섯 글자는 음양오행 사상 중에서 오상五常이라고 하여 사람이 하늘의 뜻을 따라 반드시 지켜야 할 도덕적 기준을 말한다. 동대문(흥인지문)은 다른 문과 달리 네 글자인데, '갈 지之' 자는 있으나 마나 한 글자이다. 다만, 한양의 좌청룡인 낙산이 우백호인 인왕산보다 짧고 작아서 좌청룡을 키우고 늘리려고 지之 자를 추가한 것이다. 청룡은 남자 · 명예 · 벼슬을 상징하므로 왕자가 단명하고 왕실 여인들이 드세지는 것을 막으려 한 것이다. 풍수적 결함을 보완하는 비보풍수의 방책이다. 아침 해의 기운을 가장 먼저 보라고 왕자의 처소를 궁

사대문과 오제五帝 사상

구분	사대문	명칭	오상	오행	오제	사신사
1	동대문	興仁之門	仁	木	동제	청룡
2	서대문	敦義門	義	金	서제	백호
3	남대문	崇禮門	禮	火	남제	주작
4	북대문	弘智門	智	水	북제	현무
5	중앙	普信閣	信	土	황제	명당

궐의 가장 동쪽에 배치하여 왕자를 '동궁東宮'이라고 한 것도 같은 이치다.

현대에 살고 있는 우리는 궁궐을 단순히 공원이나 관광지 정도로 생각한다. 궁궐은 서울을 찾는 외국인 관광객들도 거의 빼놓지 않고 들르는 필수 코스이다. 궁궐이 있는 나라의 사람들은 은연중에 자기 나라 궁궐과 비교하며, 궁궐이 없는 나라 사람들은 신기한 옛날 구경거리로 여러 가지 상상을 하면서 말이다.

왕의 일상생활은 물론이고 공식적인 활동도 거의 대부분 궁궐 안에서 이루어졌다. 궁궐은 왕과 왕실의 거처이자 정치와 행정이 이루어진 나라의 최고 관청이었다.

지금 궁궐에는 구경꾼만 있을 뿐 옛 주인들은 가고 없다. 궁궐은 조선왕조가 몰락한 이후 껍데기로 남아 있다.[2] 그래서 '고궁古宮'이라고 한다. 고궁이란 말 그대로 '옛날 궁궐'이란 뜻이다. 일본의 황궁, 러시아의 크렘린궁, 영국의 윈저궁, 프랑스의 엘리제궁을 가리켜 고궁이라고 하지는 않는다. 이런 궁들은 살아 있는 궁이다. 현재도 왕이든 수상이든 대통령이든 최고 권력자 혹은 상징적 국가원수가 기거하면서 활동하고 있다. 청와대도 비어 있는 마당에 국가원수가 궁에 들어갈 필요는 없을 것이고, 백성이 하늘인 민주주의 시대이니 국민 모두가 특히 어린이와 학생들이 이용할 수 있는 방안을 찾는다면 좋겠다. 보존과 관람 중심에서 다양한 체험 프로그램을 운영하는 등의 활용 방안을 적극적으로 모색해야 하지 않을까?

조선의 궁궐은 외국의 궁에 비해 소박한 편으로 결코 화려하지 않다. 백성들이 보아 장엄함을 느낄 수 있는 딱 그 정도 규모이다. 조선시대 궁궐의 공간 구성을 살펴보면 크게 내전, 외전, 동궁, 후원, 궐내각사, 궐외각사 등으로 나뉜다. 내전은 왕과 왕비의 공식 활동과 일상적인 생활이 이루어지는 공간으로서 궁궐의 중앙부를 차지한다. 내전은 다시 왕이 기거하는 공간인 대전과 왕비의 공간인 중궁전으로 구성된다. 외전은 왕이 공식적으로 신하들을 만나 의식과 연회 등 행사를 치르는 공간이다. 외전의 중심은 정전正殿으로, 정전은 궁궐에서 가장 화려하고 권위가 있어 왕의 위엄을 드러내는 건물이다. 경복궁의 근정전, 창덕궁의 인정전, 창경궁의 명정전 등이 그것이다. 동궁은 다음 왕위 계승자인 세자의 활동 공간이다.

후원은 왕을 비롯한 궁궐 사람들의 휴식 공간이다. 후원에서는 과거 시험을 치르거나 군사훈련을 하고 종친들의 모임과 같은 집회를 열기도 하였다. 궐내각사는 궁궐 안에 설치된 관서들로 관리들의 활동 공간이다. 이에 비해 궐외각사는 궁궐 밖에 있는 관서들로 경복궁의 정문인 광화문 남쪽 좌우에 자리 잡고 있었다. 의정부·사헌부·한성부와 6개의 중앙관청인 육조 등이 있어서 흔히 '육조거리'라 불린다.

궁궐의 모든 주요 건물 앞에는 지표에서 높직이 올려 쌓은 평평한 대가 있는데, 이를 '월대月臺'라 한다. 월대는 궁궐에 품위와 권위를 부여해 준다. 세계적 도시 서울의 품위와 권위는 무엇보다도 조선왕조 5대 궁궐(경복궁 · 창덕궁 · 창경궁 · 경희궁 · 덕수궁)에서 나온다.

조선을 건국한 태조는 1394년에 한양으로 천도하면서 경복궁을 지었다. 그래서 경복궁은 조선 법궁法宮의 지위를 갖고 있다. 이후 '왕자의 난'을 일으켜 왕권을 차지한 태종이 창덕궁을 지었다. 태종은 '살인의 추억'이 생생한 경복궁을 피하고 싶었을 것이다. 곧, 창덕궁이 이궁離宮으로 지어졌다. 용어를 간단히 정리하면, 평소 왕이 상주하는 곳이 법궁이고, 비상시나 왕의 원에 의해 옮길 수 있는 예비 궁궐이 이궁이다. 이궁은 나라에 전쟁이나 재난이 일어나 공식 궁궐을 사용하지 못할 때를 대비하여 지은 궁궐이다. 그 외 왕이 임시로 잠시 머무는 행궁行宮이 있고, 왕이 즉위 이전에 살던 곳을 별궁別宮이라고 한다.

이후 태종은 창덕궁에 기거하며 정사를 보았고 경복궁은 외교 의전과 국가 의례 때 사용했다. 이에 따라 창덕궁이 이궁이 아닌 또 하나의 정궁이 되면서 양궐 시스템이 갖추어졌다. 경복궁은 임진왜란 때 크게 화를 입어 흥선대원군이 복원할 때까지 270여 년간 폐허로 남겨져 있었다.

태종의 뒤를 이어 즉위한 세종은 즉위하면서 상왕 태종을 모시기 위해 창덕궁 곁에 수강궁을 지었다. 그 후 성종 때 수강궁을 중건하고 이름을 창경궁이라 했다. 창경궁은 창덕궁의 모자란 주거 공간을 보충하기 위해 지어졌으며, 창덕궁과 담을 맞대고 있어서 둘을 합쳐 '동궐東闕'이라 불렀다. 창경궁의 정문 홍화문弘化門은 조화를 넓힌다는 뜻으로, 경복궁의 광화문, 창덕궁의 돈화문과 운을 맞추어 가운데 '화化' 자를 넣은 것이다. 창경궁의 정전인 명정전(국보 226호)은 임진왜란으로 소실되어 광해군 때(1616) 중건하였다. 이후 지금까지 그 모습 그대로 유지하고 있어 5대 궁궐의 정전 중 가장 오래된 건물이다. 명정전뿐 아니라 정문인 홍화문, 옥천교와 명정문, 왕비의 침전인 통명전(장희빈이 숙종에게 사약을 받아 죽은 곳) 등도 옛 모습 그대로여서 모두 국보나 보물로 지정되었다. 1762년 사도세자가 아버지 영조에 의해 뒤주에 갇혀 8일 만에 죽은 조선시대 최대 비극의 장소인 문정전, 한류의 원조인 드라마 〈대장금〉에서 중종을 치료한 활동 무대인 환경전도 창경궁에 있다.

원래 임금의 농사터인 내농포 자리를 연못으로 바꾼 춘당지와 식물원·동물원은 일제가 지은 것이다. 일제는 창경궁을 유원지로 만들고 이름도 창경원으로 바꾸었다. 해방 후 동물원은 과천으로 이전되고 식물원 자리는 남아 있다. 일제는 1912년 창경궁과 종묘로 이어지는 산줄기를 절단하고 도로를 내어 한양과 왕궁의 정기를 파괴했으며, 1922년에는 이곳에 벚나무 수천 그루를 심어 왜색화하였다. 1924년부터는 밤벚꽃놀이를 하여 1960년대까지 서울의 최고 유원지는 단연코 창경원이었다. 1983년 12월 31일 창경궁으로 회복되었다. 이곳의 벚나무는 여의도 윤중로로 옮겨 심어져 지금의 여의도 윤중로 벚꽃 축제가 가능해졌다.

경희궁은 광해군이 세운 별궁으로, 원래 이름은 경덕궁이었다. 이

괄의 난 때 창덕궁이 불타 인조가 한동안 경덕궁에서 정사를 보았으며, 창덕궁이 복원된 뒤에 경덕궁을 이궁으로 삼았다. 궁궐의 규모가 꽤 커서 동궐에 대해 '서궐西闕'이라 불렀으며, 여러 왕들이 여기에 머물렀다. 영조가 경덕궁을 '기쁨과 즐거움이 넘치는 곳'이란 뜻의 경희궁으로 바꾸었다. 경희궁 터와 관련하여 서자 출신인 광해군이 그 자리에 새로운 왕기가 있다는 주술사들의 말을 듣고 그 기운을 막고자 궁궐을 지었다는 이야기도 전한다. 경희궁에 '서암'이라는 거대한 바위가 있는데 이곳에 왕의 기운이 서려 있다고 한다. 1865년에 발행된《경복궁영건일기》를 보면, 고종 때 경복궁 중건을 위하여 경희궁의 전각들을 헐어 경복궁의 자재로 활용하였다 하니 비운의 궁이다. 경희궁에서 18년을 살다 승하한 영조가 창덕궁과 경희궁을 비교한 글이 유명하다.

창덕궁에는 금까마귀가 빛나고 昌德金烏光
경희궁에는 옥토끼가 밝도다. 慶熙玉兎明

금까마귀는 아시아의 여러 불교 설화에 나오는 까마귀의 왕이자 상서로운 새로서 해를 상징한다. 옥토끼는 달을 상징한다. 창덕궁에는 양의 기운이 강하고, 경희궁은 음의 기운이 두드러진다는 뜻 같다. 지금은 서울시립박물관이 자리 잡아 궁궐의 모습을 잃었다.

1867년 대원군이 경복궁을 복원하고 이듬해 고종이 경복궁으로 돌아옴으로써 서울엔 경복궁 · 창덕궁 · 창경궁 · 경희궁 4개의 궁궐이 있게 되었다. 마지막으로 덕수궁은 조선왕조의 몰락과 근현대사의 아픔을 함께한 궁궐이다.

1895년 명성황후 시해 사건 뒤 러시아공사관으로 피신해 있던 고종은 1년 뒤 경복궁이 아니라 예전에 선조가 머물렀던 경운궁을 법궁으로 삼아 옮겼다. 경운궁은 원래 월산대군(성종의 형)의 집이었는데, 선조가 임진왜란으로 궁궐이 모두 불타 기거할 곳이 없어 이곳을 임시 궁궐로 삼았고, 뒤에 광해군이 경운궁이라는 이름을 내렸다. 여러 열강의 압박을 받고 있던 고종은 임진왜란 때 큰 어려움을 겪었지만 이후에도 조선을 300년을 더 지속하게 한 선조를 본받으려 한 모양이다. 경운궁의 석어당은 선조가 승하한 장소이자 그의 아들 광해군이 계모이자 선조의 부인인 인목대비를 유폐한 곳이다. 그런데 인조반정 이후 광해군이 인목대비에게 문책당한 아이러니한 비극의 장소이다.

1897년 고종이 대한제국을 선포하고 석조전을 비롯한 많은 서양식 건물을 새로 지으면서 경운궁은 근대적 궁궐로서 황궁의 면모를 갖추었다. 그러나 헤이그 특사 사건을 빌미로 고종이 일제에 의해 강제 퇴위당하여 상왕으로 물러나고, 뒤를 이은 순종은 1907년 창덕궁으로 옮겨 갔다. 고종황제가 머문 경운궁은 고종의 장수를 기원한다는 의미에서 '덕수궁'이라 불리게 되었다. 이리하여 덕수궁까지 서울에 5대 궁궐이 자리 잡게 되었다.[64]

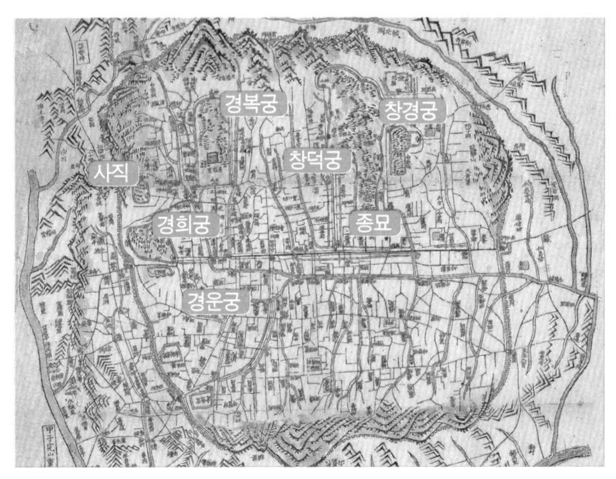

64 한양 도성에 둘러싸인 5대 궁궐과 종묘, 사직.

덕수궁의 정문은 인화문인데 지금은 없어졌고 대한문이 정문 역할을 하고 있다. 원래는 크게 편안하다는 뜻의 대안문大安門이었는데, 한양이 크게 창대해지라는 뜻의 대한문이 되었다. 덕수궁은 서양식 건물(석조전, 중명전 등)과 한국 전통 건물(중화전, 준명당, 석어당 등)이 혼합되어 있어 당시의 혼란한 시대상을 반영하고 있다.

준명당浚明堂의 한자를 보면 '날 일日' 변의 '밝을 명明' 자가 아니라 '눈 목目' 변의 '밝게 볼 명眀' 자를 사용하였다. '명明' 자가 일본을 의미하기에 피한 것으로 그만큼 고종의 자주독립 정신이 대단했음을 알 수 있다. 준명당은 고종의 침전이었으나 환갑에 낳은 덕혜옹주를 위한 유치원으로 용도 변경되었다. 덕혜옹주에 대한 고종의 사랑

65 서울대 박물관에 보관 중인 고종과 그 아들 순종, 덕혜옹주의 귀한 황가 사진이다.

을 읽을 수 있는 대목이다. 고종은 덕혜옹주가 8세 되던 해인 1919년에 66세의 나이로 사망했는데, 갑작스러운 죽음으로 인해 일제에 의해 독살되었다는 설이 강하게 제기되었고, 그것이 3·1운동의 도화선이 되었다. 덕혜옹주는 일본으로 끌려가 정략결혼을 당하는 등 힘들게 살다가 정신병까지 얻게 되었다. 그 비극적 삶이 조선왕조의 마지막 모습을 보여 주는 듯하여 안타깝기 그지없다.

덕수궁 중명전은 을사늑약이 맺어진 장소이다. 이토 히로부미의 회유와 협박에도 고종이 거절하자, 을사오적이 이곳에서 옥새가 아닌 외무대신 박제순의 개인 도장을 찍었다. 일제는 1931년 덕수궁 석조전을 미술관으로 개조하여 일본 미술품을 전시하였고 분수대를 설치하여 정원 모습을 서양식으로 바꾸어 놓았다. 원래는 한국 전통의 네모난 연못에 장수를 상징하는 거북이 있었는데, 일제가 궁궐을 희화화하기 위해 한국 정원과 어울리지 않는 분수와 물개를 배치하였다. 정관헌靜觀軒은 '조용히 관조하는 집'이라는 뜻으로, 고종은 이곳에서 외교관을 맞이하기도 하고 커피를 즐기기도 했다. 서구 강국들이 식민지 풍토에 맞게 적용했던 콜로니얼 양식의 건축물이다.

1킬로미터에 달하는 덕수궁 돌담길을 연인이 같이 걸으면 헤어진다는 널리 알려진 속설이 있다. 이는 덕수궁 옆 현재 서울시립미술관 건물이 과거 가정법원이어서 이혼 도장을 찍고 나오는 부부들이 많이 걸어 내려왔기 때문이라고 한다.

조선의 법궁,
경복궁

조선은 태조 4년(1395) 9월 29일에 법궁인 경복궁을 한양에 준공하였다. 큰 복을 뜻하는 '경복景福'은 《시경》 〈대아〉편의 시구에서 따온 것으로 정도전이 고른 말이다. 중국 베이징의 자금성과 비교하자면, 자금성이 완공된 것은 1420년이니 경복궁이 시기적으로 훨씬 앞섰다. 경복궁은 어디에서 보아도 북악산과 인왕산을 바라볼 수 있는 자연과의 어울림이 자랑이다.

궁궐의 전체적인 배치는 《주례고공기》의 궁제宮制에 따랐다. 황궁은 5문 3조이고, 왕궁은 3문 3조로 한다는 것이 당시 동아시아의 국제적 관례였다. 곧, 정문에서 정전에 이르기까지 황궁은 5개, 왕궁은 3개의 문을 거치게 되어 있었다. 경복궁의 정문인 광화문을 들어서면 홍례문이 나오고, 박석이 깔린 마당을 지나면 근정문이 있다. 서쪽에서 동쪽으로 금천이 흐르고, 금천 위에는 사악한 기운이 들어오지 못하도록 금천교인 영제교를 놓았다.

태종은 경복궁으로 거처를 옮기지 않았으나, 세종은 자주 경복궁에 들러 궁을 수리하였다. 세종은 3문의 이름을 《서경》 〈요전〉 편의 '군주의 덕인 빛은 사방으로 퍼진다'는 의미의 광화문, '예를 널리 펼친다'는 뜻의 홍례문, '나랏일을 열심히 한다'는 뜻의 근정문이라 짓고, 세종 9년(1427) 마침내 경복궁에 완전히 자리를 잡는다.

임진왜란 때 왜군을 따라 전쟁에 참여한 석시탁釋是琢이란 왜승이 《조선일기》에 경복궁을 직접 본 느낌을 다음과 같이 기록하였다.

> 북산 아래 남향하여 경복궁이 있는데 돌을 깎아서 사방 벽을 둘렀다. 누가 곳곳에 있고 열 발자국마다 각이 있으며 행랑을 둘렀는데 처마가 높다. 전각에는 붉은 섬돌로 도랑을 냈는데 그 도랑은 서쪽에서 동쪽으로 흐른다. 정면에는 돌다리가 있는데 연꽃무늬를 새긴 돌난간으로 꾸며져 있다.
>
> 교각 좌우에는 돌사자 네 마리가 다리를 지키고 있다. 돌로 된

기둥 아래, 위에 용을 조각하였다. 서까래마다 1개씩 풍경이 달렸다. 채색한 들보와 붉은 발에는 금과 은을 돌렸고 구슬이 주렁주렁 달렸다. 천장 사방 벽에는 다섯 색과 여덟 빛으로 기린, 봉황, 공작, 난, 학, 용, 호랑이 등이 그려져 있다. 계단 한가운데에는 봉황을 새긴 돌이, 그 좌우에는 학을 새긴 돌이 깔려 있다. 여기가 용의 세계인지 신선이 사는 선계인지 보통 사람의 눈으로는 분간할 수 없을 정도이다.

경복궁의 아름다운 모습에 놀라움과 탄성을 지른 것이다.[3]

위 글에서 석시탁이 교각을 지키는 사자라고 한 것은, 홍례문과 근정문 사이의 영제교에 조각된 전설 속의 신령스런 짐승 천록天鹿 66 이다. 천록 네 마리가 각기 다른 표정으로 조각되어 있는데, 그중 한 마리는 혀를 낼름 내밀고 있어서 '메롱 천록'이라고 불리기도 한다. 많은 사람들이 놓치고 그냥 지나친다.

66 경복궁 영제교의 '메롱 천록'.

경복궁에는 정문이자 남문인 광화문 외에도 동문인 건춘문, 서문인 영추문, 북문인 신무문이 있다. 3문 3조에서 3

조는 외조, 치조, 연조이다. 외조는 외국 사신을 맞이하고 문무백관이 조회하는 근정전 권역으로, 민가로 치면 선교장의 열화당 같은 사랑채이다. 치조는 정무를 보는 사정전 권역으로, 여기에는 만춘전 · 천추전 등이 있는데 이 건물들을 '편전便殿'이라고 한다. 경복궁에 살았던 조선의 왕들이 하루의 대부분을 보낸 곳이 바로 사정전이다. 왕의 하루 일과는 업무의 연속이었고, 주로 근정전에서 치르는 의식과 행사를 제외한 거의 모든 일상적인 업무가 편전인 사정전에서 이루어졌다.[4] 연조는 민가로 치면 안채이다. 왕의 침전인 강녕전, 왕비의 침소인 교태전, 그리고 대왕대비를 위한 자경전이 있다.

근정전 월대에는 사방으로 돌계단이 나 있고 그 난간 기둥 머리에는 모두 세 종류의 석상이 배치되어 있다. 하나는 사방을 지키는 청룡, 백호, 주작, 현무의 사신상이다. 또 하나는 방향과 시간을 상징하는 십이지상이며, 나머지 하나는 상상 속의 상서로운 동물인 서수상이다. 사신상의 공간 관념과 십이지상의 시간 관념이 이 공간의 치세의 의미를 강조해 준다. 그리고 이 돌조각들이 있어서 기하학적 선과 면으로 구성된 차가운 월대에 생기가 돈다.

근정전 월대 바닥에 깐 박석은 잘 깨지지 않고 표면이 적당히 우툴두툴해 미끄러짐을 방지하며, 햇빛을 반사하여 땡볕에도 눈부심이 없다. 원래 전통적인 박석은 근정전 앞에만 깔려 있었고, 다른 궁궐은 추후에 시공된 것이다. 박석의 주산지는 강화도 앞 석모도 인근이다. 근정전 앞에는 관리들의 품계를 새긴 품계석이 세워져 있

왼쪽 67 북악산을 배경으로 근정전 앞 월대 바닥의 박석과 품계석. 오른쪽 68 근정전 내부. 왼쪽에 일월오봉도와 천장 중앙에 칠조룡이 임금의 권위를 상징한다.

고,67 근정전 앞 답도(계단)에는 봉황이 새겨져 있다. 봉은 수컷, 황은 암컷을 이른다. 태평성대에만 나타난다는 임금의 권위를 상징하는 새이다. 품계석은 정조 때 경복궁보다 먼저 창덕궁에 처음 세워졌다. 근정전 내부68를 보면, 왼쪽 어좌 뒤에는 음양오행을 상징하는 일월오봉도 병풍을 두고, 천장 중앙에 발톱이 7개인 칠조룡 한 쌍을 달아서 권위 있게 장식했다.

경복궁의 안채에 해당하는 강녕전은 향오문69을 통해 들어간다. 옛사람들의 행복을 상징하는 오복, 곧 수壽(장수)·부富(부유함)·강녕康寧(무병무사함)·유호덕攸好德(덕을 좋아함)·고종명考終命(천수를 누리다 편안히 임종함)의 다섯 가지 복을 기원하는 의미다. 왕비의 처

왼쪽 69 향오문. 왕의 처소인 강녕전으로 들어가는 문이다. 오른쪽 70 양의문. 왕비의 처소인 교태전으로 들어가는 문이다.

소인 교태전에 들어가는 양의문70은 왕과 왕비(음양)의 조화를 기원하는 의미를 담고 있으며 접이식 문이다. 국가의 국운 상승, 왕가의 무병장수와 풍요다산을 바라는 지혜로운 문 이름이다.

교태전의 백미는 뒤뜰 정원인 아미산이다. 아름다운 꽃과 상서로운 무늬의 굴뚝이 주변의 풍광과 어울려 가히 환상적인 공간을 만들고 있다. 아미산 화계花階(꽃계단)는 경회루 연못을 만들면서 파낸 흙을 모아 축조한 네 개의 계단으로 이루어져 있다. 화계는 우리나라 정원의 가장 큰 미적 특징이다. 창덕궁 대조전의 화계, 낙선재의 화계 등 화계 자체가 조경의 핵심이 되는 곳이 많다. 이는 우리나라 집이 대개 산자락을 등지고 위치하기 때문이다. 건물 뒤쪽 비탈을 화계로 만들어 산사태도 막고 꽃밭을 가꿀 수 있게 하면서 자연스럽게 발전한 것이다. 비탈을 계단식으로 쌓으면서 뒷공간을 넓게 열어 놓는 효과도 거두었다.

교태전의 화계는 밝고 화사한 꽃 담장으로 둘러쳐져 있고, 세 번째 단에 아름다운 4개의 굴뚝이 줄지어 있어 미학적 공간이 되었다. 경복궁 자체가 국가 사적임에도 이 굴뚝들을 보물 제811호로 별도 지정한 것도 이 때문이다. 현재 서 있는 4개의 굴뚝에는 덩굴무늬, 학, 박쥐, 봉황, 소나무, 매화, 국화, 불로초, 바위, 새, 사슴이 새겨져 있다.

교태전의 화계와 함께 눈여겨봐야 할 것이 우리나라 꽃담의 진수로 꼽히는 경복궁 자경전 서쪽 꽃담[71]이다. 담은 울타리를 치는 것에서 비롯되어 발전하였다. 울타리는 사람이 사는 집 둘레에 둘러친 것으로 집에서 중요한 역할을 하였다. 원래 '울'은 우주를 의미하여, '한 울' 하면 '큰 울', 즉 끝없는 무한대의 우주를 가리켰다. 한국의 담은 위험으로부터 자신이나 가족을 보호할 목적보다는 조형적인 목적이 더 컸기 때문에 위협적으로 높게 쌓지 않고 아름답게 장식을 하였다. 우리나라 꽃담은 하나의 경계나 단절이 아니다. 자유로운 마음으로 다양한 재료를 이용하여 친숙하고 정감 어린 자연의 일부로 만들었다. 인간세계와 자연을 담으로 단절시키지 않고 담을 넘나들며 끊임없이 교감하며 아름다운 질서를 찾으려는 의도를 담에 표현한 것이다.

자경전 꽃담의 윗부분은 기와로 마무리하였다. 담장에는 만萬, 수

71 자경전 서쪽 꽃담.

壽, 복福, 강康, 녕寧 등의 글자와 함께 귀신을 쫓는다는 의미로 가운데 액자 그림처럼 꽃무늬를 담아냈다. 그 외벽에는 사군자, 모란, 연꽃, 태극무늬, 석쇠(귀갑)무늬, 문자무늬 등 각종 무늬가 장식되어 있다. 72 최순우는 《나는 내 것이 아름답다》에서 경복궁의 담장을 보고 이렇게 말했다.

> 동산이 담을 넘어와 후원이 되고 후원이 담을 넘어 번져 나가면 산이 되고 만다. 담장은 자연이 생긴 대로 쉬엄쉬엄 언덕을 넘어가고 담장 안의 나무들은 담 너머로 먼 산을 바라본다. 담장은

72 자경전 외벽 담장. 사군자, 모란, 연꽃 등 각종 무늬가 장식되어 있다.

자연과 후원을 천연스럽게 경계짓는 것이며 이러한 담장의 표정에는 한국의 독특한 아름다움이 스며 있다.

담장이 자연인지 자연이 담장인지 구별되지 않는 자연미가 한국 담장의 독특한 아름다움이라는 것이다.[5] 자경전은 꽃담과 함께 십장생(해, 산, 물, 돌, 구름, 학, 소나무, 사슴, 거북, 불로초) 굴뚝으로 유명하다. 효명세자의 부인이자 헌종의 어머니인 신정왕후가 대원군의 둘째 아들을 임금(고종)으로 선정해 준 데 대한 보답으로 대원군이 경복궁을 복원할 때 화려하게 지어 준 것으로 알려져 있다. 대원군은 왕실의 권위를 다시 살리고자 연인원 565만 명을 동원하여 41개월 동안 공사하여 경복궁을 중건하였다.

근정전 옆으로 나가면 경회루가 나온다.[73][74] 경회루는 왕이 외국 사신이나 신하들과 연회를 베풀던 곳이다. 경회루는 경복궁 건축의 꽃이다. 연못의 크기는 남북 113미터, 동서 128미터이다. 연못은 북악산에서 흘러들어 온 물이 연못 전체를 돌아 나감으로써 항상 맑은 상태를 유지하는 자연순환 시스템을 갖추고 있다. 2층 누각은 남북 33미터, 동서 29미터이다.

고종 때 재건된 경회루는 당시의 유가 세계관을 반영하여 건설하였다. 1층 내부 기둥을 원기둥, 외부 기둥을 사각기둥으로 한 것은 천원지방天圓地方 사상을 나타낸 것이다. 세 겹으로 구성된 2층의 가장 안쪽에 자리한 공간은 3칸으로 이루어져 천지인 삼재를 상징한다. 이 3칸을 둘러싼 여덟 기둥은 천지만물이 생성되는 기본인《주역》의 팔괘를 상징한다. 제일 안쪽 칸을 둘러싼 다음 겹 12칸은 1년 열두 달을, 매 칸마다 네 짝씩 16칸이 달린 64개의 문짝은 64괘를, 가장 바깥을 둘러싼 24칸은 1년 24절기와 24방위를 상징한다.

아름답고 거대한 규모의 건물을 연못 한가운데 인공으로 조성한 섬에 세웠으면서도 그 기초를 견고히 하여 건물이 잘 견딜 수 있도록 하였다. 거대한 건물을 간결한 구조로 처리하면서도 왕실의 연회 장소로 합당하게 잘 치장하였다. 그리고 2층 누에서 인왕산, 북악산, 남산 등 주변 경관을 한눈에 바라볼 수 있도록 한 점 등은 높이

경복궁 경회루 위 73 경회루 원경. 아래 74 경회루 근경.

평가할 만하다.[6]

경복궁에는 경회루 외에 또 하나의 연못과 누각이 있다. 경복궁 북쪽 연못 향원지와 그 가운데 둥근 섬 위에 지은 육각형의 우아한 정자 향원정75이 그것이다. 대원군이 경복궁을 중건하면서 건청궁을 짓고 그 앞에 연못을 파고 정자를 지어 건청궁의 정원으로 만든 것이다. 건청궁은 고종황제와 명성황후가 기거하던 살림 공간이다.

향원정은 창덕궁 부용정과 함께 우리나라에서 가장 아름다운 정자로 꼽힌다. 경회루가 근정전과 짝을 이루는 공적인 연회 공간이라면, 향원정은 왕과 왕비의 사적 휴식 공간이다. 그래서 향원정은

75 향원정과 취향교. 물에 비친 취향교와 향원정의 모습이 아름답다.

76 건천궁. 을미사변 때 명성황후가 시해당한 비극의 장소이다.

편안하고 여성스러우며 예쁘다. 아래층은 온돌, 위층은 마루로 이루어져 있으며, 나무로 만든 취향교와 연결되어 있다.

경복궁 가장 안쪽에 자리 잡은 건천궁76은 을미사변 때 명성황후가 시해당한 곳이다. 건청궁 내 곤령합이 그 비극의 장소이다. 건청궁은 우리나라에서 전기가 처음 들어온 곳으로도 유명하다.

경복궁의 후원은 북쪽에 있는 주산 백악산 아래까지 이르는 넓은 터에 조성되었다. 태조 때 연못을 파고 노루와 사슴을 기르기 시작하여 자연의 숲과 바위, 냇물, 샘을 그대로 살리고 누각을 지어 후원을 조성하였다. 후원의 백악산 아래에는 '천하제일복지天下第一福地'

라고 새겨진 바위가 있고 서쪽에 오운각과 벽화당이, 동쪽으로 수십 단의 계단을 딛고 올라선 옥련정이 있다.

경복궁의 전체 면적은 14만 평이다. 경복궁에는 약 100여 종의 나무가 자라고 있다. 봄이면 살구, 매화, 앵두, 자두꽃이 만발하고, 여름에는 신록이 우거지고, 가을에는 단풍이 아름다우며, 겨울에는 눈꽃이 핀다. 일제는 1915년 경복궁에서 조선물산공진회를 열어 정전, 편전, 침전을 제외한 모든 건물을 헐어 내고 출처불명의 불상, 탑과 석등 등을 여러 절에서 갖다 놓았다. 그럼으로써 호국불교를 파괴하고 조선왕조의 상징인 경복궁을 모욕하는 이중의 효과를 본 것이다. 그리고 죽은 사람의 무덤에나 심는 잔디를 심어 놓았다.

1927년에는 일본을 상징하는 글자인 '날 일日' 자 모양의 총독부 건물을 근정전 앞에 세운다. 이 과정에서 광화문은 헐려 동북쪽 담장으로 이전되었다. 사실 일제는 조선총독부 청사가 완공되면 그 앞에 있는 광화문을 없애 버리려 하였다. 야나기 무네요시는 1922년 9월호 《개조》에 〈사라지려 하는 한 조선 건축을 위해서〉라는 글을 기고했다.

> 광화문이여, 너의 목숨이 경각에 달려 있다. … 우방을 위해서, 예술을 위해서, 역사를 위해서, 도시를 위해서, 특히 그 민족을 위해서 저 경복궁을 건져 일으키라. 그것이 우리의 우의가 해야 할 정당한 행위가 아니겠는가.

이 글은 커다란 반향을 일으켰고, 그 덕분에 헐려 없어질 뻔한 광화문은 겨우 목숨을 부지하게 되었다. 일제의 경복궁 파괴는 조선 왕조 500년의 부정인 동시에 크게는 민족사 전체를 파괴하여 영원히 식민지화하려는 것이었다.

조선총독부 건물은 1986년부터 국립중앙박물관으로 사용되다가, 1995년 문민정부에 의해 광복 50주년을 기념하여 철거되었다. 경복궁 복원 사업은 1991년 시작되어 현재 2차 복원 사업(2011~2045)이 진행 중이다. 여기서 한 가지, 경복궁 안에 현대식 건물인 국립고궁박물관을 새로 지은 것은 궁궐 복원과 배치되는 것은 아닌지, 우리 손으로 궁궐을 훼손하는 것은 아닌지 생각해 볼 필요가 있다.

가장 한국적인 궁궐, 창덕궁

태조 이성계가 조선을 건국하고 수도를 한양으로 옮기기로 하고 경복궁을 창건하였지만, 2대 정종은 다시 개성으로 환도하였다. 3대 태종 때 수도를 한양으로 다시 옮길 준비를 하면서 경복궁 동쪽에 별도의 궁궐을 조성하였다. 태종 4년(1404), 궁궐 조성을 시작하여 다음 해 정전을 건립하고 궁의 이름을 '창덕궁'이라 하였다. 초기의 창덕궁이 외전 74칸, 내전 118칸이라는 기록을 보면 지금의 창덕궁 규모보다 작았던 것으로 보인다. 태종 11년에 진선문과 금천교가 세워지고, 이듬해에 궁의 정문인 돈화문이 건립되었다.[7]

서울 한가운데 자리한 창덕궁은 중국의 자금성이나 프랑스의 베르사유궁전에 비하면 규모도 작고 화려하지도 않다. 거대하고 복잡한 외국 궁전을 거닐다 보면 위압감에 마음이 위축되는데, 자연과의 조화를 추구한 창덕궁은 누구나 편안한 마음으로 둘러볼 수 있다. 한국적 자연미와 한국 사람의 예술적 인공미가 적절하게 조화를 이루고 있기 때문이다.[8]

주변 배치를 보면 창덕궁의 동쪽에는 창경궁이 있고, 북쪽으로는 창덕궁과 창경궁이 공동으로 사용한 후원이 있다. 남동쪽으로는 왕실에서 중요시했던 종묘가 있으며, 서쪽으로는 정궁인 경복궁이 있어, 궁궐의 위치로는 더할 수 없이 좋은 곳임을 알 수 있다. 지금은 젊은이의 거리인 대학로, 오래된 종로가 주변을 둘러싸고 있다.

조선 후기에 그려진 〈동궐도〉(국보 제249호)를 보면 자연 지형을 잘 활용한 가장 한국적인 궁궐이 창덕궁이라는 생각이 절로 든다. 창덕궁은 중국의 예를 따른 경복궁처럼 건물들이 남북의 한 방향으로 놓여 있는 것이 아니라, 여러 개의 축을 따라 전각들이 횡으로 배열되어 있다. 이후에 지어진 경희궁이나 덕수궁도 횡으로 배열되어 있어서, 창덕궁을 한국 궁궐의 전형으로 본다.

창덕궁의 첫 번째 축은 궁궐의 정문인 돈화문이 놓인 방향으로, 진선문과 숙장문肅章門 등이 이를 따른다. 동향이라고 할 수 있다.

해 뜨는 동쪽의 따뜻함과 성장하는 나무를 상징하는 것으로 조선의 국운 상승을 도모하는 것 같다. 창덕궁의 정문으로 태종 12년 창건된 돈화문의 '돈화'는 《중용》의 '대덕돈화大德敦化'에서 취한 것으로, 큰 덕을 두텁게 한다는 뜻이다.

두 번째 축은 왕을 중심으로 한 방향으로, 정전인 인정전과 편전인 선정전이 놓여 있다. 왕이 일상적인 집무를 처리하는 공간인 편전과 의식적인 행사를 수행하는 공간인 정전은 궁궐에서 가장 중요한 건물이다. '왕은 얼굴을 남쪽으로 향한다'(人君南面)는 원칙대로 인정전 역시 남쪽으로 바르게 놓여 있다. 남쪽은 풍수에서 가장 기본적이고 선호되는 방향으로, 일반인도 삼대가 덕을 쌓아야 남향집을 가질 수 있다고 한다.

세 번째 축으로 왕의 공간인 아름다운 희정당과 왕비의 침전인 대조전 등은 인정전보다 조금 서쪽을 바라보고 있다. 서향은 여름에 강한 햇볕이 들어오는 것을 피하고, 겨울에는 오후 햇볕으로 덥혀져 추운 한옥집에서 난방에 도움이 된다.

궁궐에는 반드시 '금천禁川'이라는 냇물이 흐르고, 정문에서 궁궐로 들어가려면 금천교를 통과해야 한다. 창덕궁의 금천교는 태종 11년(1411)에 만들어진 원형 그대로여서 더욱 의미가 있다. 경복궁에는 홍례문과 근정문 사이를 가로지르는 인공적인 물길을 만들었지만, 창덕궁의 금천은 매봉에서 돈화문 쪽으로 흘러내리는 자연 계류이다. 다른 궁에서는 정문에서 들어오는 주 방향으로 금천교가 설치되는데, 창덕궁에서는 직각으로 꺾인 금천교를 지나면 진선문이 나온다. 진선문을 들어서면 맞은편 동쪽에 숙장문, 숙장문을 지나면 인정문이 있다. 인정문은 궁궐의 중심 건물인 인정전의 출입문으로, 다른 궁궐과 마찬가지로 인정문도 입구가 세 개이다. 동쪽 문은 문관, 서쪽 문은 무관이 드나드는 문이며, 가운데는 왕이 드나드는 어문이다. 남쪽으로는 긴 행랑이 둘러싸고 있는 넓은 마당이 펼쳐져 있다.

지금 인정문과 인정전의 용마루에는 구리로 된 꽃 문양이 각각 세 개, 다섯 개씩 박혀 있다. 우리 옛 건물 어디에도 용마루에 이런 식의 문양을 단 것이 없다. 이것은 대한제국 당시 황실의 문장처럼 사용한 오얏꽃(李花)이다. 1907년 일본의 압력으로 고종이 강제퇴위당하고 순종이 러시아공사관에서 가까운 덕수궁에서 창덕궁으로 옮겨오면서 생긴 것이다. 조선을 일본과 대등한 자주국가가 아니라 일본 천황 아래의 제후 가문과 같은 존재로 격하시키기 위한 의도였다는 설이 있다.

인정전(국보 제225호)은 신하들의 하례식이나 외국 사신 접견 등 국가의 공식 행사가 열린 장소로, 창덕궁에서 가장 격이 높은 건물이다. 마곡사의 대웅보전, 화엄사 각황전, 법주사 대웅전, 무량사 극락전처럼 겉에서 보기에는 2층이지만 내부는 통층이고 단을 만들어 그 위에 왕이 앉는 용상을 놓았다. 용상 뒤에는 일월오봉도를 그린 병풍이 있다. 글자 그대로 해와 달 그리고 다섯 개의 봉우리가 그려진 일월오봉도는, 왕과 왕비(해와 달) 그리고 우리나라 5대 명산인 백두산 · 금강산 · 묘향산 · 지리산 · 삼각산을 의미한다. 물론 다섯의 의미는 동서남북중, 곧 공간적으로 전체를 뜻한다. 인정전 천장에는 목각으로 만든 두 마리의 봉황새가 날고 있다.

인정전 동쪽에는 선정전77이 있다. 선정전은 왕의 공식 집무실인 편전으로, 이곳에서 왕과 신하들이 수시로 만나 나랏일을 의논했다. 선정전은 창덕궁에서 유일하게 지붕이 청색 기와(청와靑瓦)이다. 청색 기와가 무척 비싸서 왕의 편전인 선정전만 덮은 것이다. 파란 기와가 아름다운 선정전은 임금이 대신들과 정무를 논한 곳이기도 하지만 유교 경전을 공부하는 경연이 열린 장소이기도 하다. 태조가 경연청을 설치한 이래 역대 왕들은 반드시 경연에 참여해야 했다. 경연은 매일 이루어진 국정 세미나이자 조선왕조 500년을 이끌어 나간 힘이었다. 임금이 마음대로 국정을 운영하지 못하도록, 신하들과 치열한 토론을 통하여 나라를 이끌게 하려고 마련한 장치다.

선정전이 상징적으로 창덕궁의 최고 건물이고 대표라 한다면, 희정당78은 실제적으로 중심이 되는 건물이다. 희정당에서 왕과 주요 인물들이 만나 깊은 이야기를 나누는 등 국가의 중요한 결정이 이곳에서 이루어졌다. 선정전 동쪽, 대조전의 남쪽에 위치한다. 희정당은 후에 일본인들이 서양식으로 변경하였는데, 벽에는 조선의 마지막 왕 순종이 직접 지시하여 해강 김규진이 1920년경에 그린 〈총석정절경도〉와 〈금강산만물초승경도〉 두 점이 걸려 있었다. 우리 민족의

위 77 선정전. 창덕궁 건물 중에서 유일하게 파란 기와로 지붕을 덮었다. 아래 78 희정당. 순종이 자동차를 타고 진입할 수 있도록 한식 캐노피를 설치하였다.

기상을 잘 표현한 작품이다. 희정당 건물 앞 한식 캐노피canopy(지붕 덮개)는 순종이 자동차를 타고 들어올 때 사용하기 위해 설치한 것이다.

희정당 뒤편으로 돌아 들어가면 대조전이 있다. 내전의 정전인 대조전은 왕과 왕비의 침전으로 인정전, 선정전과 위상이 같다. 국가의 기틀을 이어 나가는 세자를 큰 그릇으로 만들어야 국리민복의 안녕을 누릴 수 있다는 뜻에서 '대조전大造殿'이라 명명하였다. 대조전은 용마루가 없다. 이런 건축양식을 '무량각無樑閣'이라고 하는데, 임금이 머무는 대조전에 용마루가 없는 것은 임금이 곧 용이기 때문이다.

낙선재는 창덕궁과 창경궁의 경계에 있다. 처음에는 국상을 당한 왕비와 후궁들의 거처로 세워진 것으로 전해진다. 순종의 후궁인 윤비가 이곳에서 여생을 보냈다. 대한제국의 마지막 황태자 이은(영친왕)의 부인이자 일본 황족인 이방자 여사(나시모토 마사코)가 이곳에서 생활하다가 1989년에 별세한 후 일반에 공개되고 있다. 궁궐 건축 방식으로 지어진 낙선재는 훌륭한 건축술을 보여 주며 보존 상태가 좋아 가치가 높다. 특히 창살이나 방문, 창문 어느 하나 똑같지 않게 디자인한 것이 아름답다.

창덕궁은 '일정한 시간에 걸쳐 혹은 한 문화권 내에서 건축, 조각, 정원 및 조경 디자인, 관련 예술, 또는 인간 정주 등의 결과로서 일어난 발전에 상당한 영향력을 행사한 것'이라는 평가 기준에 따라 1997년 유네스코 세계유산으로 지정되었다. 창덕궁이 '동아시아 궁궐 건축 및 정원 디자인의 뛰어난 원형으로 자연환경과 조화를 이룬 형식의 탁월함을 가지고 있다'고 인정되었기 때문이다. 창덕궁의 후원은 한국 정원을 다룬 이 책 5장에서 자세히 살펴보겠다316쪽 참조.

고요한 절제미, 종묘

종묘의 의의

정신없이 번잡하고 모든 게 빨리 돌아가는 시대에 종묘가 있다는 것은 우리 모두에게 축복이다. 서울 한복판에 죽은 자를 위한 비움의 공간이 장엄하고 아름답게 산 자를 위로하고 있으니 말이다.

옛날에 한 국가에서 도읍지가 정해지면 가장 서둘러 세워야 할 세 가지가 있었다. 왕궁, 종묘 그리고 성곽이 그것이다. 종묘는 조상을 받들고 효孝와 경敬을 숭상하는 곳이다. 궁궐은 존엄을 보이고 법령을 반포하는 곳이요, 성곽은 안팎을 엄하게 하고 나라를 견고하게 하는 것이니, 이들을 가장 먼저 건설해야 한다. 옛날에 도시都市를 도성都城이라고 한 것도 성곽의 방어적 기능이 중요했기 때문이다. 지금은 시장이 그 기능을 대신하게 되어 '도시'라 한다.

우리나라는 이미 삼국시대에 종묘 제도가 있었던 것으로 보이며, 고려시대의 종묘 제도는 《고려사》를 통하여 어느 정도 알 수 있다.

조선시대의 종묘는 관련 문헌과 현존하는 건물을 통하여 비교적 소상하게 알 수 있다.[9] 유교에서는 종묘와 사직(토지신과 곡식신)에서 제사를 지내는 것이 제일 크고 중요한 일이었기 때문에, 종묘와 사직은 유교 이념이 지배하는 나라에서는 반드시 세웠다. 이 둘은 국가나 조정 그 자체를 의미할 정도로 큰 비중을 차지하였다.

조선의 역대 왕과 왕비들의 혼을 모신 사당인 종묘는, 석굴암과 더불어 우리나라 최초로 1995년 유네스코 세계문화유산에 등재된 한국을 대표하는 문화유산이다. 궁궐이 살아 있는 자의 공간이라면, 종묘는 죽음의 공간이자 영혼을 위한 공간이다. 일종의 신전이다.

유교에서는 인간이 죽으면 혼과 백으로 분리되어, 혼은 하늘로 올라가고 백은 땅으로 돌아간다(혼비백산魂飛魄散)고 생각하였다. 그래서 무덤을 만들어 백을 모시고 사당을 지어 혼을 섬겼다. 후손들은 사당에 신주를 모시고 제례를 올리며 자신의 정통성과 근본을 확인하고 가문과 개인 삶의 버팀목으로 삼았다.

유교 경전인 《주례》의 〈고공기〉에는 "도읍의 왼쪽에 종묘, 오른쪽에 사직을 세우라"고 했다. 이를 '좌묘우사左廟右社'라 한다. 사직단은 태조가 개성에서 한양으로 천도하고 나서 종묘와 함께 가장 먼저 만든 도성 시설물로, 태조 4년(1395) 정월에 공사를 시작하여 4월에 완성되었다. 사직단은 한양 도성 서쪽의 우백호에 해당하는 인왕산의 한 줄기가 내려온 지형과 조화되도록 조성되었다.[79] 그래서 정확하게 남북을 향하지 않고 약간 동남쪽으로 틀어져 있다. 이러

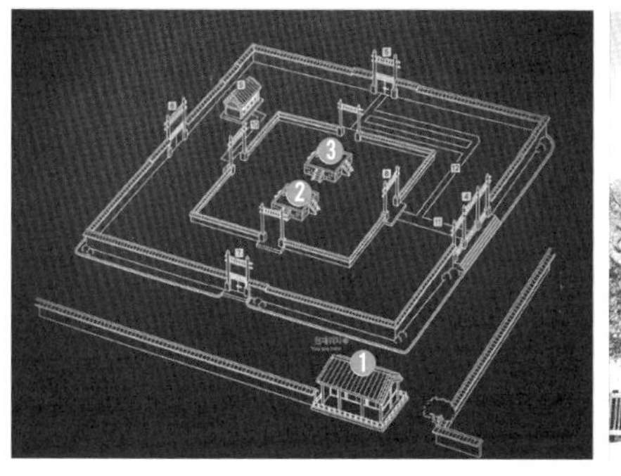

왼쪽 79 사직단 안내판. 1번이 사직단 대문이고 가운데 2번이 사단, 3번이 직단이다.
오른쪽 80 사직단 정문.

한 배치는 엄격하게 남북 방위를 지키며 조성되는 중국의 사직단과 차이를 보인다.

태종 14년(1414) 4월에 단 주위에 담을 둘렀으며, 담 안에 신실神室과 신문神門을 세웠다. 사직단을 관장하는 사직서는 세종 때 담장 밖 북쪽에 설치하였다. 사직단의 제향인 사직제를 매년 중춘(2월)·중추(8월)·납일(음력 12월)에 세 차례 거행하였으며, 이외에도 가뭄 때 기우제를 행하는 등 각종 제사를 지냈다. 현재 사직단 정문인 신문80은 임진왜란 뒤 재건된 것이다. 경복궁에서 독립문 방향으로 10분 정도 걸어가면 나온다. 내부는 사직제 행사 때만 개방된다.

경복궁이 왕권의 직접적인 통치 수단이라면, 종묘는 왕조에 정통성을 부여하는 은유적인 상징이다. 태조는 개국과 더불어 전 왕조의 국호 고려를 그대로 계승하면서도 종묘·사직만큼은 새롭게 할 것을 명하였다. 개경에는 길지가 없다고 하여 고려왕조의 종묘를 헐고 그 자리에 종묘를 짓기로 하였으나, 태조 3년(1394) 10월 한양 천도를 단행하게 되어 새 도읍지 한양에 종묘를 건립하게 되었다.[10]

1395년 9월 종묘 공사가 완료되자, 태조는 10월에 4대조 이하 선조들의 신주를 개성에서 옮겨 와 봉안했다. 이것이 조선왕조 종묘의 시작으로, 경복궁보다 먼저 완공되었다. 새 도읍지에 가장 먼저 선 기념비적 건축인 것이다. 임진왜란 이후에도 다른 궁궐보다 먼저 종묘를 복원하였다. '궁궐은 없어도 종묘는 보존돼야 나라를 지킬 수 있다'는 믿음이었다.[11]

선조 25년(1592) 4월 임진왜란 때 종묘 신위들은 피난하여 화를 면하였으나 종묘는 불탔다. 선조 41년(1608) 1월경 종묘 중건 공사에 착수하여, 광해군 즉위년(1608)에 임진왜란 전의 종묘와 같은 정전正殿 11칸, 좌우 협실 각 2칸으로 완공되었다. 그후 현종, 영조, 헌종 때 증축하여 정전이 19칸이 되었다.

현재 종묘는 1대 태조부터 27대 순종까지 역대 왕의 신위를 모신 19칸의 정전과 16칸의 영녕전永寧殿 81, 그리고 공신 83명(이황, 이이, 송시열 등을 모셨다. 조선 개국의 일등공신 정도전은 없다)을 모신 공신당, 제례를 위한 여러 부속 건물로 구성되어 있다. 종묘의 중심 건물인 정전은 태조가 건설할 당시에 지어졌고, 영녕전은 세종 때 정전에 모시지 않은 왕과 왕비의 신위를 모시는 별묘別廟로서 처음 건립되었다. 왕조가 이어지면서 증축을 거듭하여 현재의 모습을 갖추게

81 종묘 영녕전. 정전은 수년째 공사중이어서 관람 및 사진 촬영이 불가능하다.

된 것이다.

종묘의 정문은 창엽문蒼葉門이다. 나뭇잎이 무성하게 자라듯 조선 왕조가 번창하기를 바라는 이름인데, 무학대사가 이름을 붙였다는 설과 정도전이 지었다는 설이 있다. 재미있는 것은 '창엽蒼葉' 두 글자의 총 획수가 27획으로 27대 왕까지 이어진 조선의 운명을 예언했다는 이야기가 전한다. 창엽문을 들어서면 서북쪽에서 흘러와 남쪽 담장 밑으로 흘러 나가는 명당수가 앞쪽으로 흐른다. 동쪽으로 망묘루·향대청·공민왕 신당이, 서쪽으로 지당(연못)이 자리하고 있다. 그리고 정전의 공신당 옆에 재궁이 있다.

공민왕 신당은 고려를 잇는다는 정통성과 고려를 폐하고 새로이 조선을 개국해야만 하는 정당성이 동시에 담긴 곳이다. 신당을 두어 정통성을 확보하되 신주는 안 모셔 제사를 지내지 않는다는 점, 초상화 속 공민왕의 옷이 원나라 의복이어서 자주독립의 정당성을 암시한다. 재궁은 왕과 세자가 제사 전날 도착하여 제사 준비를 하고 목욕재계를 하는 곳이다. 종묘에서 유일하게 살아 있는 자를 위한 공간이기도 하다. 정전과 영녕전을 둘러싼 산줄기에는 회화나무 · 참나무 · 소나무 등이 울창하게 들어서 있으나, 궁궐의 정원과 달리 석물이 없으며, 꽃나무도 식재되지 않은 것이 특징이다.

정전은 서쪽이 상석이어서 서쪽부터 태조, 태종, 세종, 세조의 순으로 자리를 배정받았다. 태조의 4대조(목조, 익조, 도조, 환조)와 재위 기간이 짧은 분(2대 정종), 나중에 추존된 분(6대 단종), 본인의 아들이 없거나 후대 왕이 자신의 아들이 아닌 분(8대 예종, 13대 명종, 20대 경종)은 영녕전에 모셨다.

영녕전과 정전의 다른 점 몇 가지를 살펴보면, 우선 영녕전 제례는 정전보다 한 단계 낮게 행해졌다. 건축 규모 면에서도 정전의 건축 영역이 영녕전보다 넓다. 형식 면에서도 영녕전은 4대조를 모신 가운데 부분만 정전과 같은 크기와 높이이고, 옆 익실은 정전보다 크기가 작다. 이외에도 영녕전에는 정전에 있는 공신당과 칠사당이 없다. 태조의 4대조는 추존된 왕이므로 신하가 없는데, 한참 후손인 왕이 도리상 신하를 데리고 들어갈 수 없다는 이유이다.

종묘의 정전과 영녕전뿐 아니라 부속 사당들도 정면에만 나무 문과 창이 달려 있을 뿐, 나머지 3면은 모두 두꺼운 전돌벽으로 폐쇄되어 있다. 내부는 당연히 깜깜하다. 그러나 박석들로 마감된 바깥의 월대는 밝은 햇빛을 슬며시 반사한다. 밝은 외부와 한 줄기 빛조차 없는 암흑의 내부, 산 자들의 공간과 죽은 자들의 공간의 대비다. 그런데 신실의 여닫이문이 한결같이 약간 비틀어져 있다. 이는 영혼들이 자유로이 드나들 수 있도록 한 배려이다. 신실의 신위에도 혼령이 드나들 수 있도록 둥근 구멍이 뚫려 있다.

종묘는 조선왕조 500년의 정신과 혼을 담은 신전이다. 101미터의 지붕이 19개의 둥근 기둥에 의지하여 하늘을 우러러 땅에 낮게 내려앉아 있다. 그 절제된 단순성에서 나오는 장중한 아름다움은 한국의 미학을 대표한다. 종묘는 사적 125호로 지정되어 보호를 받고 있다. 5만 6,500평 규모의 울창한 숲은 서울 도심을 관통하는 녹지축을 형성하고 있다. 이 녹지축은 창덕궁 뒷산 응봉에서 남산으로 연결되는 서울의 생태축이기도 하다.

종묘는 제례를 위한 공간이기 때문에 화려해서는 안 된다. 따라서 종묘의 모든 건축은 지극히 절제되고 소박하다. 원래 오방색인 단청도 두 가지 색으로 단순화되어 있다. 신로, 월대, 기단, 담 등 필요한 공간만 만든 구성의 간결함은 종묘 건축을 상징적 차원으로 승화시킨다.

월대는 산 자와 죽은 자가 만나는 장소이자, 바람과 소통하고 햇

82 종묘 신로. 혼령만 다닐 수 있는 길이어서 산 자는 다닐 수 없다.

빛과 공감하는 비움의 공간이다. 종묘에는 여러 가지 길이 있지만 의미 있는 것은 신로와 어로이다. 신로82는 인간은 다닐 수 없고 혼령만이 드나드는 길이다. 어로는 제사의 담당자인 임금과 세자가 이동하는 의례의 길이다. 신로는 좁은 길이다. 신령은 정신만 있을 뿐 몸이 없기에 신로의 폭은 중요하지 않다. 종묘의 길들은 그 자체가 의례이고 움직임이다.

종묘는 일순간에 완성된 것이 아니라 500년 동안 계속 늘어나고 변화해 온, 살아 있는 건축이다. 종묘는 한 번에 4칸씩 증축이 되어 왔다. 종묘는 단순하되 지루하지 않고, 추상적이되 거북하지 않고,

장엄하되 위압적이지 않다. 이것이 바로 종묘의 고전적 아름다움이다. 종묘는 건축이라기보다 철학이며 미학이며 문학이다.[12]

우리나라 최고의 건축가 김수근의 제자 승효상은, "종묘 정전의 본질은 정전 자체의 시각적 아름다움에 있지 않다. 바로 정전 앞의 비운 공간이 주는 비물질의 아름다움에 있다"고 하였다.[13] 스페인 빌바오의 구겐하임박물관 등으로 유명한 건축가 프랑크 게리는 "이렇게 고요한 공간은 세계 어디에도 없다"고 하였다.

아름다운 것은 말로 설명할 수 없다. 우리가 왜, 어떻게 살아야 할지 막막할 때 종묘에서 고요함을 벗 삼아 지나가는 바람과 대화하면서 시간을 보내 보자. 한동안 그러고 있다 툭툭 털고 일어서면 다시 일상에서 보낼 힘이 나도 모르는 사이에 생길 것이다. 기나긴 삶과 죽음의 정수를 경험해 보면 인생은 마라톤이라는 것, 공짜도 정답도 없다는 것을 저절로 깨우치게 된다. 나아가 새롭게 도전해야 할 어떤 것이 떠오르고 헛된 것에 대해 품고 있던 과도한 애착을 끊을 수 있을 것이다. 고요한 절제미를 체득하는 것이다.

종묘제례와 제례악

조선왕조의 주요 의식은 세종 때 시작되어 성종 때 완성된《국조오례의》에 따라 진행되었다. 여기에는 길례, 흉례, 군례, 빈례, 가례의 다섯 가지 예법과 절차가 있다. 종묘제례는 길례에 속한다. 길례吉禮는 나라를 세우고 번영시킨 왕과 왕비, 국가 발전에 크게 기여한 공신에게 제사를 올리는 의식이다. 왕이 길례를 지내는 것은 백성과 신하들에게 효의 실천을 보여 주는 좋은 기회였다.[14]

매년 5월 첫째 일요일에 열리는 종묘제례를 참관해야 종묘의 진수를 보았다고 할 수 있다. 절기마다 매년 다섯 차례 치르던 제례가 간소화된 것이다. 종묘를 직접 볼 수 있게 된 것도 종묘제례가 다시 재현되어 일반에 공개된 1971년부터이다. 조선시대 종묘는 당연히 일반인 출입 금지의 성역이었고, 일제강점기에도 마찬가지였다. 종묘제례에는 왕과 세자, 종친과 문무백관이 함께한다. 제례 절차는 구분하기 나름이지만 대체로 다음과 같다.

① 청행례 신주를 신실에서 꺼내어 신탑 앞에 모신다.

② 신관례 신(선조의 혼과 백)을 맞이하는 의식으로 향을 세 번 피운다.

③ 천조례 신을 위해 조선 팔도에서 낳은 최고의 제물(곡식과 날고기)을 바친다.

④ 번소서식 국왕이 올린 제물을 신이 거두는 것을 확인한다.

⑤ 헌작례 신이 즐기도록 술잔을 세 번 올리는 의식. 초헌은 임금이, 아헌(두 번째 잔)은 세자가, 종헌은 영의정이 바친다.

⑥ 음복례 제향에 쓰인 술과 음식을 참석자들이 나누는 의식. 임금은 국궁사배(네 번 절하는 의식)를 해서 감사와 존경을 표시한다.

⑦ 망료례 제향에 쓰인 축문과 예물을 태우는 마지막 의식.

종묘제례에는 63가지 총 5천여 개의 제기가 쓰였다. 대표적인 것은 대나무로 만들어 과일 · 떡 · 포 등 마른 제사 음식을 담은 '변籩', 나무에 옻칠을 하여 국 등의 진 음식을 담은 두豆가 있다. 보簠는 네모난 모양의 땅을 상징하는 그릇이고, 궤簋는 둥근 모양으로 하늘을 상징하는 그릇이다.

종묘제례 전 과정에는 노래와 춤과 음악이 어우러진다. 종묘제례악은 국가무형문화재 제1호로 지정되었고, 유네스코 인류무형문화유산에 2001년 가장 먼저 등재되었다. 중국은 청나라를 끝으로 국가 제례의 전통이 단절되었으며, 일본에는 아예 중국식 제례악이 소개된 적이 없다. 따라서 우리나라의 종묘제례악은 중국 고대에 형성된 동양적 제례 전통을 자국의 음악문화와 결합시킨 세계 유일의 사례이다. 그리고 독창성과 예술성으로 가다듬어 현재까지 지속되어 온 제례악이라는 점에서 세계무형유산으로 등록되기에 충분한 요건을 갖추었다.

조선 초기의 종묘제례약은 중국에서 들여온 아악을 사용했지만, 오늘날 종묘제례악은 세종대왕에 의해서 탄생한 것이다. 악기도 초기에는 중국 악기를 사용했지만, 세종 이후에는 대금 · 피리 · 아쟁 · 장구 · 편종 등 전통 우리 악기를 사용했다.

《세종실록》에 따르면, 세종이 신하들에게 "우리 조상은 살아서는 향악을 들었는데 돌아가신 후에 중국 아악으로 제례를 올리니 뭔가 이치에 맞지 않는다"고 지적하였다. 세종 31년 12월 11일, 음악에 밝

종묘제례 재현 왼쪽 83 왕족과 문무백관이 제례를 지내는 모습이다. 오른쪽 84 종묘제례악에 맞춰 추는 팔일무.

았던 세종이 하룻밤 사이에 막대기를 짚어 〈보태평〉과 〈정대업〉을 완성했다고 한다. 세조 때인 1464년 1월에 〈정대업〉과 〈보태평〉이 종묘제례에서 처음으로 연주되었다.

종묘제례 때 악대의 구성은 상월대에 하늘을 상징하는 해금 · 대금 · 편경 · 아쟁을 두고, 하월대에는 땅을 상징하는 태평소 · 장고 등을 배치한다. 여기에 춤꾼들이 일무佾舞를 추어 천지인이 만나는 극적인 장면을 연출한다. 제례 의식에서 악기와 노래에 맞춰 추는 춤을 일무라 한다. 육일무는 한 줄에 6명이 6줄로 서서 춤을 추는 형식이다. 조선시대에는 육일무였고, 대한제국 때에는 팔일무를 추었으며, 오늘날 종묘제례에서도 64명이 추는 팔일무를 추고 있다.

원로 악사 성경린은 자신이 전 생애를 통해 체험한 종묘제례악의 음악과 춤에 대해 다음과 같이 말했다.[15]

> 종묘제례악은 조선인의 가장 문명화된 미의식을 바탕으로 하고 있다. 그것은 중국 음악과 한국의 향악이 행복한 조화를 이루는 자리이며, 인간이 갖추어야 할 겸허한 마음을 표현하는 단정하고 아름다운 음악이다.

종묘제례악은 장중하다. 문치를 기린 〈보태평〉은 우아하고, 무공을 찬양한 〈정대업〉은 웅장하다. 춤(일무) 동작은 인간의 외경심과 겸허함을 매우 유순한 동작으로 표현하여 음악과 완벽한 일치를 이루어 낸다.

종묘제례악은 지상 최고의 제례 음악이다. 횟수를 좀 더 늘리고 시간을 단축하여 세미 종묘제례악을 보여 주면 어떨까? K-Pop적으로 해석해 봐도 좋겠다. 한국의 종묘를 그저 한번 와 본 곳이 아니라 친숙한 세계적 장소로 만들 수 있을 것이다. 세계인이 종묘에서 느낀 값진 경험을 공유하면 경건하고 절제된 삶의 자세와 더불어 세계 평화가 증진되지 않을까?

조선의 유교와 서원

유교는 중국 춘추전국시대에 공자가 창시하고 맹자가 체계화하였다. 천명天命과 인사人事를 통합하는 유교는 중국을 중심으로 한국, 일본 등 동북아의 중심 철학이다. 천명에서는 리理와 기氣의 조화가 중요하다. 인사에서는 특히 인仁을 강조한다. 국가에 충성하고 자식으로서 효도를 다하고 타인을 존중하며 자기를 이기고 예로 돌아가는 것(克己復禮)이 인의 핵심이다. 일상에서 인을 실천하는 것(삼강오륜 등)이 인사이고, 궁극적으로는 천명이라는 것이 유교의 결론이다. 서양 종교처럼 절대자에 대한 믿음 같은 것은 없다.

유교는 한무제 때 국가 통치이념이 되면서 점점 입신출세를 위한 처세술로 변질되었다는 비판을 받는다. 예를 지나치게 강조하여 신분과 계층을 엄격히 구분하고 사회갈등을 조장하기도 하였다.

우리나라에 유교가 전래된 시기는 대략적으로 삼국시대이다. 《삼국사기》 〈고구려본기〉 '소수림왕 2년조'에 "태학을 세워 자제를 교육하였다(入太學 敎育子弟)"라는 구절로 보아 그전에 이미 전래되었을 걸로 추측된다. 불교처럼 대중화 · 일반화되지는 않았지만, 유교는 지식인 계층에게 교육과 지식의 거의 전부였고 국가 운영에 중요한 역할을 담당하였다.

특히 조선 건국을 추진한 신진사대부들은 주자가 주창한 우주의 근본원리와 인간 심성을 다루는 성리학 중심의 유교를 국가 통치와 사회 운영의 원리로 정착시켰다. 조선 중기 서경덕, 이황과 이이, 후기 정약용과 이황을 포함한 동방오현인 정여창, 김굉필, 조광조, 이언적 등이 성리학을 조선적인 것으로 발전시켰다. 《조선유학사》에서 현상윤은 조선의 유교는 사대주의, 가족주의, 문약文弱 등의 병폐로 조선 500년 망국의 원인이라고 하였다. 그러나 서양 학자들은 유교가 현대 한국을 고도 발전시킨 높은 교육열, 엄격한 노동윤리, 근검절약, 건전한 사회질서 등을 정착시켰다고 분석한다.

앞에서 다룬 궁궐이 조선 유교를 근본으로 한 권력과 정체성의 핵심이고 종묘가 그 정신적 근거라면, 서원은 조선의 교육과 지식사회를 떠받치는 토대이다. 조선시대 서원은 일종의 사립대학으로서, 학생과 선생이 유학 경전을 공부한 곳이다. 조선의 대표적인 교육기관 중 하나인데, 강당이나 서재 등 교육에 필요한 공간 외에 반드시 갖추어야 할 시설이 있었으니 바로 사당이다. 조선 서원의 창시자라 할 수 있는 주세붕은 "사당이 없으면 서원이 될 수 없다"고 서원의 요건을 못 박았다. 사당은 돌아가신 성현의 위패를 봉안하고, 때마다 제사를 지내는 유교의 성전이다. 곧, 서원은 교육시설과 유교의 종교시설이 결합된 복합물이라 할 수 있다.

서원은 제향(제사)과 강학(학문 연구)의 기능을 했다는 점에서 관학인 향교와 크게 차이가 없다. 그러나 제향의 중심 대상이 공자와 그의 제자가 아니라 우리 선현인 점이 다르다. 설립의 주체가 국가가 아닌 사림이고, 설립의 동기와 배경이 과거 준비를 위한 곳이 아니라 학문하고 수양하는 곳이라는 점이 다르다. 설립 장소가 고을의 중심이 아닌 산천경계가 빼어난 곳이라는 점 등에서 관학과 차이가 있다.[16]

서원의 시작은 중종 37년(1542), 당시 풍기 군수였던 주세붕이 현재의 영주시 순흥면에 세운 백운동서원이다. 중국 송대에 세워진 백록동서원의 예를 좇아 백운동서원을 세웠다고 한다. 백운동서원에는 중국의 성리학을 이 땅에 최초로 수입한 안향을 모시고 있다. 안향은 조선 사림의 태두로서 그의 학문은 이색과 정몽주, 김종직을 거쳐 이황과 이이에서 완성된다.

성리학 정신이 300여 년 동안 세상을 지배할 때 설립된 서원은 최고의 엘리트이자 지배층이 경영하던 곳이었다. 그러나 서원의 규모는 그다지 크지 않다. 건물은 소박하다. 성리학자들의 물질관은 근본적으로 근검절약 정신이다. 건축물 역시 최소의 기능과 필요를 충족시키면 되는 수단일 뿐이다. 유학자들에게 중요한 것은 건축물 자체가 아니다.[17]

우리나라에서 서원에 대한 관심이 크게 일기 시작한 것은 영주 소수서원, 달성 도동서원, 함양 남계서원, 경주 옥산서원, 안동 도산서원과 병산서원, 장성 필암서원, 정읍 무성서원, 논산 돈암서원 등 아홉 곳이 2019년 7월 세계문화유산에 오르면서부터이다. 이 서원들은 모두 사액서원(임금이 서원의 이름을 지어 편액을 내려 준 서원)으로, 대원군의 서원 철폐 때에도 살아남았다.[18]

대개의 서원은 흐르는 강이나 내를 앞으로 면하고 나머지 3면이

산으로 둘러싸인 아늑한 장소에 입지한다. 특히 앞쪽으로 면하는 곳에 뛰어난 경관이 많아 최고의 '뷰 포인트'로 꼽힌다. 자연과 인간, 환경과 심성이 하나로 통합되는 이른바 천인합일 사상은 성리학의 기본 신념이기도 하다. 훌륭한 서원의 입지는 하늘과 인간이 하나가 되는 바로 그런 장소였다.

흔히 천지인이 하나가 될 때 대박이 난다고 한다. 하는 일이 잘 안 풀려 낙담하였다면 서원을 찾아가 보자. 서원의 근본 기능대로 나를 아껴 주다 돌아가신 분들을 떠올려 보자. 내가 하는 공부가, 내가 하는 일이 정말 나를 위한 것인지, 내가 나의 속도대로 올바른 방향으로 살고 있는지 생각해 보자. 내 안과 밖에서 나를 격려하고 응원하는 수많은 소리들이 들릴 것이다.

최초의 서원,
소수서원

소수서원(백운동서원)은 경북 영주시 순흥면 소백로 2740(내죽리 152-8), 소백산 비로봉에서 흘러내리는 죽계에 자리하고 있다. 소수서원이 자리 잡은 곳은 신라 때 창건한 숙수사의 옛터였다. 평지에 입지하여 뒤가 허한 단점을 보완하기 위해 서원 주변에 울창한 송림을 조성하였는데, 소수서원의 소나무 숲은 전국 서원 중에서도 가장 아름답다.[19] 주세붕이 백운동서원으로 창건하고 명종이 직접 쓴 사액이 '소수紹修'였다. 이황이 사액서원으로 승격시킨 한국 최초의 서원이기도 하다. 중종 36년(1541) 안향을 배향하였고, 인조 11년(1633) 주세붕을 추가 배향하였다.

소수서원 입구에는 통일신라시대에 만들어진 숙수사 당간지주(보물 제59호)가 세워져 있어서 소수서원의 전신이 사찰이었음을 알 수 있다. 조선시대 불교의 몰락과 성리학의 득세를 실감할 수 있는 대목이다. 최초의 서원답게 특정한 형식의 틀이나 배치 규범을 따르지 않고 여러 건물이 자유롭게 배열된 것이 특징이다. 누각이나 정문 같은 별도의 경계 건물도 존재하지 않는다. 단지 오른쪽으로 죽계천 냇물이 흐르는 길을 따라 들어가면 냇가에 접한 정자 경렴정이 서향으로 자리 잡고 있다. 여기에서는 죽계천의 흐름을 한눈에 내려다 볼 수 있다(어느 문화재나 마찬가지지만 '오르지 마시오'라는 표지가 있다). 경렴정은 성리학의 기초를 세운 주돈이를 기리는 정자다. 경렴정 앞으로 연화봉을 마주 보고 밑으로 죽계가 제법 많은 유량으로 흐른다. 퇴계 이황의 현판 등 유명인들의 글씨가 걸려 있다.

소수서원의 정문인 지도문을 들어서면 강당인 명륜당과 마주한다. 우리나라 대부분의 강당은 동재와 서재를 양편에 둔 구조이지만, 소수서원의 강당 좌우에는 동재와 서재가 없다. 당시만 해도 서원의 구조를 정형화하지 않았기 때문이다. 그 대신 직방재와 일신재가 한 건물에 있고, 별도 건물로 학구재(85)와 지락재(86)가 있다. 학구

위 85 학구재. 아래 86 지락재. 학구재는 가운데가, 지락재는 가운데와 우측이 훤히 열려 있어 공간 개방감이 시원하며 자연과 합일되어 있다.

재는 가운데가, 지락재는 우측과 가운데가 훤히 뚫려 있어 공간 개방감이 시원하다.

강당 왼편에는 안향을 모신 문성공 사당(2004년 보물로 지정되었다)이 있다. 소수서원은 사당 위치도 대부분의 서원과 다르다. 전학후묘가 아니라 동학서묘, 즉 동쪽에 학문 공간이 있고 서쪽에 사당이 있다. 주희, 안향, 주세붕, 이원익, 이덕형, 허목 6인의 초상을 모신 영정각도 있다.

소수서원 뒷문으로 나가면 죽계와 직접 마주하기 전에 탁청지 87 가 있다. '탁청濯清'은 물에 씻어 스스로 깨끗해진다는 뜻이다. 서원에 연못을 만든 것은 연꽃을 사랑한 주돈이의 애련설愛蓮說 때문이

87 탁청지. 소수서원의 제법 큰 연못. 주변의 나무와 하늘이 오롯이 담겨 있다.

다. 그래서 탁청지를 경렴정과 이웃한 곳에 둔 것은 어울린다. 주변의 나무들과 연못의 연꽃이 아름답기 그지없다.

탁청지에서 박물관으로 가는 다리에 광풍대가 있다. 이황이 이름 붙인 광풍대는 광풍제월光風霽月의 줄임말이다. 황정견이 주돈이의 인품을 평하면서 한 말로, 맑은 바람에 갠 달처럼 그윽하다는 뜻이다. 담양 소쇄원에서 같은 이름을 찾을 수 있다.

죽계천 너머 암벽에는 '白雲洞'(백운동)이라 쓴 흰색 새김글과 '敬'(경)이라 쓴 붉은색 새김글이 있다.88 '경' 자는 주세붕이 새긴 것이고, '백운동'은 퇴계(혹은 주세붕)가 새긴 것이다. 이른바 '백운동 경자바위'라고 한다. 퇴계는 이곳에 소나무와 잣나무와 대나무를 심어

88 백운동 경자바위. 큰 바위에 퇴계와 주세붕이 새긴 '백운동', '경'이란 글자가 새겨져 있다.

취한대라 이름 짓고 즐겼다고 한다. 취한翠寒이란 '연화산의 푸른 기운과 죽계의 맑고 시원한 물빛에 취하여 시를 짓고 풍류를 즐긴다'는 뜻이다. 소수서원에는 은행나무가 두 그루 서 있는데, 이는 은행나무가 암수딴그루이기 때문이다. 성리학에서 강조하는 음양의 조화의 사례이다.

죽계는 소수서원의 아름다움을 극대화하는 데 중요한 역할을 한다. 죽계구곡은 주희가 무이산 계곡에 설정한 무이구곡을 모방한 것으로, 죽계에서 아름다운 곳들을 모아 놓은 곳들이다. 제1곡 취한대, 제2곡 금성반석, 제3곡 백자담, 제4곡 이화동, 제5곡 목욕담, 제6곡 청련동애, 제7곡 용추폭포, 제8곡 금당반석, 제9곡 중봉합류가 그것이다. 취한대, 금성반석, 백자담이 서원 인근에 있어서 가 보기 수월하다. 주세붕이 저술한 《죽계지》에 나오는 소수서원의 원규院規는 다음과 같다.

첫째, 제사를 경건히 봉행할 것
둘째, 어진 이를 예우할 것
셋째, 사당을 잘 보수할 것
넷째, 어려운 때를 대비하여 물자를 잘 비축할 것
다섯째, 서책을 잘 점검할 것

조선의 정신,
도산서원

도산서원(사적 제170호)은 경북 안동시 도산면 도산서원길 154에 위치하고 주변에 퇴계 종택이 있다. 퇴계 이황의 학문과 덕행을 기리고 추모하기 위해 1574년 건립되었다. 배산은 양지산 동쪽 기슭의 도산이고, 임수는 지금의 안동댐이라고 할 수 있다.

퇴계 이황은 한국이 낳은 최고의 유학자이자 국제적인 대철학자이고, 3개 부처의 장관을 거친 정계의 핵심 인물이다. 그는 율곡 이이와 쌍벽을 이루었으나 율곡이 한때 불교에 심취한 적이 있어 당시에는 율곡보다 퇴계를 더 높게 쳤다. 지금 퇴계는 1천 원권 지폐에 있지만 율곡이 5천 원권, 그의 어머니 사임당이 5만 원권의 주인공이 되었으니 역사적 평가는 조금 다르다고 해야 할까.

퇴계는 1560년 낙향하여 지금의 도산서원 자리에 서당을 짓고 제자들을 양성하다가 1570년 세상을 떠났다. 퇴계의 삼년상을 마친 뒤 제자들과 온 고을 선비들이 "도산은 선생이 도를 강론하시던 곳이니, 서원이 없을 수 없다" 하여 선조 7년(1574) 봄 서당 뒤에 서원을 조성하기 시작하였다. 서원의 경계는 진도문을 기준으로 하여 그 아래는 도산서당의 영역이고, 위는 도산서원의 영역이다. 진도문 옆에는 도서관 역할을 하는 광명실이 동쪽과 서쪽에 각각 자리 잡고 있다. 도서관이 두 곳인 서원은 도산서원 외에는 없다. 도산서원이 차지하는 위상을 보여 준다.

퇴계가 4년간에 걸쳐 짓고 생전에 유생들을 교육한 도산서당은 지금도 창건 당시의 모습을 유지하고 있다. 도산서당을 짓고 난 다음 해인 1561년 11월에 지은 《도산잡영》에서 퇴계는 이렇게 밝힌다.

> 처음에 내가 퇴계 위에 자리를 잡고, 시내 옆에 두어 칸 집을 얽어 짓고, 책을 간직하고 옹졸한 성품을 기르는 처소로 삼으려 했더니, 벌써 세 번이나 그 자리를 옮겼으나 번번이 비바람에 허물어졌다. 그리고 그 시내 위는 너무 한적하여 가슴을 넓히기에 적당하지 않기 때문에 다시 옮기기로 작정하고 산 남쪽에 땅을 얻었던 것이다.

퇴계는 이렇게 집을 짓고 중간 온돌방 한 칸을 '완락재'라 하였다. 이는 주자의 〈명당실기〉에 "완상하여 즐기니(완락玩樂), 족히 여기서 평생토록 지내도 싫지 않겠다"라는 말에서 따온 것이다. 대청은 '암서헌'이라 하였으니, 이는 주자의 〈운곡이십육영〉의 "오래도록 가지지 못했더니 바위에 깃들여(암서巖棲) 조그만 효험이라도 바란다"에서 가져온 것이다.[20] 이 둘을 합하여 '도산서당'이라고 현판을 달았다. 89

서당의 동쪽 구석에는 조그만 못을 파고 연을 심어 '정우당'이라 하였으며, '몽천'이라는 샘도 만들었다. 퇴계는 특별히 매화를 사랑한 것으로 유명해서, 마지막 남긴 유언도 "매화에 물을 주라"였다.

89 퇴계 이황이 세운 도산서원의 전신인 도산서당.

천 원권 지폐에도 그가 사랑한 매화가 같이 나온다.

오른쪽 마당 담장에는 회양목이 있다. 도산서당의 회양목은 전국의 서원 가운데 가장 오래됐고 키가 크다고 한다. 회양목은 조선시대 양반들의 도장을 만드는 중요한 재료였다. 늘 푸른 모습으로 화려하지는 않지만 질리지 않아 선비의 절개 같다. 퇴계가 도산에 머물 때는 항상 완락재에 거처하면서 도서를 쌓아 두고 독서와 사색에 몰두하였다. 퇴계는 완락재를 다음과 같이 말하였다.

경을 주장해도 의를 모아야 하니

잊지 않고 조장하지 않아도 무르익어 통하리
주렴계 태극의 묘리에 다다르면
이 즐거움 천년 가도 같음을 믿노라.

도산서당과 서원을 구분하는 진도문을 지나면, 여러 행사와 유림 회합의 장소로 사용되었던 강당인 전교당(보물 제210호)이 있다. 전교당에는 선조에게 하사받은 '도산서원' 편액이 걸려 있다. 글씨는 한석봉이 썼다. 전교당은 전체가 대청마루로 원장실을 생략하였다. 이는 퇴계가 영원한 정신적 원장이라는 공경심의 발로이다.

전교당 앞에는 학생들의 숙소인 동재와 서재가 있다. 그리고 전교당 뒤편 위에는 퇴계의 위패를 모신 사당 상덕사(보물 제211호)가 있다. 상덕사에서는 매년 춘추(음력 2월과 8월)에 퇴계의 제사를 지낸다. 상덕사는 중심축을 벗어나 동쪽에 치우쳐 있다. 강당에 가려 최상의 위계를 가져야 할 사당의 상징성이 부각되지 못함을 우려해서이고, 제사 의례에도 방해가 되지 않게 하기 위함이다. 이러한 전체적인 비대칭적 배치 구성의 예는 도산서원과 하회의 병산서원, 두 곳밖에 없다. 두 곳은 퇴계와 그의 수제자인 류성룡이라는 연고를 맺고 있어, 퇴계 정신의 구현이라고 할 수 있다.[21]

서원의 맞은편 강 건너에 있는 시사단은 정조가 퇴계의 유덕을 추모하여 관리를 도산서원에 보내 임금의 제문으로 제사를 지내게 하고, 다음 날 과거를 봤던 곳이다.[22] 이때 총 응시자가 7,228명, 최종

90 도산서원 전경.

시험지 제출자만 3,632명이었다고 한다. 임금이 직접 11명을 선발하였다. 지금은 수몰되어 겨우 건물만 보인다.

도산서원에는 누각이 없다. 지역 유림들의 결집과 학생들의 휴식에 불가결한 건물인 누각이 없다는 것은 퇴계의 비정치성, 학문을 대하는 자세의 엄격함을 상징한다. 공부하는 사람은 퇴계의 이런 엄격성을 익히고 지켜야 할 것이다. 도산서원에 보관되어 있는 퇴계의 수신 원리는 다음과 같다.

입지立志 성현을 본받되 자신이 못났다는 생각을 하지 말자.

경신敬身 바른 태도를 지키고 잠깐이라도 방종하지 말자.

치심治心 마음을 깨끗하고 고요하게 유지하자.

독서讀書 책을 읽으면서 문자에 얽매이지 않고 뜻을 깨닫자.

발언發言 말을 정확하고 간결하게 자제하면서 남에서 도움이 되게 하자.

제행制行 행동을 바르고 곧게 도리를 지켜서 하자.

거가居家 집에서 부모에 효도하고 형제자매와 우애를 다하자.

접인接人 성실과 신의로 사람을 대하고 좋은 사람들과 가까이 하자.

처사處事 일에 있어서 옳고 그름을 따지고 개인의 욕심을 부리지 말자.

응거應擧 시험에 임해서는 최선을 다하고 편안히 임하며 천명을 기다리자.

나를 발견하고 큰 나로 발전하는 데 지금도 참 귀한 말이다.

차경借景과 여백의 미학, 병산서원

경북 안동시 풍천면 병산리에 위치한 병산서원(사적 제260호)은 1613년 설립되고, 1863년 사액되었다. 교통이 불편하고 길도 좁지만 가장 인기 있는 답사지 중 하나가 병산서원이다. 병산서원의 감동은 우선 뛰어난 자연환경에 있다. 병산서원처럼 큰 강에 자리 잡고 넓은 모래밭을 가진 곳은 없다. 병산서원은 꾸미지 않은 자연을 닮은, 꾸미지 않고서도 아름다운 모습을 제대로 드러낼 수 있는 뛰어난 미학의 경지를 보여 주는 곳이다.

병산서원은 하회마을과 화산을 사이에 두고 있다. 화산의 동쪽 기슭에 자리 잡고, 그 반대쪽에 하회마을이 있다. '병산屛山'이라는 이름은 낙동강 물줄기가 비교적 넓게 트인 곳을 만나 센 물살을 만들며 항아리 모양으로 돌아 나가는 강변에 병풍처럼(屛) 산이 펼쳐져 있다고 하여 붙여진 이름이다. 병산서원의 진정한 가치는 그 경치들을 서원 안으로 극적으로 끌어들이고, 건물과 건물, 건물과 외부 공간의 자연스러운 조직과 집합적인 효과에 있다.

병산서원은 도동서원, 도산서원, 소수서원, 옥산서원과 함께 조선시대 5대 서원으로 꼽힌다. 그 이유는 서애 류성룡을 기념하기 위해 세운 서원이기 때문이다. 서애 류성룡과 그의 제자이자 셋째 아들인 수암 류진을 배향하였다. 퇴계의 수제자이기도 한 류성룡은 인근 하회마을에 있는 충효당의 주인이자 풍산 류씨의 중흥조이다. 비록 서원은 류성룡이 세상을 떠난 후 창건되었지만, 이 터는 류성룡이 생전에 정한 곳이다. 병산서원의 전신은 풍악서당이다. 풍악서당이 서원으로 탈바꿈한 시기는 1614년 사당인 존덕사를 건립하여 서애의 위패를 모신 이후이다.

병산서원의 정문은 '복례문'이다. 정문의 명칭은 서원의 의미를 이

91 광영지. 하늘은 둥글고 땅은 네모나다는 천원지방天圓地方 형태의 전통적이고 소박한 병산서원 연못이다.

해하는 데 아주 중요하다. 복례의 출처는 《논어》 〈안연〉편이다. 자신의 사사로운 욕심을 이겨 예로 돌아가는 것(극기복례克己復禮)이 인仁이다. 극기복례는 성리학의 핵심이다. 류성룡이 임진왜란 후 벼슬에서 물러나 임진왜란 당시의 일을 기록한 《징비록》(국보 제132호)도 제목에서 알 수 있듯 사사로운 욕망을 극기복례한 기록이다.

복례문 왼편에는 연못 '광영지光影池'91가 있다. 연못 가득 빛이 들길 바라는 뜻이다. 광영지는 서원의 정원이기도 해서 이곳에 심긴 대나무와 배롱나무가 선비들의 스트레스를 풀어 주었을 것이다. 규모는 작지만 학문에 정진하고 잠깐 눈 휴식을 할 수 있도록 배려한 정원이다.

서원의 중요한 건물인 강당 '입교당'92은 1921년에, 사당은 1937년에 중창된 매우 평범한 건물이다. 병산서원의 건축적 가치는 건물의 구조나 형태에 있지 않다. 그 가치는 바로 감동적인 자연환경과 환경에 대한 탁월한 대응, 엄숙한 건물들이 모여 이루는 공간의 긴장과 흐름, 그리고 단순한 구성이 엮어 내는 다양한 장면들에 있다.[23]

입교당은 《소학》 〈입교〉편에 "하늘로부터 부여받은 착한 본성에 따라 인간 윤리를 닦아 가르침을 바르게 세우는 전당"이라는 의미를 담고 있다. 입교당 마당에는 다른 서원에서 찾아볼 수 없는 무궁화 한 그루가 돌계단 앞에 심어져 있다. 안동의 성리학 공간에 살고 있

92 병산서원 현판이 걸려 있는 입교당은 병산서원의 가장 중심이 되는 강학(강당) 건물이다.

는 무궁화는 조선 성리학과 우리나라 독립운동의 성지인 안동의 독립운동 정신을 함께 생각하게 하는 귀중한 문화유산이다.

원장실인 '명성재'의 이름은 《중용》 21장 "밝음으로 말미암아 성실해짐을 가르침이라 하니… 밝아지면 성실해진다(명성明誠)"에서 따왔다. 동재와 서재는 기숙사로 동재를 동직재, 서재를 정허재라 한다. 존덕사는 서애를 모신 사당으로, 선생의 학문과 덕행을 높이 우러른다는 뜻에서 존덕사라고 하였다.

이른바 '달팽이 뒷간'이라고 불리는 아랫사람들의 화장실(통시)은 서원 밖 관리인의 거주 공간 앞에 있다. 출입문을 달아 놓지 않아도 안에 있는 사람이 밖으로 드러나지 않도록 배려한 구조이다. 달팽이 모양을 한 하늘 열린 뒷간은 또 다른 볼거리로 재미를 준다.

긴장된 수양 생활의 피로를 풀기 위해 마련된 만대루는 병산서원의 상징이다. 만대루의 2층 누마루는 기둥과 기둥 사이로 병산과 낙동강의 주변 풍광을, 다른 한쪽으로는 서원의 내부 모습을 이루고 있다. 이 텅빈 누각은 인공적인 서원 건축과 자연의 매개체이다. 7칸의 커다란 만대루는 기둥과 지붕만 있을 뿐 텅 비어 있다.

만대루의 '만대晩對'는 당나라 두보의 시 〈백제성루〉에 나오는 "푸른 절벽은 오후 늦게 대할 만하다"에서 따온 것이다. 만대루는 병산서원의 백미요, '비어 있음' 미학의 본보기이다. 만대루의 트인 공간을 통하여 시각적으로 완전히 개방된 공간으로 꾸며 아름다운 자연 경관을 서원 안으로 끌어들였다.[24] 93 94

병산서원 만대루 위 93 서원 밖 정면에서 바라본 만대루. 아래 94 입교당 위에 올라서서 바라본 만대루와 외부 풍경.

병산서원의 운영을 정한 〈서원규書院規〉에 의하면, 서원에 들어올 수 없는 세 가지가 있으니 술, 여자, 광대패이다. 그런데 서원의 학생이 과거에 급제하면 광대패를 초대하여 잔치를 벌이는 관습이 있었다. 광대패들은 만대루 앞에서 놀이를 벌이고, 서원생들은 만대루 위에 앉아서 관람을 한다. 이럴 때 만대루는 일종의 객석으로 사용된다. 또, 누각에서는 인근 지역의 원로들을 초청하여 양로회를 개최하거나 향약 조직의 향회 등 회의가 열리기도 했다.

병산서원은 전국 서원 중 배롱나무가 가장 많이 서식하고 있다. 배롱나무는 선비들이 좋아하는 나무이다. 배롱나무를 한자로 백일홍百日紅이라 하는데 꽃이 백일 동안 피기 때문이다. 배롱나무의 또 다른 이름은 자미화紫微花다. 자미는 북극성polaris인 자미성을 뜻하므로, 중국에서는 자미화를 천자의 나무로 여겼다. 그래서 배롱나무를 궁궐이나 관청, 서원에 심었다.

마음을 닦는 터,
옥산서원

경북 경주시 안강읍 옥산리에 있는 옥산서원(사적 제154호)은 동쪽, 서쪽, 북쪽은 산으로 둘러싸여 있고 남쪽은 트여 있다. 동쪽의 화개산을 배산으로, 자옥천을 임수로 삼고 있다. 옥산서원은 회재 이언적의 덕행과 학문을 기리기 위해 선조 6년(1573) 창건되었다. 조광조·정여창·이언적·김굉필·이황을 동방오현이라고 하는데, 이언적은 영남사림의 태두 격이다. 그가 40세에 낙향하여 은거한 곳이 바로 옥산동의 자계계곡이다. 옥산서원은 이언적이 사망한 지 20년이 지나서 설립되었다.

선조 5년(1572) 경주 부윤 이재민이 사림의 의견을 들어 회재 이언적 선생의 고택인 독락당으로부터 800여 미터 떨어진 이곳 계곡의 세심대에 터를 잡고, 경주 서악 향현사에 모셔져 있던 위패를 옮겨와 서원을 건립하였다. 선조 7년(1574)에 '옥산玉山'이라는 사액을 받았으며, 흥선대원군이 전국 47곳의 서원을 제외한 나머지 서원을 철폐할 때에도 훼손되지 않은 서원 가운데 하나이다.

이언적은 중종 25년(1530) 김안로의 등용을 반대하다가 좌천되자 관직을 그만두고 낙향하여 이듬해 자옥산 기슭에 독락당을 지었다. 이른바 '사산오대四山五臺' 중 한 곳이다. 사산은 서쪽의 자옥산·동쪽의 화개산·남쪽의 무학산·북쪽의 도덕산이며, 오대는 관어대·탁영대·세심대·징심대·영귀대를 뜻한다. 옥산서원의 남쪽에 펼쳐진 낙산 들판은 옥산 마을의 경제 기반이다.[25]

서원은 서향의 남북으로 긴 직사각형 모양이다. 터의 북쪽에 서원의 중심 공간을 형성하고, 남쪽에 고직사를 비롯한 부대시설을 두었다.[26] 서원 담 쪽에는 옥산서원의 상징인 커다란 은행나무가 있다. 서원 안으로 들어가려면 '역락문'을 지나야 하는데, 역락亦樂은 《논어》〈학이〉편의 "벗이 멀리서 찾아오니 또한 즐겁지 아니한가(有朋自遠方來 不亦樂乎)"에서 따왔다. 이언적은 혼자서 외딴 곳에서 즐기는 삶(독락)을 살아서 멀리서 친구가 오는 것을 반겼던 모양이다.

역락문이라는 이름은 노수신이 지었고, 현판 글씨는 한석봉이 썼다. 역락문을 들어서면 개울 건너에 '무변루'가 위치한다. 무변루의 글씨 역시 한석봉의 작품이다. 무변루 양쪽 담에는 향나무가 있다. 향나무는 은행나무, 회화나무와 함께 서원을 상징하는 나무이다. 이 세 종류의 나무가 모두 있는 것은 다른 서원에서는 찾아볼 수 없는 옥산서원만의 특징이다.

옥산서원 건물들은 정문에서 차례로 문, 누, 강당, 사당 등이 일직선을 이루는 중심축 선상의 마당을 중심으로 각각 고유의 영역을 구성하며 주변 자연경관과 어울리게 배치되어 있다. 그중에서도 무변루, 구인당,95 체인묘 일대의 외부 공간은 전체 배치의 구심점이 되어 개별적인 영역을 형성한다. 이러한 영역 사이로 스며드는 공간의 엇물림, 그리고 중첩되는 지붕 선과 담으로 이어지는 공간 구성은 옥산서원 건축 공간의 특성을 잘 보여 준다.[27]

옥산서원에는 별도의 연못이 없는데, 계곡 자체가 연못의 역할을 한다고 생각했기 때문으로 보인다. 앞에서 살펴본 병산서원에는 연못 광영지222쪽 사진 91 참조가 있지만, 광영지에 눈길을 보내는 사람은 별로 없다. 만대루에서 보이는 낙동강과 병산의 풍경이 압도적이기 때문이다. 마찬가지로 옥산서원은 사산오대의 산수, 특히 마음을 닦

위 95 옥산서원 현판이 걸려 있는 강학 공간의 중심 구인당. 아래 96 계곡, 산, 하늘과 하나되어 어울리는 옥산서원.

는 터인 세심대 등 계곡에 둘러싸여 있어 별도의 연못은 사족이다. 이것이 유교의 담백한 아름다움이다.

이곳에 한참을 앉아 있으면 물소리와 바람 소리가 잘되는 집안 며느리 다듬이질 소리나 아이 글 읽는 소리보다 청아하다. 박지원의 《열하일기》에 '호곡장好哭場'이라는 말이 나온다. 많은 곳을 가 봤지만, 정말 목 놓아 울기 좋은 장소이다. 한번 제대로 우는 경험을 하고 나면 삶을 제대로 시작할 힘이 난다. 《성경》 〈시편〉 126장 5절에 그런 말이 나온다. "눈물로 씨를 뿌리는 자는 기쁨으로 거두리로다." 옥산서원이 그런 곳이다.

4장

전통 마을과 명문 고택 답사

전통 마을의 의미

'사람 인人' 자는 두 사람이 기대어 서 있는 모습이라고 한다. 사람은 근본적으로 혼자 살 수 없는 존재이다. 그래서 사회를 조직해서 한 편으로는 갈등하고 한편으로는 경쟁하면서 힘을 합쳐서 살아간다. 사람들을 뭉치게 하는 하나의 마을, 커뮤니티community는 서양의 경우 교회를 중심으로 하여 교회의 첨탑이 보이는 범위, 혹은 교회 종소리를 들을 수 있는 데까지로 형성되었다. 반면 동양에서는 교육을 중시해서 서당, 지금의 초등학교 통학권이 커뮤니티의 범위에 해당한다고 할 수 있다. 그래서 초등학교의 폐교는 한 커뮤니티의 붕괴를 의미한다. 물론 원시시대에는 동굴이었을 것이다.

마을을 뜻하는 '동洞'은 물을 뜻하는 삼수변(氵)에 '같을 동同' 자가 합쳐진 글자인데, 이는 같은 우물을 마시는 범위가 하나의 커뮤니티를 형성한다는 뜻이다. 물이 있어야 생명들이 살기 때문이다.

공동체와 소통을 뜻하는 커뮤니티와 커뮤니케이션communication은 모두 라틴어 코뮤니스communis에서 비롯되었다. 공동의 것을 함께 만들고 나눈다는 의미다. 이 공동체의 중심에는 사람들 간의 소통, 즉 대화가 있다. 공동체는 대화 없이 발전할 수 없으며, 대화 수준으로 공동체의 수준을 가늠할 수 있다. 대화가 가능하려면 언어 이전에 상대방에 대한 이해와 배려가 우선한다.

2010년 7월 31일 유네스코 세계유산위원회는 양동마을과 하회마을을 세계문화유산 1324호로 등재하는 결의안에서 "한국의 역사 마을인 하회와 양동은 마을 내의 주거 건축물과 정자, 서당 등의 전통 건축물들이 조화롭게 구성되어 있다. 또한, 전통적 주거 문화를 통해 조선시대의 사회구조와 유교적 양반문화를 살펴볼 수 있다. 이 같은 전통이 현대까지도 온전하게 지속되고 있는 점이 세계유산으로 등재되기에 손색이 없다"고 평가하였다.

세계문화유산으로 선정된 이유는 인류의 탁월한 문화적 전통으로서 보편적 가치와 독창성, 완전성, 진정성 등 유네스코에서 정한 선정 기준을 잘 갖추고 있기 때문이다. 그런데 진짜 중요한 건, 마지막에 지적한 바와 같이, 하회와 양동 두 마을에는 지금 불편함 속에서도 사람들이 살고 있다는 점이다. 전통이 화석화된 것이 아니라 여전히 살아 숨 쉬는 마을인 것이다.

보수적 혹은 개방적, 안동 하회마을

안동과 하회마을

흔히 충청도를 양반의 고장이라고 하지만 그건 행동이 다소 느리고 점잖다는 것을 비유적으로 표현한 것이고, 실제로 양반의 고장, 선비의 고장이라면 대부분 안동을 가장 먼저 꼽을 것이다. 경북 북부의 유교문화권인 안동 · 영주 · 상주 등에는 어느 지역에서도 찾아볼 수 없는 지적인 엄숙성, 전통의 저력, 공동체적 삶의 힘이 있다. 양반 집안이 내세우는 자랑은 하나는 벼슬, 하나는 의병, 하나는 학문이다. 인구 비율로 보면 전국에서 가장 많은 항일지사가 배출된 곳이 안동이다. 안동에선 벼슬보다 학문, 학문보다 지조를 더 높이 친다.

양반의 삶을 흔히 봉제사奉祭祀, 접빈객接賓客으로 요약한다. 제사를 받드는 정성이 종택과 가문을 유지케 하고, 손님을 기꺼이 맞는 환대의 전통이 집을 항시 개방하는 너그러움으로 발전했을 것이다.[1]

안동 지역의 유명한 먹거리도 그래서 헛제사밥이다. 늦게까지 글을 읽던 안동 선비가 속이 출출해지면 하인들에게 제사를 지내야 한다며 장난으로 제사상을 차리게 했다. 제사는 지내지 않고 제삿밥만 먹는 것을 보고 하인들이 '헛제사상'이라고 한 것에서 유래되었다. 호박전, 동태포, 나물, 탕국 등 제사 음식이 상에 오른다.

안동 출신 시인인 류안진의 시 〈안동〉은 안동이 어떤 곳인지 잘 보여 준다.

어제의 햇빛으로 오늘이 익는 여기는 안동
과거로서 현재를 대접하는 곳
…
옛 진실에 너무 집착하느라
새 진실에는 낭패하기 일쑤긴 하지만

불편한 옛것들도 편하게 섬겨 가며
참말로 저마다 제 몫을 하는 곳
눈비도 글 읽듯이 내려오시며
바람도 한 수 읊어 지나가시고
동네 개들 덩달아 대구 받듯 짖는 소리
아직도 안동이라
마지막 자존심 왜 아니겠는가

영남의 4대 길지는 경주의 양동마을, 풍산의 하회마을, 임하의 내앞, 내성의 닭실이다. 이 가운데서 양동마을을 제외한 세 곳이 안동이다. 《택리지》를 쓴 이중환은 이상적인 장소로 도산, 하회, 내앞, 닭실을 뽑았다. 최고의 명당이 모두 안동이다. 이중환의 기준은 지리(풍수적 조건), 생리(경제적 조건), 인심, 산수(자연미)이다.

하회마을은 물 위에 연꽃이 떠 있는 모양인 연화부수형이면서, 음양의 조화로 우주 삼라만상의 근원이 되는 태극형으로 양수겸장의 명당이다. 또한 산과 강, 그리고 백사장 등 아름다운 자연환경을 가지고 있다. 물론 풍수지리적으로 좋은 동네는 많다. 거기에 뛰어난 인물들이 배출되어야 하고, 그들이 마을과 나라를 위해 오래 노력하는 곳, 마을 사람들이 서로 협력하고 조화를 이루며 문화예술적으로 오랜 역사와 전통이 함께하는 곳이 좋은 동네로 사람들의 주목을 받게 된다.

하회마을은 600여 년 유교문화 전통과 민속예술의 전통이 함께

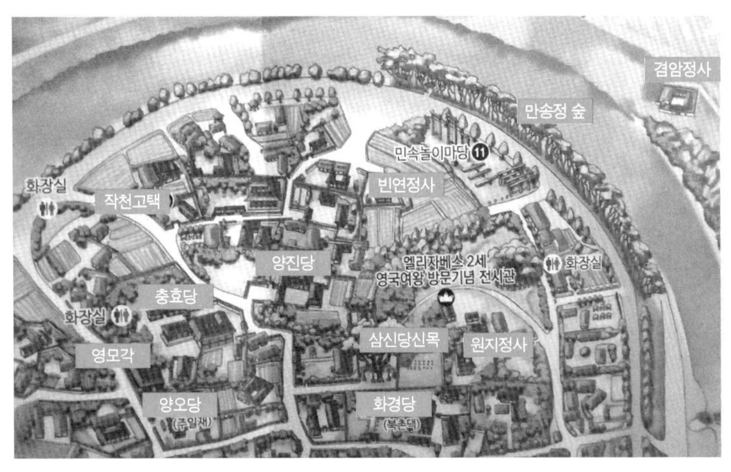

97 하회마을 안내 지도. 하회마을의 전체 모습이 잘 담겨 있다.

공존하는 것이 가장 큰 특징이다. 민중들이 700여 년간 전승해 온 별신굿 또한 다른 마을과 구별되는 문화적 특징으로서 독창성을 지닌다. 마을 주민들 스스로 광대가 되어 별신굿을 주도한다. 주술적인 제의로서 굿을 하는 데 만족하지 않고 예술적인 탈놀이를 하는 창조력을 발휘한다. 별신굿놀이에 사용된 탈(하회탈)은 조각예술의 탁월성을 인정받아 국보로 지정되었다.

탈놀이는 한국 연극사의 기원을 밝혀 주는 가장 오래된 농촌민속극이다. 극의 내용이 굿에서 극으로 발전한 연극사의 전개 과정을 보여 주는 사회풍자극으로서 독창성을 인정받아 중요무형문화재로 지정되었다. 곧, 하회마을은 양반마을이자 선비마을이며 민속마을이자 전통 마을로서 한국문화의 역사와 전통을 집약해 놓은 전통

문화마을이라고 할 수 있다.[2]

하회마을은 안동의 한 마을에서 한국의 대표 마을로, 다시 세계적 마을로 비약했다. 1999년 영국의 엘리자베스 여왕이 방문한 후 하회마을의 세계적 지명도가 높아져 방문객도 급증했다. 이곳은 풍산 류씨 이전에 김해 허씨, 광주 안씨가 살고 있었다. 특히 김해 허씨들은 가장 먼저 하회마을에 자리 잡은 선주민이다. 이곳에 풍산 류씨로는 처음 온 류종혜가 많은 사람들에게 선행을 베풀고 풍수적으로 길지에 마을을 이루어 발복한 덕인지 하회에 터를 잡은 풍산 류씨가 점차 번성했다.

현재 하회마을에 있는 문화유산은 국보로서 하회탈과 《징비록》이 있고, 보물로는 고가古家인 양진당(보물 제306호)과 충효당(보물 제414호), 류성룡 종손가 문적(보물 제160호)이 있다. 사적으로는 병산서원(사적 제260호), 천연기념물로는 만송정 숲(제473호)이 있으며, 중요무형문화재인 하회별신굿 탈놀이(제69호), 중요민속자료인 고건물(고택과 누정)들이 다수 있다. 다시 말하지만, 지금은 국보와 보물에 번호를 붙이지 않는다.

대략 16세기에 만들어진 하회마을의 풍산 류씨 대종가 양진당(입암고택)98은 폐쇄적인 안동 지방 주거의 전형적인 모습을 보이는데, 창경궁 후원에 있는 연경당을 방불케 한다. '입암'은 류성룡 · 류운룡 형제의 아버지 류중영의 호이다. 입암고택의 현판은 한석봉의 글씨다. 충효당99은 서애 류성룡의 종택이다.

위 98 하회마을의 풍산 류씨 대종가 양진당(입암고택). 아래 99 서애 류성룡의 종택 충효당.

양진당은 풍산 류씨 최초의 집이다. 고려 말 류종혜가 이곳을 낙점하고 집을 지으려 했으나 계속 사고가 생겨 집을 지을 수 없었다. 꿈에 산신령이 나타나 3년간 1만 명의 목숨을 살리는 덕을 쌓아야 집을 지을 수 있다고 하여 나그네들에게 짚신을, 배고픈 이에게 식량을 나누어 주는 등 이를 실천하여 양진당을 지을 수 있었다는 소위 '활만인活萬人'의 전설이 널리 알려진 집이다.

서애 류성룡은 축재 능력은 없어서 사후에 증손자 류의하가 집을 번듯하게 짓고 충효당이라 하였다. 미수 허목이 이 위대한 선비를 추모하여 충효당이란 전서체의 편액을 써서 걸었다.[3]

퇴계 이황은 제자 류성룡을 "이 사람은 하늘이 내린 사람"이라고 하였다. 류성룡은 임진왜란 직전에 정읍 현감이었던 이순신을 전라좌수사로 천거하여 바다를 맡기고, 형조정랑이었던 권율을 의주 목사로 천거하여 육지에서 공을 세우게 하였다. 그리고《징비록》을 써서 다시는 이런 일을 겪지 않도록 철저한 반성을 하였다. '징비懲毖'는 징계하여 후환을 경계한다는 뜻으로, 이 책은 후에 일본이 우리나라를 파악할 때 중요한 자료로 쓰였다고 한다. 충효당과 관련한 서애의 유언이다.

숲속의 새 한 마리는 쉬지 않고 우는데
문 밖에는 나무 베는 소리가 정정하게 들리누나.
한 기운이 모였다 흩어지는 것도 우연이기에

평생 동안 부끄러운 일 많은 것이 한스러울 뿐.
권하노니 자손들은 반드시 삼갈지니
충효 이외의 다른 사업은 없는 것이니라.

충효당 앞마당에는 1999년 엘리자베스 2세 여왕이 하회마을을 방문했을 때 기념식수한 구상나무가 있다.

천연기념물 제473호 만송정萬松亭 숲 100 은 하회마을과 화천 백사장 사이에 있는 소나무 숲이다. 만송정 숲은 세 가지 역할을 한다. 마을을 감싸고 있어 외풍으로부터 마을을 보호하는 방풍림, 백사장

100 만송정 숲. 방풍림, 방수림, 방사림의 역할을 하는 하회마을의 수문장.

모래가 마을로 들어오는 것을 방지하는 방사림, 낙동강 물의 범람을 막는 방수림의 역할이 그것이다. 강과 백사장, 부용대와 어울려 마을의 아름다운 경관도 제공한다.

만송정의 소나무는 류성룡의 형인 겸암 류운룡이 심은 것으로, 허한 마을의 서북쪽에 소나무를 심어 비보하도록 한 것이다. 억센 부용대의 바위 전체가 마을에서 보이지 않도록 하여 경관을 순화한다. 지금의 나무들은 그의 후손들이 심은 것으로 수령이 150년 정도이다. 사진에서도 부용대가 저 너머에 희미하게 보인다.

101 하회마을의 수호신 삼신당 신목.

마을 한가운데 있는 삼신당 신목 101 은 수령이 600여 년 된 느티나무로, 양진당을 지은 류종혜가 심은 것으로 알려졌다. 아기를 점지해 주고 출산과 성장을 도우며 마을을 지키는 신령스런 나무이다. 매년 정월대보름에 이곳에서 마을의 평안을 비는 동제를 지낸다. 하회별신굿 탈놀이도 삼신당에서 시작된다. 개인적으로 하회마을에서 가장 예쁜

곳을 들자면, 삼신당 가는 담길 102 이라고 하겠다.

풍수적으로 보면 하회마을은 앞에서 말한 연화부수형·태극형이기도 하지만, 배가 앞으로 나아가는 행주형이다. 무거우면 배가 가라앉으므로 이 마을의 담들은 돌담이 아니라 흙담이다. 가장 중요한 돛의 역할이 삼신당이고, 닻의 역할이 만송정이라 한다. 주산인 화산의 기운이 삼신당에 응축됐다가 마을 전체로 퍼져 나간다. 하회마을의 집들도 삼신당 신목을 중심으로 이를 뒤에 두고 강을 향하도록 배치하여 남향이 아니라 모두 다른 방향을 바라보고 있다. 좋은 기운을 받으려는 사람들의 정성이 신목 주변에 빼곡히 매달려 있다. 필자도 이 책을 읽고 모두 아름다운 나를 만나기를 바라는 쪽지 한 장을 써서 매달았다.

102 삼신당으로 가는 흙담길.

103 하회마을 초입에 자리 잡은 하회교회. 하회마을의 너그러움과 개방성을 증명한다.

원지정사는 류성룡이 선조 9년(1576)에 부친상을 당해 낙향하여 서재로 쓰려고 지은 것이다. 원지는 그가 약으로 즐겨 먹은 약초의 이름이기도 하고, 머나먼 북녘 한양의 임금님을 그리워하는 류성룡의 뜻을 담고 있다. 제비가 앉아 쉰다는 가파른 2층 누각 연좌루에서 물안개에 덮힌 강변 풍경이 보인다. 지금 일반 관광객은 오르지 못하게 한다.

하회마을이 단순히 풍산 류씨가 600여 년간 대대로 살아온 동성同姓마을이기만 했다면 그 가치는 지금처럼 높지 않았을 것이다. 하회마을에는 양반 기와집 못지않게 초가집도 많고 잘 보존되어 왔다. 그리고 이곳에 사는 민중들의 문화도 별신굿 탈놀이에서처럼 잘 살아 있다. 큰 기와집을 중심으로 주변의 초가집들이 원형을 이루며 조화롭게 배치되어 나름의 질서 속에 삶을 영위해 왔다. 하드웨어를 보면 소프트웨어를 짐작할 수 있다.

하회마을을 방문하면 인상적인 것 중 하나가 100년 넘은 교회(1921년 설립)가 마을 초입 강변에 아름답게 서 있는 것이다.[103] 물론 어려움은 있었겠지만, 보수적이고 완고한 유교 전통 마을에서 교회가 오랫동안 예배를 할 수 있었다는 것은 하회마을의 너그러움과 개방성을 증거한다. 다음은 류성룡의 손자 졸재 류원지가 꼽은 하회마을의 아름다운 경치 16곳, 이른바 '하회 16경'이다.

입암청창 형제바위에 흐르는 맑은 물

마암노도 갈모바위에 부딪히는 성난 물결

화수용월 화산에 솟아오르는 달

산봉숙운 구름에 잠긴 마늘봉

송림제설 눈 치운 뒤 만송정 솔숲

율원취원 율원의 연기 피어나는 경치

수봉상풍 남산 수봉의 아름다운 단풍

도잔행인 상봉정 비탈길을 지나는 나그네들

남포홍교 남쪽 나루의 무지개 섶다리

원봉영우 원지산에 신비하게 내리는 비

반기수조 물가 넓은 바위에 앉아 낚시하는 낚시꾼

적벽호가 부용대에서 들려오는 노랫소리

강촌어화 강촌의 고기잡이 불빛

도두횡주 나루에 매어 있는 나룻배

수림낙하 수림에 지는 저녁노을

평사하안 만송정 앞 드넓은 모래밭에 내려앉은 기러기

하회별신굿과 선유줄불놀이

하회별신굿 탈놀이는 2022년 11월 모로코 라바트에서 열린 제17차 무형문화유산보호협약 정부간위원회에서 인류무형문화유산으로 등재되었다. 하회별신굿은 풍물굿의 잡스러움에 머물지 않고 예술적 연극을 하는 탈놀이로 발전하여 이른바 하회탈과 하회 탈놀이를 창출하였다. 현재 탈놀이는 복원되어 관광객을 상대로 공연되고 있으나, 별신굿은 제대로 전승되지 않고 있다. 탈놀이도 주민들이 아니라 기능보유자를 비롯한 전수자들에 의해 전승되고 있다.

하회탈은 국보 제121호로 지정되어 국립중앙박물관에 보존되어 있다. 고려 중기의 것으로 추측되는 하회탈이 다른 고장의 탈과 달리 700여 년간 잘 보존되어 전승된 것은 민속신앙의 종교적 기능과 더불어 옻칠의 보존 능력 덕분이다.

하회탈은 별신굿을 할 때 쓰는 탈로서 마을을 지켜 주는 서낭신과 같은 신성한 주술물로 인식되었다. 양반, 선비, 중, 백정, 초랭이

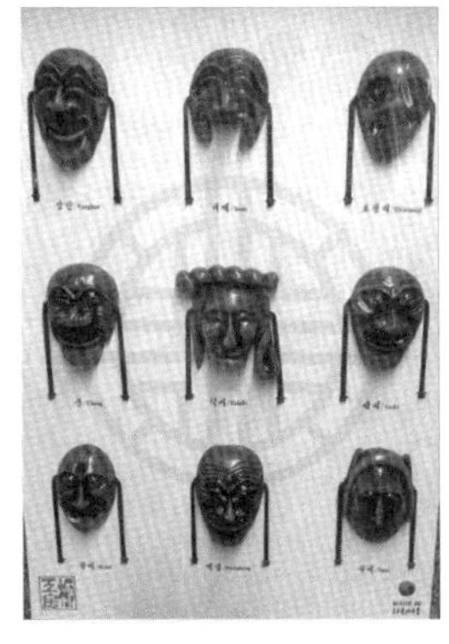

104 9종으로 구성된 하회탈. 105 안동 하회마을 하회탈 전시장의 하회탈춤 모형.

(촐랑거리고 방정맞은 하인), 이매(얼굴은 사람, 몸은 짐승인 도깨비), 할미, 부네(기생), 각시 등 9종의 탈로 구성된다. 104

하회탈은 한국인의 얼굴을 반영하면서도 이목구비가 기형적이다. 이는 부조리한 사회를 고발하고 풍자하기 위한 의도된 조형 의식이다. 부조화의 조화, 불통일의 통일, 미완성의 완성을 획득한 변증법적 미학으로 해석할 수 있다. 우리 사회의 상(양반과 선비), 하(이매, 초랭이), 어리석음(양반과 이매)과 지혜로움(선비, 초랭이), 남녀노소의 관계를 잘 구현하고 있다.

하회 탈놀이는 강신(신내림), 무동마당, 주지마당, 백정마당, 할미마당, 파계승마당, 양반·선비 마당, 당제, 혼례, 신방마당 순서로 구성되어 있다. 별신굿을 하는 목적은 처녀 서낭신을 마을로 모시고 와서 굿으로 위로하고 주술적으로 풍요 다산을 기원하는 것이다. 105

풍요 다산을 기원하는 양식이, 중의 타락과 양반·선비의 몰염치함을 망신 주는 풍자적 연극으로 발전하였다. 12세기 중엽부터 상민들이 놀이로 즐기고, 탈을 태우며 노는 뒷풀이가 없는 것이 특징이다. 우리나라 가면극의 발생과 기원을 밝히는 귀중한 자료로서의 가치를 인정받아 1980년 11월 국가 무형문화유산으로 지정되었다.

양반들은 하회 탈놀이 현장에서 어울리며 춤을 추지는 않았지만 보고 후원하였다. 탈이라는 가면을 씀으로써 피지배층은 용기를 얻어 평소 하고 싶었던 말, 몸짓을 마음껏 할 수 있었다. 놀이를 통하여 억압되었던 감정 표현이 일시적으로 허용되었다. 이를 통한 카타르시스 경험은 계층 간의 파괴적·폭력적 갈등이 수면 위로 나타나지 않게 하는 완충작용 내지 안전장치 역할을 했다. 다른 마을들과 달리 여러 차례의 민란, 임진왜란, 한국전쟁 때도 마을의 양반집들이 훼손되지 않은 이유이다. 그런 해소를 허용하는 지혜가 하회마을의 위대함이고 21세기를 사는 우리가 배울 점이다.

하회마을은 전형적인 양반촌이면서도 하회별신굿 탈놀이를 비롯한 민중문화가 양반문화와 조화를 이루면서 전승되었다는 특징이 있다. 특히 양반의 놀이문화인 하회 선유줄불놀이는 이 지역의 역사적·문화적 특징을 고스란히 간직하고 있다. 하회 선유줄불놀이의 전개 과정은 다음과 같다.

만송정에서 강 건너를 바라다보면 높은 바위 벼랑이 우뚝하게 서 있다. 이 벼랑에서 강으로 여러 가닥의 줄을 늘인다. 줄마다 장치를 한 뒤 준비가 되면, 신호에 따라 벼랑 위의 사람들이 불을 댕긴다. 줄을 타고 불이 타 옮겨 가면서 장관을 이룬다. 이때 강물 위에는 달걀 껍질 속에 기름을 묻힌 솜을 넣고 불을 붙인 수백 개의 달걀 불들이 수면을 아로새기며 유유히 떠내려 온다. 흥을 돋우기 위해 뱃놀이, 즉 선유船遊를 한다. 배와 기생, 사공이 선유놀이의 필수 요소이고, 주인공은 지방 유지인 양반이다. 배 위에서 음주가무와 시 짓기 놀이가 벌어진다. 표주박에 기름 먹인 솜을 넣고 불을 붙여 강물에 띄운 뒤 그 불이 옥연정사 앞의 소沼에 이를 때까지 시 한 수를 완전히 읊으면 일행은 '낙화야!' 하고 크게 외친다.

선유줄불놀이는 마을 사회를 구성하는 상하층이 협력해서 7월 그믐에 시행하는 놀이로서, 상류층의 미적·문화적 취향이 중요하게 반영됨과 동시에 하층의 노동력이 생산해 낸 상부상조의 놀이문화이다. 1930년대까지 전승되다 단절된 것을 오늘날 다시 복원하여 재현하고 있다.

하회마을은 낙동강변의 평지라 반상班常의 집이 혼재되어 있다. 섞여 살다 보니 하회 탈놀이나 선유줄불놀이로 구분하여 놀았겠지만 서로 협력하고 지원하였을 것이다.

두 집안 이야기,
경주 양동마을

한국에서 전통 고택이 많이 보존되어 있는 대표적 민속마을은 안동 하회마을과 경주 양동마을이다. 하회마을의 스타가 류성룡이라면, 양동마을의 대표 인물은 이언적이다. 두 마을을 비교하면서 양동마을이 제일이고 하회를 그다음이라 치는 이들이 있는가 하면, 하회를 제일이라 생각하는 사람들도 있다. 이는 마치 베토벤과 모차르트를 비교하는 것과 같다. 지금은 양동이 하회보다 더 품격 있는 마을로 보존되고 있다는 평이 있다.

실제로 하회마을은 초입에 하회장터 등 온갖 상업 시설과 기념품점 등이 자리를 잡고 있고, 입장료도 개인 5천 원(양동 4천 원), 단체 4천 원(양동 3,400원)을 받고 있다. 또한, 마을 내 이동 전동차를 1만 5천 원, 자전거를 1만 원에 탈 수 있게 호객을 하고 있다. 방문할 때마다 볼 수 없거나 돈을 내야 들어갈 수 있는 공간이 늘어 아쉬움이 크다.

양동마을은 기적적으로 살아 숨 쉬는 전통 마을이다. 그러나 관광객을 위한 민속마을은 아니다. 이 마을에는 종손들이 중심을 잡고 젊은 아낙들과 어린이들의 활기가 있다. 그러면서도 마을의 구조와 살림집의 모습은 물론, 산과 들의 자연까지 고스란히 보존된 곳이다.[4] 다만, 상업적으로 하회마을을 따라 하려는 것이 걱정스럽다. 물론 주민들 입장에서 먹고사는 문제는 가장 중요할 테니 이해해야 하는 부분이기도 하다.

양동마을의 '양良'은 좋다, 아름답다는 뜻이며, '동洞'은 물을 뜻하는 삼수변과 모두 함께라는 뜻의 동同이 결합된 글자다. 즉, 양동은 마음이 어질고 아름다운 사람들이 함께 같은 물을 마시며 사는 공동체인 것이다. 양동(마을)은 신라 천 년의 역사 위에 조선 5백 년이 더해진 엄청난 곳이다. 의학 기술이 발달한 현대에도 백 년을 못 사는 인간은 이런 곳에서 오래됨의 미학을 자주 몸소 느껴야 큰사람, 된 사람이 될 수 있다.

양동마을은 17세기 이후 국가에서 편찬한 지리지나 지도에 마을 이름과 옥산서원 등이 기재된 사실에서 당대에도 이미 전국적인 명성을 누렸음을 확인할 수 있다. 풍수 조건을 잘 갖춘 곳을 골라 터를 잡고, 생산 · 생활 · 의식의 영역에 걸친 정주 환경이 기능적 · 경관적으로 완전성을 유지하고 있다. 양동마을은《택리지》에 삼남의 4대 길지로 전해 온다.

양동마을은 풍수지리적으로 경주에서 흘러오는 형산강 물이 마을을 거꾸로 흐르는 역수지형逆水地形이다. 이런 형국에서는 마을이 번창하고 인물이 많이 난다고 한다. 물의 흐름 또한 완만하여 재물이 쌓이고 사람들이 여유가 있어 매사에 서두르지 않는다.

양동마을은 하회마을과 함께 한국에 남아 있는 집성촌 중에서도 마을을 구성하는 유형적 · 무형적 요소들이 잘 남아 유지되고 있다. 가옥 · 정자 · 서당 · 서원 등 유교 관련 시설이 보존되어 있고, 전통적인 제사 의례와 공동체적인 결속을 위한 마을 동제 등이 전승되어 왔다. 대략 60여 채의 기와집과 100여 호의 초가가 조화를 이루고 있다. 5백 년의 역사를 지닌 조선 상류 주택의 품격과 스케일을 종합적으로 느낄 수 있는 명소이다.

주산인 설창산과 안산인 성주봉을 중심으로 양동마을의 전체 형국은 물勿 자 형국이다. 주산인 설창산에서 갈라져 나온 네 군데 지맥의 이쪽저쪽에 집들이 자리하고 있는데, 그렇게 뻗어 내린 모습이 한자 물 자와 같다. 이런 형세이다 보니 겨울에 찬바람이 들이치지 않는다. 양동은 동네로 들어오는 입구가 좁고, 들어올수록 점점 넓어지는 형세다. 거기에다 네 개의 언덕이 가로막아 바람을 여과해 주어 바람이 누그러질 수밖에 없다. 일조량도 많다. 앞이 낮고 뒤가 높아 햇빛을 받는 데 지장이 없다.

106 양동마을 안내도. 양동마을의 지형과 고택의 위치가 확인된다.

양동마을에는 보물로 지정된 가옥이 4채(향단, 관가정, 무첨당, 독락당), 중요민속자료로 지정된 건축물이 12채이다. 한 마을에 이렇게 많은 수의 국가 지정문화재가 있는 것은 역시 양동마을과 하회마을 외에는 찾아볼 수 없다. 전국에 현존하는 살림집 가운데 임진왜란 이전에 세워진 집이 10채 내외인데, 양동마을에 손씨 대종가인 서백당과 관가정, 이씨의 대종가인 무첨당과 향단 등 4채나 된다.[106]

양동마을에서 가장 오래된 고택이 경주 손씨 대종택 서백당이다. 1458년 이시애의 난 때 공을 세운 손소가 양동마을에 정착하면서 안골에 지은 집이다. EBS 프로그램 〈건축탐구 집〉에서 선정한 한옥 중 최고의 집이다. '서백書百'은 참을 인忍 자를 백 번씩 쓴다는 의미다. 종손 노릇하기가 그만큼 어렵다는 뜻이다. 서백당은 20대 550년의 역사를 자랑한다.[107]

[107] 양동마을에서 가장 오래된 고택, 서백당.

우리나라에서 가장 오래된 살림집은 1330년에 지어진 최영 장군의 고택으로 전하는 아산의 맹씨행단이다. 지금은 사랑채와 부속채들이 없어지고 안채도 일부만 남아 있는 불완전 주택이다. 살림집의 모습이 온전히 남아 있는 주택으로는 서백당이 우리나라에서 가장 오래되었다.

서백당에는 삼현선생지지三賢先生之地라는 풍수설화가 전한다. 이 터는 3명의 큰 인물이 태어날 곳인데, 손소의 아들 손중돈(지금의 대통령 비서실장과 감사원장 역임)과 외손인 회재 이언적(성리학의 대가이자 경상감사, 이조판서, 형조판서 등의 관직을 역임한 동방오현 중 한 사람)이 이 집에서 태어났다. 아직 한 명이 남아 있다. 마지막 한 사람은 누구일까? 앞의 사진 107 에서 짓다 만 담 같은 '내외담'을 중심으로 왼쪽의 서백당 사랑채와 큰 인물들의 산실인 오른쪽 안채가 구분된다. 서백당 누마루에서 문필봉인 성주봉이 한눈에 들어온다. 풍수적으로 큰 인물, 특히 학자들이 태어나는 배경이라고 한다.

이 집엔 우물이 없다. 우물을 파면 명당의 혈이 깨지기 때문이다. 아랫마을까지 가서 물을 퍼 온 하인들의 고달픔이 느껴진다. 가파른 길 위 높은 곳에 자리 잡은 서백당을 품위 있는 고택으로 느끼게 하는 첫 번째 요소는 넓은 마당 우측에 자리 잡은 향나무이다. 수령이 5백년이 넘었으며 천연기념물 제8호로 지정되었다. 108

양동마을에는 손씨 고택 외에 여강 이씨 고택도 많다. 동네 중심의 무첨당(보물 제411호)은 1500년대 초반에 지어진 집이다. 5백 년

108 서백당 누마루에서 내려다본 풍경. 수령 500년의 향나무와 문필봉인 성주봉이 보인다.

이나 된 이 집에 이언적의 17대 종손이 살고 있다. 이언적이 양동에서 배출된 이후로 양동에는 손씨와 이씨 두 집안의 고택들이 경쟁적으로 들어섰다.

이언적은 손씨 대종가에서 바로 보이지 않도록 산 능선 하나를 넘은 물봉골 언덕 중턱에 여강 이씨의 대종가가 된 무첨당을 지었다. '무첨無忝'은 조상을 욕보이지 않겠다는 의미다. 집 안에는 무첨당이란 당호 옆에 '좌해금서左海琴書'라는 현판이 걸려 있다. 대원군의 글씨로 '영남에서 선비가 살 만한 곳'이라는 뜻이다.

서백당이 은둔과 소박을 떠올리게 한다면, 무첨당은 화려하고 과시적이라고 느껴진다. 누마루의 난간도 서백당이 평범한 평난간인 반면, 무첨당은 난간대가 밖으로 돌출된 구름 같은 계자난간이다. 그 아래 기둥은 원통이고 주춧돌은 네모반듯하여 하늘은 둥글고 땅은 네모나다는 천원지방과 결국 무첨당이 천상계라는 상징성을 전달한다. 두 집안 간의 은근한 경쟁의식이 엿보인다.

이외에 여강 이씨 수졸당파의 종가로 높직한 곳에 위치한 수졸당이 유명하다40쪽 사진 1 참조. '수졸守拙'은 이언적의 넷째 손자 이의잠의 호로 '졸렬함을 지킨다'는 뜻이다. 다시 말해서, 완성된 이후에 겸손함을 늘 깨우치는 집이다. 안동의 퇴계 이황 집안의 종택, 서울 강남에 있는 '빈자의 미학'의 건축가 승효상이 설계한 유홍준 집의 이름이기도 하다. 특히 안동 수졸당은 제사 음식으로 건진국수가 알려져 있다. 물속의 군자라 불리는 은어를 달인 육수 맛이 일품이다.

양동에서 주목할 것은 이곳이 백호가 강하다는 점이다. 백호는 여자 · 외가 쪽을 뜻하여 외손발복지外孫發福地라는 설인데, 이씨는 손씨 집안의 외손이었다. 월성 손씨 가문과 여강 이씨 가문, 사돈 간인 두 가문은 대외적으로는 협력하며 내부적으로는 경쟁하는 관계이다. 손씨와 이씨의 경쟁과 협력은 하회마을에서는 볼 수 없는 재미다.

두 가문 경쟁의 하이라이트는 양동 어귀의 두 집, 관가정109과 향단110이다. 관가정과 향단은 마을 입구라는 상징성을 확보하고 안강의 넓은 들을 관리하기 위해 지어진 집이다. 안강 들이 바라다보

위 109 관가정. 월성 손씨 집안의 종가이다. 아래 110 향단. 경상 감사인 이언적이 병든 어머니를 돌보도록 중종 임금이 하사한 집이라고 한다.

이는 마을의 가장 서쪽 골짜기에 나란히 자리하고 있다.

손씨 집안의 종가인 관가정(보물 제442호)은 더 높은 곳에 위치하지만, 깊이 들어앉았다. 이 집의 이름은 '농사짓는 풍경을 보는 정자'란 뜻이다. 그래서 마을 진입로에서 관가정을 바라볼 때는 평범한 기와집으로 보이지만, 올라와 보면 이 마을 가운데 가장 드넓은 경관을 가진 집임을 알 수 있다. 이 집을 대표하는 것은 더 넓은 자연을 감상할 수 있는 사랑채의 누마루다.

이씨 집안의 향단(보물 제412호)은 종가인 무첨당보다 큰 집으로, 풍수지리적으로 집을 지어 기존의 양반집과 달리 개성적이고 파격적이다. 웅장한 성 같다. 향단은 위치도 위치지만 일체의 장애물 없이 건물 외관 전체를 노출시킴으로써 마을에서 가장 눈에 잘 띈다. '향단香壇'이란 조상이나 신에게 향을 피워 올리는 향주머니를 뜻하기도 하고, 향나무 한 그루가 랜드마크로 서 있어서 붙은 이름이기도 하다. 이 집은 이언적이 경상 감사 시절 병환 중인 어머니를 돌보도록 중종 임금이 하사한 집이라고 하고, 이언적이 동생에게 지어주었다고도 한다. 밖에서 보이는 첫 느낌은 마치 옆으로 펴진 오대산 중대 사자암155쪽 사진 62 참조 같다. 안으로 들어가면 중정이 2개 있으며, 행랑채 · 사랑채 · 마당이 모두 연결되어 있다. 어머니가 계신 안채를 외부 시선으로부터 보호하면서도 어머니에게 모든 것이 집중되도록 한 특별한 구조이다.

서원은 마을에서 다소 떨어진 곳에 위치하고 있는데, 마을이 배출한 인물을 모시고 있다. 이언적을 모신 옥산서원은 마을에서 서쪽으로 10킬로미터 떨어진 곳에, 손중돈을 모신 동강서원은 마을 동쪽으로 4킬로미터 거리에 있다. 마을과 긴밀히 연계되는 서원이 주변에 갖추어진 마을은 양동마을과 하회마을뿐이다. 옥산서원은 이언적이 사망한 지 20년이 지나서 설립되었다.

이언적은 영남사림의 큰 인물이다. 그가 40세에 낙향 은거한 곳이 바로 옥산동의 자계계곡이다. 그는 계곡 중심부에 별서인 '홀로 즐기는 집', 독락당獨樂堂(보물 제413호)을 경영하면서 자연 속에서 살았다. 독락당은 자연에는 개방적이지만 인간 환경에는 폐쇄적이다. 담양의 소쇄원이 제한된 범위에서나마 공공적 · 사회적이라면, 독락당은 지극히 개인적이며 독존적이다. 그러나 소쇄원도 경관 조성상 독락당과 마찬가지로 외부에서 들어오는 시선을 차단하고 스스로를 은폐시키는 것은 마찬가지다.

바깥에서는 안 보이고 안에서는 트여 있는 곳에 깃들고 싶은 것은 인간의 근원적 심성에서 우러나오는 생리적 욕구이다. 먹이사슬의 어중간한 위치에 자리한 인간이 풍수지리를 중요시하는 이유도, 나는 사냥꾼에 노출되지 않으면서 먹잇감은 잘 보겠다는 생존 의지와 관련이 있다. 그러나 시선을 통해 외부를 지배하고 독점하려는 외향적인 의지가 역력하게 드러나는 서양 집들에 비하면, 우리네 집들은 가능한 한 시선을 피하고 밖으로 드러나는 것을 꺼린다.

이언적은 이곳에서 학문과 수양에 몰두하였다. 외부와의 접촉은 사양한 채 자연 속에서 오로지 홀로 즐기며 학문에 최선을 다하다가 다시 벼슬길에 나선다. 그는 〈임거십오영〉을 통해 독락당에서의 생활을 노래하였다. 그러나 한편으로 이 정도의 인물이 굳이 혼자 즐기는 '독락'을 해야 했을까 하는 의문도 든다. 모두가 즐기는 여민동락與民同樂의 전통을 세우는 노력을 했으면 어땠을까? 그래서 맹자나 세종대왕이 위대한 것이다.

독락당은 담으로 이어지는 곳이다. 이 담장은 자계천으로 이어지는데, 평행하는 두 담장 사이에 향나무 한 그루가 비스듬히 자리하고 있어 영원히 만나지 않을 수평 관계를 이어주고 있다.111 불현듯 루크레티우스의 클리나멘Clinamen이 떠오른다. 이탈과 탈주의 힘으로 불화하는 세상을 연결하고야 마는 자유의지 말이다. 나의 몸과 마음, 나와 너, 나와 세계를 가로질러야 한다. 저항하는 중력과 안주하려는 관성을 돌파해야 자유로운 나를 만날 수 있다.

111 독락당 담장 사이에 비스듬히 자란 향나무.

112 자계계곡 쪽에서 바라본 독락당의 풍경.

개별적인 것도 예쁘지만 오랫동안 하나와 전체, 다름과 같음, 경쟁과 협력, 갈등과 화해 속에서 생명력을 유지하는 것들은 정말 아름답다. 양동과 하회에서 배워야 할 것은 고전과 질서에 대한 존중, 인화와 겸손, 닫힌 듯 열린 현명한 개방성, 아랫사람과 윗사람에 대한 상호 배려이다.

한옥과 명문 고택의 미

많이 변하고 속히 달라지는 요즘 세상에 변하지 않는 것이 있다는 것은 우리를 즐겁게 한다. 거기에 그렇게 오래 버티고 있다는 사실에서 우리는 감동을 받는다. 그래서 고마운 것이다. 집은 사람을 닮는다. 사람은 자신의 능력과 취향에 따라 집을 짓기 때문이다. 그리고 사람은 집을 닮는다. 사람이 살면서 가장 오랜 시간을 머무는 곳이기 때문이다. 사람과 집은 하나다. 사람을 보면 그가 사는 집이 보이고, 집을 보면 그 안에 사는 이의 모습이 느껴진다. 우리나라에서는 예로부터 사람에게 인격이 있듯이 집에도 가격家格이 있다고 여겨, 집을 하나의 주체로 간주하였다.[5]

한국의 집, 한옥의 아름다움은 건물 자체에 있는 것이 아니라 자연과 건물, 건물과 건물, 건물과 사람 사이의 열린 관계에 있다. 궁극적으로 건물이 자연이 되도록 하는 것이 한옥의 사상이다. 집이 문화가 되는 이유는 단순히 기능적인 필요 이상의 철학과 가치관이 담겨 있기 때문이다. 사람들이 가장 많은 시간을 보내는 집이야말로 그 민족의 문화 의지와 삶의 철학이 농축된 공간이다. 전통 한옥에는 한국인 특유의 자연친화적인 세계관과, 자연과 더불어 살아가려는 삶의 지혜가 담겨 있다.

한옥은 풍수에 따라 집터를 정하고, 여름에는 바람이 잘 통하고 겨울에는 햇빛이 잘 들게 집의 향을 잡는다. 또, 가능하면 그 지역에서 나오는 흙이나 돌, 나무 등의 재료를 사용하여 자연과 어울리는 모습으로 지었다. 건물의 규모도 좌식 생활에 맞게 적당한 높이와 비례로 너무 웅장하거나 궁색하지 않게 하였다.

사계절이 뚜렷한 탓에 방 사이의 벽은 서양 건축에서처럼 견고하게 고정하지 않고 문을 쉽게 여닫을 수 있도록 하여 기후 변화에 적응하고자 했다. 여름에는 문을 모두 위로 제쳐 열어 기둥만 있는 누각처럼 만들 수도 있다. 방과 방, 안과 밖이 나뉘어 있지만 필요에 따라 언제든지 하나로 합쳐질 수 있도록 융통성 있는 구조로 되어 있다.

마루는 처마 밑에 있으므로 비를 맞지 않는 공간이다. 그러면서도 외부의 햇볕과 공기를 직접 접촉할 수 있는 실내이면서 실외이다. 마루는 나무로 되어 있어서 친근한 촉감을 준다. 내외 겸용의 이 완충 공간은 정서적 기능이 있다. 바로 여유이다. 한옥이 주는 알 수 없는 한가로움과 여유는 바로 마루에서 나온다. 밖에서 안으로 들어올 때나 안에서 밖으로 나갈 때 반드시 마루를 거쳐야 한다. 거치면서 감정이 여과된다. 바쁜 마음이 느슨해지고 성난 마음이 가라앉는다.

온돌 혹은 구들이라고 부르는 난방 방법은 아궁이에 장작을 때서 불을 피워 구들장을 덥히고 굴뚝을 통해 연기를 빼내는 방식이다. 구들장에서 나온 열기는 복사 현상으로 방 전체에 퍼지고, 방 안의 공기가 위아래로 순환된다. 선사시대부터 내려오는 한국 고유의 난방 방식이다.

한옥의 구조에서 빼놓을 수 없는 장소는 마당이다. 마당은 집 내부와 외부의 중간에 위치하여 외출하거나 외부인이 방문할 때 거치는 곳이다. 한옥의 각 개별 공간은 마당을 중심으로 배치되며, 마당과 각 공간의 반半 개방적 연계를 통하여 전체가 구성된다.[6]

마당은 평소에는 비어 있지만, 바람을 잘 통하게 하고 각종 행사와 만남이 이루어지는 소규모의 다기능 복합 문화공간이다. 정월대보름의 마당밟기, 윷놀이 등도 이곳에서 이루어진다. 또, 가을철 수확기에는 곡식을 말리고 타작한 곡물을 쌓아 두는 장소로 활용된다. 서양의 정원과 달리, 한옥의 앞마당은 조경으로 채우지 않고 나무나 화초는 주로 뒷마당에 심는다. 《장자》〈외물〉편에 '무용지용無用之用'이란 말이 있다. '쓸모없어 보이는 게 되레 크게 쓰인다'는 뜻이다. 동양화의 여백처럼 한옥의 마당은 그런 철학이 담긴 곳이다.

천장, 벽, 창문, 바닥 등 곳곳에 바른 한지 역시 살아 숨 쉬는 자연이다. 한지는 주로 닥나무로 만드는데, "한지는 천 년을 가고 비단은 5백 년을 간다"는 말이 있을 정도로 질이 우수하다. 한지는 섬유 사이에 무수한 구멍이 있어 환기가 잘 되면서 보온에도 뛰어나다. 또, 공기 중에 습기가 많으면 빨아들이고 건조하면 습기를 내뿜어 자동으로 습도를 조절하는 역할을 한다.

집이 하드웨어라면, 가풍은 소프트웨어이다. 이 두 가지가 잘 갖추어진 집을 우리는 '명문가'라고 한다. 그러면 어떤 집안이 한국의 명문가에 해당하는가? 그 집 선조가 어떻게 살았느냐가 중요하다. 꼭 벼슬이 높아야 명문가가 되는 것은 아니다. 얼마나 진선미에 부합하는 삶을 살았느냐가 중요하다. 그렇다면 그 집안 사람들이 어떻게 살았는지를 파악하는 실질적인 증거는 무엇인가? 바로 오래된 집, 고택이다. 전통 고택을 현재까지 유지하고 있는 집을 명문가라 한다. 서구화와 산업화의 거센 비바람을 맞으면서 지금까지 고택을 유지한다는 것 자체가 명문가가 아니면 불가능한 일이다.[7]

경제력만으로는 집을 수백 년 유지할 수 없다. 조상의 음덕, 나그네에 대한 환대, 주변 사람들에 대한 배려가 오래 이어지지 못했다면 가능할 수 없었을 것이다. 이외에도 수십 칸의 고택을 현재까지 보유하고 있는 집안에서는 다음과 같은 특징을 발견할 수 있다.

첫째는 역사성이다. 수백 년의 역사를 지녔다는 것, 역사가 오래되었다는 것은 전통문화와 가풍이 축적되어 있음을 의미한다. 둘째는 도덕성이다. 도덕성이 뒷받침되어 있지 않다면 수백 년간 집안을 건사해 올 수 없다. 셋째는 인물이다. 학문과 인품이 훌륭한 인물이 그 집안에서 배출되었기 때문에 그 집이 유지될 수 있었다. 큰 인물이 배출되면 후손들은 자부심을 갖게 되고, 이는 후손들의 행동 반경을 제약하는 계율로 작용한다. 큰 거울이 되어 후손들 스스로 행동거지를 조심하게 된다. 넷째는 명당이다. 현재까지 남아 있는 고택들은 풍수적으로 명당에 자리 잡고 있다. 다섯째는 집안 내 화목이다. 서산 계암고택 사랑채에는 가족의 중요함을 일깨워 주는 추사의 유명한 글이 걸려 있다.[8]

좋은 반찬은 두부, 오이, 생강, 나물이요 大烹豆腐瓜薑菜
훌륭한 모임은 부부와 아들, 딸, 손자와의 만남이다 高會夫妻兒女孫

이러한 기준에 맞는 전국의 명문 고택 몇 곳을 소개한다.

조선의 노블레스 오블리주, 경주 최부잣집

경주 교동 69번지의 최부자 고택은 사적 제16호이자 중요민속자료 제27호로 지정되어 있다. 성의 모양이 반달 같다 하여 이름 붙여진 신라의 궁궐 반월성이 있던 자리다. 신라의 요석공주가 원효와의 사이에서 설총을 낳은 곳에 들어선 것이 최부잣집이다. 왕기와 재기가 서린 이곳에서 최부잣집은 7대에 이은 재력을 유지하였다. 이 집의 안산이 경주남산이다.

최부잣집은 조선 선조 때 무과 벼슬을 한 정무공 최진립(임진왜란과 병자호란에 모두 참전)이 기초를 다진 고택으로, 300년 동안 만석꾼의 부를 유지하였다. 그러나 부보다 중요한 것은 최부잣집이 조선시대 가진 자의 사회적 책임을 다한 명문가의 상징이라는 점이다. 9대 동안 진사를 지내고 12대 동안 만석을 한 집안으로, 조선 팔도에 이런 집안은 없다.

최씨 가문이 부를 일으킨 방식은 토지개간과 병작제였다. 경주와 포항 일대의 형산강 상류가 합쳐지는 곳에 둑을 쌓아 대대적으로 농토를 조성하고, 소작인과 소출을 반반씩 나누는 병작제를 운영했다. 수탈과 횡포가 일반화된 시대에 소작인들은 소출을 반반씩 나누는 최씨 가문의 토지 개간에 적극 협력하였다. 경주, 월성, 안강, 울주 땅의 대부분이 이 집 소유였다. 1만여 평의 후원에 집터 부지만 2천 평, 아흔아홉 칸 집에 노비만 1백여 명이었다. 지금은 사랑채 등이 1970년 화재로 소실되어 주춧돌만 남고 안채와 문간채, 곳간채만 남은 상태이다.

113 정갈한 최부잣집 안채.

이 집에서 눈여겨볼 것은 안채[113]로 들어가는 대문의 구조이다. 안채 대문에 칸막이가 설치되어 곧바로 못 들어가고 옆으로 돌아서 들어가게 되어 있다. 이는 여자들의 살림 공간인 안채 내부를 바깥에서 정면으로 볼 수 없게 하기 위함이다. 일종의 발을 쳐 놓은 것이다. 그리고 마당 안쪽 곳간채에는 700~800석은 족히 들어가는, 우리나라에서 개인 집 '뒤주'로는 가장 크다고 하는 곳간이 있다.[114] 최부잣집의 부를 단적으로 보여 준다.

인심 넉넉한 부잣집답게 최부잣집에는 과객이 끊이질 않아, 많이 머물 때에는 100명을 넘었다고 한다. 하루에 100명까지는 사랑채와 행랑채에, 그 이상은 주변에 있는 노비와 소작농 집에 분산 수용했다고 한다. 부득이 그럴 때에는 과객의 식사를 해결할 수 있도록 과메

114 최부잣잡 곳간채. 700~800석의 쌀을 보관하던 쌀 창고이다.

기 한 마리와 쌀을 들려 보냈다. 과객을 접대하는 소작농은 그 대가로 소작료를 면제받았다. 최부잣집에서는 과객 접대가 주요한 임무였던 것이다. 최부잣집의 과객 대접이 후하다는 소문은 조선 팔도로 퍼졌고, 이는 결국 최부잣집의 덕으로 연결되었다. 1671년 현종 때 큰 흉년이 들자, 최부잣집 바깥마당에 큰 솥이 걸렸다. 곳간을 열어 굶주린 사람들을 먹인 것이다.

최부잣집은 특히 가훈이 유명하다. 첫째, 과거를 보되 진사 이상의 벼슬은 하지 말라. 둘째, 재산은 만 석 이상 소유하지 말라. 남에게 베풀 수 있는 것 이상의 욕심을 절제하라는 뜻이다. 셋째, 과객을 후하게 대접하라. 이로 인해 이 집의 인정과 덕이 전국에 소문나게 된다. 넷째, 흉년에는 땅을 사지 말라. 남의 불행을 이용하지 말고 이웃과 어려움을 함께하라는 뜻이다. 다섯째, 며느리들은 시집온 뒤 3년 동안 무명옷을 입어라. 검소하게 생활하여 타의 모범을 보이라는 것이다. 여섯째, 사방 백 리 안에 굶어 죽는 사람이 없게 하라. 가장 유명한 가훈이다.

최부잣집은 가훈에 맞는 선행으로 동학 등의 난에도 화를 당한 적이 없다. 독립군 자금을 지원하기도 했다. '육연六然'이라고 하는 개인 수신 가훈도 있다.

자처초연自處超然 스스로 초연하게 지내고

대인애연對人藹然 남에게는 온화하게 대하며

무사징연無事澄然 일이 없을 때는 맑게 지내며

유사감연有事敢然 유사시에는 용감하게 대처하고

득의담연得意淡然 뜻을 얻었을 때는 담담하게 행동하며

실의태연失意泰然 실의에 빠졌을 때는 태연하게 행동하라

나를 지키는 데에는 좋은 태도가 재산보다 중요하다.

시오노 나나미의 《로마인 이야기》에 따르면, 로마 천 년을 지탱해 준 철학은 노블레스 오블리주Noblesse oblige, 곧 특권층의 솔선수범이었다. 로마의 귀족들은 전쟁이 나면 먼저 참전하고, 재난이 나면 재산을 사회에 환원했다. 제1 · 2차 세계대전에 참전하여 가장 많이 죽은 사람들이 귀족이고 옥스퍼드 · 케임브리지대학 졸업생들이라고 한다. 책임지는 것이 귀족이다. 여기서 로마, 더 나아가 유럽을 이끌어 간 리더십이 나왔다. 노블레스 오블리주는 삶의 질을 높이고 삶의 의미를 찾아 준 규범이다. 나는 개인의 문제에 매몰되어 주변을 돌아보지 못하고 있는 것은 아닌가? 반성하기 좋은 곳이 경주 최부잣집이다.

예로부터 좋은 일을 많이 한 집에는 반드시 경사가 있다(積善之家必有餘慶)고 했다. 동학의 창시자 수운 최제우가 이 가문 사람이었다. 대를 이어 실천된 최부잣집의 가훈은 한국의 노블레스 오블리주이다. 이 집의 재산은 모두 영남대 재단에 회사되었다.

소박한 품위,
논산 명재 윤증 고택

충남 논산시 노성면 교촌리에 조선시대 명문 집안인 파평 윤씨 문중에서도 가장 유명한 명재 윤증의 고택 115 이 있다. 명재고택(중요민속자료 제190호)은 전통 한옥 건축의 백미로 꼽힌다. 명재고택이 있는 노성면의 이름은 이곳의 지형이 공자의 고향인 중국 산동성 노성과 같다고 하여 붙여진 이름이다. 노성은 삼남대로(조선시대 한양에서 충청 · 전라 · 경상도 방향으로 가는 길)의 중심지다. 통신망인 봉수대가 노성산에 있어 서울에서 순천으로 소식을 주고받는 통로 역할도 했다. 교촌리라는 지명은 이곳에 노성향교가 있어서 붙여진 이름이다. 노성향교는 고종 때 지었는데, 특이하게도 봄가을에 석존제를 봉행한다. 부처님께 제사를 지낸 독특한 풍습은 조선시대 향리들이 불교를 신봉했던 모습을 보여 준다.

명재고택 뒤 노성산은 전형적인 충청도 산세의 동글동글한 모습을 한 야산이다. 노성산 밑으로는 그보다 작은 둥그런 옥녀봉이 연결되어 있다. 옥녀봉에서 내려온 산줄기가 고택을 감싸면서 좌청룡 우백호를 형성한다. 좌청룡이 우백호보다 낮아 기가 허한 곳을 보하고 드센 곳은 눌러 주는 비보裨補의 목적으로 아름드리 느티나무 세 그루를 심었다. 우백호 끝자락에는 노성향교가, 좌청룡에는 공자의 영정을 봉안한 궐리사가 있다.

115 집 앞 연못을 중심으로 본 명재고택 전경.

명재고택에는 진응수와 지당수가 있다. 명당수라고도 부르는 진응수는 사랑채 앞의 샘물로, 땅속으로 흐르다가 용출하여 사시사철 마르지 않는다. 지당수는 집 안 서쪽의 연못이다. 풍수에서 혈 앞에 고여 있는 물웅덩이를 지당수라고 하는데, 집 안의 기운을 밖으로 흘려보내지 않고 오래도록 집 안에 머물게 한다.

명재고택은 호서 지방을 대표하는 명문가이다. 1538년 논산에 입향한 파평 윤씨는 수많은 학자와 문과 급제자를 배출하여 송시열로 대표되는 회덕의 은진 송씨, 김장생으로 대표되는 연산의 광산 김씨와 더불어 '호서 3대 명문가'로 꼽힌다.

명재고택은 윤증의 맏아들 윤행교와 손자 윤동원이 건축하였다. 윤증은 세상을 떠날 때 "작은 선비로 살다 갔다"고 전하라고 당부했을 만큼 청빈한 선비로 살았다. 건축 당시 윤증은 근검을 이유로 건축 자체를 반대하였다. 그래서 이곳에 살지 않고 원래 살던 초가집인 유봉정사에 머물렀다. 유봉정사는 윤증이 안빈낙도를 꿈꾸며 지은 집으로, 그는 1714년 86세에 세상을 떠날 때까지 그 집에서 살았다. 윤증 사후 10년 뒤에 그 후손들이 지금의 명재고택에 들어갔다.

윤증은 아버지 윤선거와 그가 일곱 살 때 일어난 병자호란 당시 강화에서 자결 순국한 어머니 사이에서 태어났다. 할아버지는 병자호란 때 청나라에 항복하는 것에 반대한 윤황이다. 그는 나라가 처한 굴욕에 비분강개하여 자손들에게 "벼슬길에 나서지 말라"고 유언하였다. 대단한 집안이다. 윤증은 아버지가 돌아가시자 초막에서 3년간 시묘살이를 했다. 숙종은 그에게 호조참의, 대사헌, 우참찬, 좌찬성, 우의정 등의 벼슬을 내렸으나 끝내 한 번도 벼슬길에 나서지 않았다. 1710년에는 윤증이 병들어 고생한다는 소문을 듣고 어의와 음식을 내렸으나 역시 사양하였다. 윤증이 세상을 떠났다는 소식을 듣고 숙종은 시를 지어 보냈다.

유림은 도덕을 숭상했고
소자도 일찍이 흠앙했네.

평생 한 번 만나 보지 못했기에
사후에 한이 더욱 깊어지네.

명재고택은 우리나라에서 전통미를 간직한 몇 안되는 고택 중의 하나로 꼽힌다. 전통미를 간직한 고택으로 대체적으로 강릉의 선교장과 논산의 명재고택을 꼽는다. 선교장이 웅장한 장莊급 고택이라면, 명재고택은 소박하면서도 조선 사대부가의 품위가 어려 있는 고택으로 알려져 있다. 아름답기도 하지만 보존도 잘되어 있어서 많은 건축가들과 사진작가들이 수시로 다녀가는 필수 답사 코스이다.

고택은 사랑채 앞쪽까지 뻗어 내린 청룡의 맥에 감싸여 큰길에서는 보이지 않는다. 마을 앞에 난 길을 따라 언덕 모퉁이를 돌면 바로 눈앞에 고가가 나타나고, 길 왼쪽 바깥마당에는 규모가 제법 큰 연못이 보인다. 연못은 전형적인 사각형 연못으로 동북쪽 구석진 자리에 둥근 섬 하나가 자리하고 있다. 섬에는 배롱나무가 심겨져 있고 물가에는 벚나무가 있어서 철따라 운치를 더한다.[9]

이 집은 조선시대 상류 주택의 전형적인 형태인 사랑채, 행랑채, 안채, 사당으로 구성된다. 높은 기단 위에 사랑채가 있고, 왼쪽 한 칸 뒤로 一자형의 행랑채가 있다. 행랑채에는 안채가 바로 보이지 않도록 한 칸 돌아 들어가게 중문을 냈다. 중문을 들어서면 ㄷ자 형의 안채가 있다. 사랑채 우측의 넓은 공터에는 장독이 늘어서 있다. 116 명재고택은 묵은 간장독에 햇장을 첨가해 장을 담는 전독간

장이 유명하다. 행랑채 앞에는 밭이 있고, 집 앞에는 넓은 바깥마당과 함께 정원을 꾸몄다.

명재고택은 자연과 조화를 이루면서도 실용의 정신을 실현했다. 집은 사람을 닮는다는 말처럼 윤증의 사상을 그대로 반영하고 있다. 소박하고 단출하지만 집 안 곳곳에 과학적인 원리와 가족 구성원을 위한 배려가 돋보인다. 우선, 안채와 곳간채를 남쪽은 넓고 북쪽은 좁고 약간 삐딱하게 배치하여 바람길을 두었다. 117 바람의 속도가 빨라져 여름에는 시원하고, 겨울에는 바람이 순해진다. 이른

116 측면에서 바라본 명재고택과 장독의 위엄.

117 명재고택 안채와 곳간채 사이. 북쪽을 좁게 배치하여 바람길을 두었다.

바 베르누이의 유체역학과 같은 원리다. 이를 이용하여 북쪽에는 여름철에 음식을 보관하는 곳간채와 더위를 피할 수 있는 안채 툇마루를, 남쪽에는 겨울철의 차가운 북풍을 막을 수 있는 부엌과 방을 배치하였다.

둘째, 사랑방에서 북쪽 방으로 들어가는 문을 미닫이와 여닫이를 결합한 형태로 만들었다. 각각의 단점을 보완하고 장점을 최대한 살린 조합으로, 좁은 공간을 최대한 활용하려 한 것이다. 이 가문의 실용적 가풍이 잘 드러난다.

셋째, 누마루 창문의 비율을 요즘 와이드티브이와 같은 16대 9로 하여 주변 풍경을 넉넉하게 감상할 수 있도록 하였다.118 누마루에서 금강산의 모습을 축소한 듯한 석가산石假山(정원 따위에 돌을 모아 쌓아서 조그마하게 만든 산)을 즐길 수 있다.119 누마루가 있는 사랑방 안에는 '도원인가桃園人家'라고 씌어진 현판이 걸려 있다. 신선이 사

118 명재고택 사랑채. 누마루 창문을 가로로 넓게 하였다. 119 사랑채 마당에 꾸며진 석가산.

는 무릉도원 같은 집이란 뜻일 것이다.

한옥은 집주인의 시각으로 봐야 그 진면목을 알 수 있다. 명재고택 사랑채 누마루에서 내다보는 풍경은 이 집의 정점이다. 어디를 내다보든 한 폭의 풍경화다. 누마루에 오르면 사각 프레임 안으로 멀리 계룡산의 산세부터 교촌리 마을 풍경, 바로 앞 연못의 배롱나무까지 한눈에 들어온다.[10]

이 사랑채는 한 가족만의 생활 공간이 아니라 지역공동체의 공간으로 활용되었다. 벼슬에 나서지는 않았지만 윤증은 당대 최고의 학자였으므로 그를 흠모한 후학들로 사랑채가 늘 북적였다. 사랑채는 작고 아담하지만, 높은 기단 위에 팔작지붕 형식으로 세워 아름다운 건축미를 자랑한다.[11]

안채는 어머니의 공간이다. 사랑채가 남자의 기상이라면, 안채는 우주의 산실이다. 기와 정이 어울려 인격을 함양하는 터전이 된다. 안채의 일품은 햇볕이 가득한 넓은 대청이다. 육간대청이라 하면 큰 집의 대명사인데, 이 집 대청은 8간이다.[12]

우암 송시열과 윤증은 같은 서인이었지만 뜻을 달리하였다. 윤증은 소론의 영수, 송시열은 노론의 영수였으며, 이로써 윤증은 스승 송시열과 결별한다. 송시열은 당대의 큰 인물로 고산 윤선도를 비롯하여 갈등 관계에 있던 사람도 많았다. 윤증은 서인으로서 기호 지방을 대표하는 명문세족이었지만, 소외받는 영남 남인들의 상처를 깊이 고민했고 그들을 등용하려 애썼으나 실패하자 벼슬을 하지 않았다. 윤증이 벼슬길의 전제 조건으로 제시한 3대 명분이 첫째, 서인은 남인의 쌓인 원한을 풀어 주지 않으면 안 된다. 둘째, 외척, 특히 서인의 세도를 막지 못하면 안 된다. 셋째, 당이 다른 자는 배척하고 당에 순종하는 자만을 등용하는 지금의 풍토가 바뀌지 않으면 안 된다는 것이었다. 당시 받아들여질 수 있는 것은 하나도 없었다.

벼슬을 거부한 윤증이 고향에서 한 일은 교육이었다. 윤증의 후진 양성은 윤씨들이 세운 일종의 사립학교인 종학당을 중심으로 이루어졌다. 종학당이 자리 잡고 있는 곳은 논산시 노성면 병사리다. 명재고택과는 차로 5분 정도 걸리는 거리다. 종학당은 1618년 개교 이래 1910년 한일합병으로 강제 폐교될 때까지 292년 동안 유지되며 대과 급제자, 즉 지금의 고시 합격자를 47명이나 배출하였다. 윤중은 윤씨 집안뿐 아니라 주변 젊은이들도 받아들여서 똑같이 공부시켰다.

한국인의 공통된 정서를 '빨리빨리, 많이많이, 끼리끼리'라고 한다. 윤증과 명재고택의 위대함은 이런 속설을 깨뜨린 지혜와 용기에서 나왔다.

타인능해他人能解, 구례 운조루

지리산은 백두산에서 시작한 줄기가 남쪽으로 내려와 기를 모으며 솟은 산이다. 그래서 영험한 산(靈山)이다. 게다가 크고 우람하여 전라도와 경상도에 걸쳐 자리 잡고 있다. 해발 1,500미터의 지리산 노고단이 형제봉을 타고 내려오다가 섬진강 줄기와 만나 넓은 옥토를 만들었는데, 그 자리에 들어선 것이 운조루(중요민속자료 제8호)이다. 행정구역상으로는 전남 구례군 토지면 오미리에 있다.

우리나라에서 가장 풍광이 아름다운 곳으로 꼽히는 쌍계사 · 화엄사 · 사성암 등 유명 사찰과 매화마을로 유명한 다암마을이 주변에 있다. 지리산 노고단의 일몰, 전라도와 경상도를 가로지르는 섬진강의 풍광, 화개장터의 생동감, 그리고 대하소설《토지》의 배경인 악양마을이 지척이다.

풍수지리를 믿는 사람들에게 구례는 명당 중의 명당이다. 도선국사의 비기秘記에 따르면, '봉성(구례의 옛 이름) 동쪽에 터를 잡으면 장수가 천 명 나오고 선비가 만 명 나오며, 백자 천손으로 후손이 번성하여 가히 만 호가 살 수 있는 땅이고 모든 사람이 발복할 명당'이다. 운조루가 들어선 땅은 금가락지 모양의 금환락지와 더불어 금구몰니(금거북이 진흙 속에 묻혀 있는 명당)와 오보교취(금, 은, 진주, 산호, 호박이 쌓여 있는 곳)가 겹친 곳으로 우리나라 명당 중 최고의 명당이다. 실제로 운조루가 집터를 잡고 땅을 팔 때 어린아이 머리만 한 돌거북이 출토되었다고 한다.

120 운조루 전경. 고택을 안고 흐르는 개울.

솟을대문 앞에는 동서 46미터, 남북 14미터의 직사각형 연못이 있다. 이 연못은 고종 2년(1898)에 본래의 연못을 더 깊게 판 것이라고 한다. 연못 중앙에는 섬이 있는데 지금은 물이 모두 빠져 있다. 고택 뒤에는 낮지만 넓은 산이 병풍처럼 둘러 있고 앞에는 유량이 제법 많은 개울이 길게 집을 안고 흐른다. 풍수적으로 좋은 곳임을 알 수 있다. 120

운조루는 유이주가 영조 52년(1776)에 지은 집이다. 그는 맨손으로 호랑이를 때려잡을 정도로 힘이 장사였다고 한다. 그래서인지 이 집 솟을대문에 뼈가 매달려 있다. 이것이 진짜 호랑이 뼈인지는 알 수 없으나, 문에 붙은 호랑이 호虎 자가 호랑이 뼈임을 증명하는 문서 같아 보인다. 121

121 운조루 대문. 호虎 자와 위에 매달려 있는 호랑이 뼈(?).

사랑채의 높은 기단 중앙에 6단의 디딤돌 계단을 놓고, 계단 좌우로 폭 1.4미터의 화계를 조성하여 석류, 무궁화, 회양목 등을 심었다. 122 누마루에는 여러 현판들이 걸려 있

다. 북쪽으로 이산루, 서쪽 족간정, 남쪽 운조루, 동쪽 귀만와가 그것이다.[13]

운조루라는 명칭은 송나라 시인 도연명의 〈귀거래사歸去來辭〉에서 왔다. "구름(雲)은 무심히 산봉우리를 돌아 나오고 날다 지친 새(鳥)들은 집으로 돌아올 줄 아는구나." 그래서 구름 속의 새처럼 숨어 사는 집, 구름 속의 새도 돌아오는 집 운조루가 만들어졌다. 운조루는 원래 사랑채의 당호로, 운조루 유물 전시관에 보관되어 있는 운조루 현판은 조선 후기 서예가이자 대사헌을 지낸 고동 이익회의 글씨다. 124

운조루에는 가진 자로서의 사회적 책임을 실천하기 위한 열 개의

왼쪽 122 높은 기단 위 운조루 사랑채. 오른쪽 123 사랑채 누마루에서 10대 종손과 저자가 차담을 나누고 있다.

124 운조루 현판. 조선 후기 서예가 고동 이익회의 글씨다.

정신이 내려온다. 그래서 동학혁명과 일제강점기, 여순 사건 등에도 피해를 입지 않았다. 경상도에 최부잣집이 있다면, 전라도에는 운조루가 있다.

첫째, 나눔과 베풂의 적선 정신이다. 이 집의 쌀독에는 '누구나 열 수 있다'는 뜻의 '타인능해他人能解'라는 글귀가 적혀 있다. 운조루 주인은 이웃을 위해 행랑채에 백미 두 가마 반이 들어가는 쌀독을 두고 그 안에 든 쌀을 누구나 가져가게 했다. 둘째, 분수에 맞는 생활 정신이다. 종손이 기거하는 누마루에 '수분실隨分室'이라는 현판을 내걸어 항상 분수에 맞게 생활하도록 하였다. 셋째, 풍류 정신이다. 운조루를 다녀간 묵객들이 남긴 시조만도 1만여 편에 달한다. 풍류객들을 넉넉하게 맞아들였다는 증거이다. 넷째, 인간존중 정신이다. 지금은 없어졌지만, 여인들의 공간인 할머니 사랑방이 동쪽에 있었다. 남존여비의 유교적 사상이 중심이던 시대에 어려웠던 생각이다.

다섯째, 기록을 남기는 정신이다. 100년 동안 일기를 써 온 운조루 가문은 지금도 다양한 유물과 기록물을 남겨 운조루 앞 전시관에 보존하고 있다. 여섯째, 선정을 베푸는 정신이다. 창건주 유이주는 낙안 군수로 재직할 때 청빈한 관료로 이름이 높아 다른 곳으로 이임할 때 모든 군민이 길거리에 나와 엎드려 가지 못하게 붙잡았다고 한다. 일곱째, 건축을 사랑한 정신이다. 유이주는 수원 유수로 있으면서 수원화성 축성을 잘해서 2계급 특진을 하였다. 여덟째, 절개를 굽히지 않는 정신이다. 일제 때 운조루 사람들은 창씨개명에 반대했다. 아홉째, 부모와 조상에 대한 효 정신이다. 열 번째, 겸애兼愛 정신이다. 운조루는 굴뚝을 낮게 세웠다. 가난한 이웃을 배려하여 밥 짓는 연기가 멀리서 보이지 않게 한 것이다. 낮은 굴뚝조차 찾기

125 가난한 이웃을 배려한 운조루의 낮은 굴뚝들

어려운 형태와 장소에 설치하였다.125

지역적으로 영호남의 경계에 위치하는 운조루는 높이를 강조하는 영남적 위엄과 개방감을 강조하는 호남적 특성이 모두 살아 있다. 그래서 안채의 좌우채가 두 개 층으로 나뉘어져 있다.126

운조루와 더불어 유명한 쌍산재와 곡전재를 '구례 3대 고택'이라고 일컫는다. 운조루 바로 앞에 있는 곡전재는 꽃과 나무가 무성한 정원이 아름답고 고풍스러운 고택이다. 운조루와 쌍산재의 중간 같은 느낌이다. 즉, 보존하고 가꾸되 자랑하는 집은 아니다. 쌍산재는

126 운조루 안채. 좌우채가 두 개 층으로 나뉘어져 있다.

텔레비전 예능 프로그램에 등장할 만큼 아름다운 고택 정원을 자랑한다. 쌍산재는 민간 정원으로 지정되고 방송의 영향으로 유명세를 타면서 많은 사람들이 방문하고 있다. 정원의 매력, 후손들의 관리와 상업적 활용만큼은 최고이다. 물론 쌍산재에도 주변에 대한 배려가 있었으나 운조루만큼의 전통과 인정人情은 아니다. 쌍산재는 뒤에서 별도로 살펴보겠다355쪽 참조.

즐거운 대화의 집,
강릉 선교장

강원도 강릉시 운정동에 자리한 선교장은 전통 주거 가운데에서도 매우 예외적인 존재이다. 선교장 앞은 맑고 푸른 경포 호숫가였다. 그래서 옛날 경포호가 지금보다 넓고 깊었을 때 배를 타고 건너 다니는 집이라고 해서 '배다리집'이라 불렸다. 경포호는 말하자면 선교장의 연못이다. 푸른색 소나무 숲과 붉은색 연꽃들이 조화를 이루는 선교장은 한국 사람들이 가장 선망하는 집이다. 선교장만의 독특한 아름다움과 웅장함을 인정받아 1965년 국가지정민속자료 제5호로 지정됐다. 궁궐이나 공공건물이 아닌 민간 주택이 국가지정문화재가 된 것은 선교장이 처음이다. 9대 240여 년간 유지되어 온 고택이자, 한국에서 가장 규모가 크고 아름다운 전통 가옥이기 때문이다.

선교장을 지은 사람은 세종대왕의 형인 효령대군의 11세손 이내번이다. 어머니 권씨 부인과 충주를 떠나 강릉으로 이사한 이내번은 염전을 경영하며 전답을 늘려 나갔다. 1756년 6월 28일 지금의 집터를 매입하고, 1759년에서 1762년 사이에 선교장을 지어 이사한 것으로 추정된다. 이내번은 한 떼의 족제비가 일렬로 무리 지어 이동하는 것을 목격하고 그 뒤를 따라갔는데, 족제비들이 지금 선교장이 들어선 땅 부근의 숲으로 사라졌다. 그래서 이곳을 명당이라 판단하고 선교장을 지었다고 한다.

이곳의 지세는 대부분의 명당이 그러하듯 야트막한 산이 감싸고 있다. 대관령에서 뻗어 내린 용의 기운이 시루봉을 지나 경포대 앞까지 내려와 이곳에 이른다. 선교장 바로 앞은 경포대가 가깝게 자리잡고 있지만 지형에 가려서 강릉 앞바다가 보이지는 않는다.[14] 명당에서는 바다나 강과 같은 큰 물이 직접 보이지 않는 게 좋다고 한다.

선교장 터는 《택리지》에서 양택의 첫째 조건으로 강조하는 수구水口가 벌어져 있다. 좌청룡과 우백호 사이가 수구인데, 수구가 넓게 벌어져 마치 여자가 양다리를 벌리고 앉아 있는 듯하면 기가 빠져나가서 재물이 모이지 않는다고 한다. 그러므로 수구는 닫혀 있어야 좋다. 수구가 벌어져 있으면 이를 비보하기 위해 인공적으로 수구막이를 설치하는 것이 조선시대 마을 풍습이었다. 하회마을 만송림처럼 나무를 심거나 돌로 된 장승을 설치하는 것이 수구막이에 해당하는 비보이다. 23칸이나 되는 선교장 행랑채를 ㅡ 자 형태로 배

127 23칸이나 되는 선교장 행랑채가 수구막이로 길게 늘어서 있다.

치한 이유도 집터의 수구막이에 해당한다. 127 수구를 막는 바리케이드라고 할 수 있다.

선교장의 '장莊'은 장원을 뜻한다. 장은 생활에 필요한 모든 것을 자급자족할 수 있는 규모를 갖춘 집이다. 선교장은 한 마디로 그냥 명문가가 아니라 한 지역의 경제를 관장하는 가문의 거처였던 것이다. 그래서 일반 주택이 아니라 장원이다. 한국에서 이 이름에 걸맞는 곳은 강릉 선교장뿐이다. 300년이나 된 금강송 군락을 배경 삼아 ㅡ 자형으로 펼쳐진 선교장은 한 골짜기를 가득 채운 집들로 빼곡하

왼쪽 128 '선교유거', '선교장' 현판이 걸린 솟을대문. 오른쪽 129 선교장에서 가장 운치 있는 월하문. 늘 열려 있다.

다. 선교장의 대지는 3만 평에 달하며, 현존 가옥의 규모만도 큰 사랑채인 열화당을 포함하여 건물 9동, 총 102칸의 국내 최대 살림집이다. 민간 주택의 한계선인 99칸을 초과한 저택이다.

선교장에 들어서면 우측에 활래정이 보이고, 그 앞 연못 주위로 잘 조경된 꽃나무들이 일렬로 서 있다. 솟을대문128에는 세로로 선교장船橋莊이라고 쓴 작은 현판과 가로로 '신선이 거처하는 그윽한 집'이라는 뜻의 선교유거仙橋幽居라고 쓴 큰 현판 두 개가 걸려 있다. 푸른 산과 맑은 물속에 살아가는 선교장 사람은 맑고 푸른 마음을 가진 신선과 같다는 비유이다. 이 글씨는 대원군이 신필이라 극찬한 소남 이희수의 글씨다.

선교장에는 대문을 포함하여 모두 열두 개의 문이 있다. 가장 운치 있는 문은 활래정의 출입문인 월하문月下門이다.129 달빛 아래 문이다. 월하문은 좌우에 당연히 있어야 할 담장이나 행랑채 없이 홀로 서 있다. 그리고 늘 열려 있다. 문門의 최고 수준이다. 옛 선종 스님들의 화두를 모은 책《무문관無門關》의 첫째인 '대도무문大道無門'이다. 월하문 기둥 주련에는 당나라 시인 가도賈島의 시가 씌어 있다.

한가로이 사니 이웃 드물고
풀숲 오솔길은 황폐한 마당으로 들어가네
새들은 연못가 나무에서 자고
스님은 달 아래 문(月下門)을 두드리네

선교장에는 가족을 위한 사적 공간인 동쪽의 안채 · 외별당 등이 있고, 사랑채에 해당하는 건물로는 전국에서 모여드는 손님들을 접대하는 공적 장소인 열화당130을 비롯하여 동별당 · 서별당 · 작은 사랑 · 활래정 등 5개가 있다.

열화당悅話堂은 '즐거운 대화의 집'이라는 뜻이다. 사랑채인 열화당은 엄격한 유교적인 가치관에서 벗어나 즐겁게 이야기하는 집을 표방하는 관동 제일의 풍류가 어린 곳이다. 풍류 가객들의 베이스캠프인 열화당은 집주인이 머무는 곳이기도 하다. 집주인은 이곳에서 선교장을 총괄하고 사대부 손님들을 접대하였다. 즉, 열화당은 선교장

130 선교장 열화당. 즐겁게 대화하는 집이다. 왼쪽 아래 능소화가 한창이다

의 가장 핵심 건물이다. 밖이 푸른 나무들의 숲이라면, 열화당 안은 묵향의 글씨와 시의 숲이다. 높직하여 주인의 권위를 드러낸다.

열화당 앞의 차양(햇빛 가리개)은 러시아 공사가 선물한 것이다. 이는 창덕궁 연경당 선향재의 차양을 모방한 것으로, 우리나라 살림집에서는 흔히 볼 수 없는 것이다. 마당에는 '우정나무'라고도 불리는 양반의 꽃, 능소화가 있다. 선교장에서 환대를 잘 받은 충청도 선비가 가져온 것이라 한다. 금강산, 관동팔경을 유람하려는 전국의 명사들이 모여드는 선교장의 풍류 공간 활래정은 연못 가운데 섬에 세워진 단칸의 정자이다. 131 활래정이라는 이름은 주자의 시에서 가져왔다. 주자의 시 〈관서유감〉 마지막에 나온다.

작은 연못이 거울처럼 열리니
하늘빛과 구름 그림자가 함께 어리네
묻노니 저 물은 어찌 그리도 맑은가
근원에서 살아 있는 물이 흘러나오기(活水來) 때문일세

실제로 정자 앞 연못에는 태장봉에서 내려오는 맑은 물이 끊임없이 흘러들어 온다. 그래서 거울처럼 맑은 연못의 물에 하늘의 구름과 정자가 함께 비친다. 창덕궁 후원의 부용정을 닮은 정자는 연못 속에 네 개의 돌기둥을 박고 굳건히 서 있다. 지금은 물이 빠져 있다.

활래정은 온돌방과 마루, 다실로 구성되어 있다. 활래정에는 벽이 없다. 문으로만 둘러져 있어 모두 열어 놓으면 방 안 가득 주변 자연이 스며든다.[132]

선교장의 곳간채는 1908년부터 1911년까지 최초의 사립학교인 동진학교 건물로 사용되었다. 독립운동가와 정치가로 유명한 여운형이 영어 교사로 재직했는데, 일제의 탄압으로 문을 닫았다.

지금 선교장은 일반에 개방되어 한옥의 아름다움과 선인들의 삶을 느낄 수 있는 역사 공간의 역할을 하고 있다. 고택 체험, 다양한 음악회와 문화 행사, 열화당 안에 조성된 작은 도서관 등을 통해 문화 공간으로 거듭나고 있다.

위 131 선교장의 풍류 공간 활래정. 아래 132 활래정 내부. 방 안에 명사들의 글과 햇빛이 가득하다.

선교장은 우정나무 능소화가 증거하는 나그네 환대, 열화당이라는 이름에서 드러나는 가족 간의 화목, 가진 자의 배려 등을 배울 수 있는 공간이다. 특히 눈에 띄는 것은, 현대인들에게 행복의 근원이라기보다는 불행의 씨앗으로 변질된 가족이라는 개념을 다시 생각하게 한다는 점이다. 물론 열화당이 가족만의 공간이 아니라 손님방 역할도 했겠지만 말이다.

"사람의 원수가 자기 집안 식구라"(마태 10:34)는 말처럼 행복은 가족에서 나서 자라야 하는데 그게 쉽지 않다. 버트란트 러셀은 이미 100년 전에《행복의 정복》에서 "사실상 오늘날 부모와 자녀의 관계는 십중팔구 양쪽에 다 불행의 원인이 되며, 백 중 구십구는 적어도 양쪽 중 어느 한쪽에 불행의 원인이 된다"고 극단적으로 진단했다. 그것이 사실일지도 모른다. 이에 대한 선교장의 솔루션은 열화당이라는 장소이다. 가족끼리 대화를 하는데, 그것이 즐거운 대화면 최고의 행복이다. 가족을 넘어서 가문이, 가문을 넘어서 전국의 손님들이 즐거운 대화를 나누도록 열린 선교장은 열화당의 존재만으로도 임무를 완수한 것이다.

5장

한국 정원으로의 미학 산책

한국 정원의 미의식

정원은 '뜰 정庭', '동산 원園'의 합성어이다. 뜰이란 집의 앞마당 공간이다(堂前之地). 동산은 울타리를 치고 과수를 심는 곳이다. 집도 울타리도 없이 떠도는 유목민과는 상관없는 공간이다. '나라 동산 원苑' 자를 쓰기도 하는데, 사마천의 《사기》에는 "새와 동물을 키우는 곳"이라고 하였다. 즉, 원園이 일반 주택의 비교적 작은 공간이라면, 원苑은 궁궐에 속한 동산으로 동물을 놓아 기를 만큼 넓은 곳을 가리킨다. 농업혁명으로 인한 정착과 더불어 권력과 부의 탄생을 의미하는 공간이다.

고려시대와 조선시대에는 '원림園林'이라는 말이 가장 많이 쓰였다. 일반적으로 원림과 정원을 혼용해서 사용하는 경우가 많다. 정원은 일본인들이 만든 말로, 도심 속 주택에서 인위적인 조경 작업으로 동산의 분위기를 연출한 것이다. 반면 원림은 교외에서 동산과 숲의 자연 상태를 그대로 이용하면서 적절한 위치에 집과 정자를 배치한 것이다. 곧, 정원과 원림은 자연과 인공의 관계가 정반대이다. 조선시대에 지방 이곳저곳에 만들어진 별서別墅는 일반적으로 은둔 생활을 위한 것으로 서양의 별장 성격을 갖는다.

정원을 짓고자 하는 것은 사람이 지은 집에 생명과 자연을 살리고자 함이다. 본래 자연의 하나인 사람이 자연으로 돌아가 자연의 순리대로 살고자 하는 데서 시작되었다. 즉, 정원 조성 원리의 가장 중요한 덕목은 사람의 힘을 가하되 전혀 사람의 힘이 가해지지 않은 것처럼 하는 것이다. 정원은 바로 자연의 일부이기 때문이다. 조선 중기 홍만선은 《산림경제》에서 "지세의 기운이 모이고, 앞과 뒤가 안온한 산림에 터를 잡고 집을 짓거나 별서를 가꾸어 유유자적하는 것이 이상적인 생활"이라 하였다.

서양 사람들의 정원인 가든garden은 헤브라이어 gan과 oden의 합성어이다. gan은 울타리 또는 에워싸다는 뜻의 보호나 방어의 의미, oden은 즐거움과 기쁨을 뜻한다. 그러므로 정원이란 기쁨과 즐거움을 얻고자 울타리 안에 자연 요소를 도입하여 꾸민 인공적인 자연 공간이라 할 수 있다.

동서양을 막론하고 정원은 자연과 인공이 결합된 예술의 극치로 즐거움을 주는 공간이었다. 베르사유궁전이나 알함브라궁전, 동아시아의 원림 등이 그러하다. 이 정원들은 인류가 노마드 생활을 멈추고 정착하면서부터, 그리고 인류 경제가 풍족해지면서 조성되었다. 이들 정원에는 각종 상징물이나 예술품이 갖추어져 있어 정원을 만든 사람의 세계관과 자연관, 취미 등이 고스란히 드러난다.[1]

한국의 자연환경은 아름답고 풍요롭기 때문에 정원을 조성하더라도 특별한 장치를 하지 않았다. 필요에 따라 정자 같은 약간의 인공물을 첨가하기도 하지만, 기본적으로 자연순응적인 정원을 만들어 왔다. 정원은 다른 어떤 조형예술 못지않게 한국적 아름다움을 간직하고 있다. 한국의 정원은 인간적 척도의 소박하고 자연스러운 공간을 이루며, 사람과 자연이 하나 되어 자연의 순리를 따르는 공간이다.

현존하는 우리 옛 정원을 살펴보면 선비, 왕가 등이 조성한 것이 대부분이다. 사대부들의 경우에는 벼슬에서 물러난 뒤 낙향하여 조성한 별서 정원이 다수를 차지한다. 창덕궁 후원이나 경복궁의 경회루 등 정원은 당시 궁궐 정원의 모습을 잘 보여 준다.

조선시대 정원은 성리학적 상징성, 담을 대신할 수 있는 울타리의 기능, 음식의 재료가 될 수 있는 실용성, 그리고 아름다움을 중시했다. 한국의 정원은 공간 속에 여백이 많고 앞이 트여 답답하지 않다. 부득이 담을 만들어야 한다면 낮게 하여 앞면의 시야를 가리지 않는다. 나무를 심더라도 측면이나 귀퉁이에 심으며, 정면에 높은 나무를 심지 않는다. 담은 경계 표시에 불과하니 높게 쌓아 안산을 가릴 필요가 없다. 예를 들어, 양동마을 대종택인 서백당은 안산인 성주봉의 기운을 제대로 받아들이기 위해 담을 낮게 쌓았다.

반면에 인공적으로 자연과 유사한 거대한 정원을 만드는 것이 중국 스타일이다. 중국 정원은 인공물을 통해 감상의 묘미를 극대화한다. 결국 감상자의 시선 범위는 항상 일정한 공간 안에 머물기 마련이다. 일본의 정원은 담으로 둘러싸여 폐쇄적인 분위기를 지닌 공간이다. 산, 강, 바다, 숲 등 자연경관을 인공적으로 조성하여 인위적 느낌이 전체 분위기를 지배한다.

한국의 정원은 외향적이고 자연의 일부로서의 위치를 차지한다.[2] 우리나라 궁궐은 왕의 권력이나 위세를 과시하려고 하지 않는다. 건축물과 숲이 인공과 자연의 조화 단계를 넘어 동화同和의 상태에 있다. 우리나라 옛 정원의 흥미로운 특징 중 하나는, 다른 나라 정원에서 흔히 볼 수 있는 분수가 없다는 것이다. 물은 높은 데서 낮은 곳으로 흐르는 것이 자연법칙이므로, 물이 하늘로 솟구치는 것은 자연을 거스르는 행위이기 때문이다. 물의 흐름을 감상 대상으로 삼고 싶을 때는 분수 대신 폭포를 만들었다.[3] 조요한은 우리의 전통 정원 조경을 도가적인 자연미로서 무기교, 무계획의 멋으로 파악하며 이렇게 덧붙인다.[4]

> 한국의 정원 조성은 될 수 있는 한, 인공을 가하지 않고 계곡을 그대로 두어 정원을 가꾸었다. 광대한 대륙인 중국에는 인위적인 정원이 많다. 일본 정원은 꽃과 나무를 인위적으로 기하학적 배열을 이루어 갈 뿐만 아니라 언제나 전지로 수형을 다듬어 간다. 한국 정원은 자연의 지형을 허물지 않고 계곡을 따라 하나의 외부 공간을 형성한다.

한국인들에게는 자연이 곧 정원이었다. 우리나라의 전통 정원은 자연경관을 주主로 삼고 인공 경관을 종從의 위치에 두었다. 이러한 조성의 배경에는 인간은 자연 위에 군림하는 존재가 아니라 자연과 조화를 이루며 살아가는 존재라는 관념이 있다. 천혜의 아름다운 자연환경 속에서 자연의 리듬을 말없이 느끼고 수용하면서 살아오는 과정에서 체득한 자연친화적 성정이라 생각된다. 특히 정원 조성의 배경에 자리 잡은 도가의 자연관은 정원이 자연이고 자연이 곧 정원이라는 인식을 형성케 하였다. 따라서 한국의 정원에 대한 미의식은 한국인의 자연관에 대한 이해에서 출발해야 한다.[5]

명나라 말기의 조원가造園家 계성은 외부 풍경을 끌어들여 경관을 구성하는 '차경借景'의 종류로 먼 곳의 경물을 차경하는 원차, 가까운 곳의 경물을 차용하는 인차, 높은 곳의 경물을 차용하는 앙차, 낮은 곳의 경물을 차용하는 부차, 계절 풍경에 따라 경물을 차용하는 응시이차 등을 들었다.[6] 이 차경 기법은 중국에서 시작되었지만, 한국 정원의 가장 중요한 방법으로 한국화되었다.

누와 정, 즉 정자는 정원의 가장 핵심이 되는 장소에 놓인다. 한국 정원에서 정자의 위치는 풍수적으로 매우 중요하기 때문이다. 인간과 자연이 만나는 접화의 장소로서 '화룡점정'의 의미가 있다. 여기서 자연은 시각적 감상의 대상이 아니라 공감각적 체험의 대상이다. 시각은 자연을 분석하고 지배하는 인간중심적인 주된 감각이다. 그러나 한국 정자에서는 시각뿐만 아니라 청각과 후각, 바람에 의한 촉각까지 모든 감각이 총동원되는 공감각적 몰입을 통해 주객의 분리가 사라지는 물아일체의 체험을 하게 한다.

도시의 일상생활에서 자연을 마주하기는 쉽지 않다. 제대로 흙을 밟을 수 있는 기회가 거의 없다. 자연과 만나는 기회의 박탈은 우리를 육체적으로 더 힘들게 하고 정신적으로 스트레스에 취약하게 만든다. 정원은 길들여진 자연이다. 위험성이 제거된 자연이다. 그 안에 머물러 있으면 정신과 육체가 쉬면서 여유를 찾게 된다. 맨 자연을 접하기가 쉽지 않을수록 공원이나 정원에라도 가야 한다. 특히 우리의 정원에는 우리 선조들이 그리던 이상 세계, 생명력 넘치는 낙원이 존재한다. 전통 정원에서 자연의 아름다움을 만날 수 있다. 인공적인 도시 생활에 지쳤을 때에는 도심 속 자연의 아름다움으로 떠나 보자. 천지인이 하나 되는 생명력이 의외로 가까이에 있다.

한국 전통 정원의 원형,
신라 안압지와 포석정

경북 경주시 인왕동에 있는 안압지(월지)는 신라시대 왕궁인 반월성의 별궁에 조성된 정원이다. 안압지는 동서 200미터, 남북 180미터의 크기로, 완벽하게 인공적으로 만든 왕실의 정원이다. 평평한 평야에 토성을 쌓은 곳이 반월성, 땅을 파내어 물을 끌어들이고 그 파낸 흙으로 연못 안에 가산假山을 만들고 섬을 쌓은 곳이 안압지다.

안압지는 신라뿐 아니라 삼국시대를 대표하는 궁궐 정원이다. 《일본서기》에 따르면, 백제의 조경술은 이미 국제적인 수준이어서 일본에 건너가 왕실 정원을 만들어 줄 정도였다. 축적된 백제의 조경술과 뛰어난 장인들이 안압지 조성에 동원되었을 것으로 추측할

133 한국 전통 정원의 원형 안압지 전경.

수 있다. 특히 백제의 궁남지는 못 안에 섬을 만든 점, 호수 옆에 동궁을 세운 점, 왕실의 휴식처로 삼은 점 등에서 안압지의 모델이었을 것으로 보인다. 안압지는 단순히 아름다운 정원이 아니라 삼국으로 나뉘어 발전했던 기술과 예술이 하나로 결합된 문화적 통일의 상징물이며, 비로소 한국 전통 정원의 원형이 형성된 최초의 예이다. 133

안압지에는 변화무쌍한 부분과 함께 그것들이 대조되고 어우러지는 통합적인 전체성이 존재한다. 삼국통일의 진정한 의미는 바로 이것인지도 모른다. 극단의 통합, 현실 세계를 나타내는 직선과 이

상향을 표현하는 곡선, 인공과 자연, 남성과 여성, 육지와 물, 음과 양, 이 모든 조형적 통일은 나뉘어 있던 삼국의 미의식이 통합된 결과이다. 우아하고도 섬세한 백제의 예술, 용맹하고 스케일이 큰 고구려의 역동성, 그리고 불교와 통일의 에너지가 충만한 신라의 정신, 이 세 나라의 예술과 문화에서 좋은 것들만 골라서 이룬 성공적인 통합체가 바로 안압지였다. 그리고 그 통합의 정신은 전성기 신라의 중요한 미학이 되었다.

안압지는 신라가 삼국통일을 이룬 직후인 문무왕 14년(674)에 조성되었다. 신라는 당나라에 대한 전승 기념 잔치를 대대적으로 벌였다. 전쟁이 완전히 끝난 뒤인 679년 안압지 경내에 동궁을 건설해 수도 정비의 시발점으로 삼았다.[7] 안압지 주변에 세운 전각의 이름이 임해전臨海殿(사적 제18호)인 것은 안압지 연못을 바다로 상정하여 건축하였기 때문이다. 이곳은 동궁의 정전 자리다. 안압지와 임해전에 대한《삼국사기》의 기록을 보면 다음과 같다.

"문무왕 14년(674) 2월, 궁 안에 못을 파고 산을 만들어 화초를 심고 귀한 새와 기이한 짐승을 길렀다."
"문무왕 19년 8월, 동궁을 짓고 궁궐 안팎 여러 문의 이름을 지었다."
"효소왕 6년(697) 9월, 군신들을 임해전에 모아 잔치를 베풀었다."
"경순왕 5년(931) 2월, 고려 태조를 임해전에 모셔 잔치를 베풀었다."

조선시대 기록인 《동국여지승람》에서는 "안압지는 문무왕이 궁내에 못을 파고 돌을 쌓아 무산 12봉을 상징하고 화초를 심고 진귀한 새를 길렀다. 그 서쪽에 임해전 터가 있는데 주춧돌과 섬돌이 아직도 밭이랑 사이에 남아 있다"고 하였다.

큰 연못 가운데 3개의 섬을 배치하고 북쪽과 동쪽으로는 12개의 봉우리로 구성된 산을 만들었다. 신선이 산다는 삼신산(방장산, 영주산, 봉래산)과 중국에서 선녀가 산다는 무산 12봉을 상징한 것이다. 당시에는 섬과 봉우리에 아름다운 꽃과 나무를 심고 진귀한 동물을 길렀다고 한다. 기록에 등장하는 못가에 세워진 임해전과 부속 건물들은 나라에 경사가 있을 때나 귀한 손님을 맞을 때 이 못을 바라보면서 연회를 즐기도록 만든 건물이다. 조선시대 경복궁 경회루의 역할을 한 것이다.

못은 자연 상태로 조성되어 그 자체로 아름다운 풍경을 이루기도 하지만, 풍수지리의 비보술을 따라 인위적으로 파서 만들기도 한다. 그리고 화재에 대비하는 역할도 한다. 못에 연을 키우는 이유가 연꽃을 감상하거나 연꽃이 불가를 상징하기 때문만은 아니다. 못에 연을 심으면 물을 깨끗하게 유지할 수 있으며, 연잎과 연근을 식용과 약용으로 쓸 수 있다.

1975년 본격적인 발굴 작업이 시작되기 전까지만 해도 이곳은 흔한 연못의 하나로만 여겨졌다. 그러나 발굴 결과 3만 점에 달하는 신라시대 유물과 26개소의 궁궐 건물터 등이 출토·확인되어 《삼국사기》에 기록된 궁원지와 동궁인 태자궁이 이곳임이 확인됐다. 1980년대에 서쪽 못가에 있는 신라시대의 5개 건물터 중 3곳과 동궁과 안압지를 복원하였고, 2000년대 들어 은은한 야간 조명을 설치하여 경주의 야경을 대표하는 곳이 되었다.

안압지와 함께 대표적인 신라시대 궁궐 정원터로 꼽히는 곳이 포석정134이다. 포석정은 경주시 배동, 남산 서쪽 기슭에 있다. 《동국여지승람》에 "경주부 남쪽 7리, 금오산 서쪽에 포석정이 있다. 돌을

134 포석정. 신라 임금과 귀족들의 놀이터로 신라 멸망의 현장이 되었다.

갈아 전복 모양으로 만들어 포석정이라 하였다"고 기록되어 있는데, 언제 조성되었는지는 확실하지 않다. 포석정은 신라 임금의 놀이터로 만들어진 별궁에 딸린 유적이다. 원래 뒷산에서 내려오는 물을 받아 토해 내는 돌거북이 있었다고 전하는데 지금은 없다. 이 돌거북이 토해 내는 물을 받는 원형 석조로부터 흘러든 물을 구불구불한 모양의 곡석을 타고 다시 되돌아오게 하는 유상곡수연流觴曲水宴을 즐겼다. '유상곡수연'이란 흐르는 물에 술잔을 띄워 놓고 술잔이 자기 앞에 올 때까지 시 한 수를 지어 읊는 놀이로, 이때 시를 못 읊으면 벌주 석 잔을 마셨다고 한다.

이러한 석조 구조물은 중국 동진시대 왕희지가 난정蘭亭에서 시킨 유상곡수연을 그 원형으로 보고 있다. 포석정은 한국, 중국, 일본의 곡수 유적 중 가장 오래된 유물이다. 다듬은 화강암 63개로 물길 형태를 만들었다. 둥글게 이어지는 수로에서 두 곳만 예외적으로 굽이치는 굴곡이 가미되었다. 지금은 돌로 만든 타원형 형태의 물도랑만 남아 있다. 본래 정자 등의 시설이 있었을 것으로 추측된다. 타원형의 긴 쪽은 6.53미터, 짧은 데는 4.76미터이다. 물 도랑의 너비는 30센티미터, 깊이 20센티미터이며, 전체 물도랑의 길이는 22미터에 이른다. 일제강점기에 잘못 보수되어 원형이 많이 파손되었다.

《삼국유사》의 '빈녀양모貧女養母' 이야기에 "효종랑이 남산의 포석정에서 노닐 때에 문객들이 모두 급히 달려왔으나 오직 두 사람만이 늦게 왔다"는 구절로 보아, 당시에도 화랑과 문객들이 모이는 큰 행사가 열렸던 것 같다. 신라 사람들에게 신성한 공간인 남산과 가까이 있어 이곳에서 남산 산신에게 제례를 올렸을 것으로도 짐작된다. 제사를 지낸 후 포석정에 모여 연회를 열었을 수도 있다. 신라시대 팔관회와 관련이 있다는 의견도 있다. 흐르는 물에 몸을 씻어 부정을 없애는 '계'라는 행사를 치르는 푸닥거리와 같은 일종의 제사를 지냈을 수도 있다. 행사 후에 곡수연을 베풀면서 잔을 띄워 시를 짓고 노는 유희를 즐겼을 것이다.《삼국사기》〈신라본기〉 제12권에는 경애왕 4년 11월에 왕이 포석정에서 잔치를 하고 놀다가 후백제 견훤의 기습을 받아 왕은 죽고 왕비와 신하들이 모두 화를 입었다고 기록되어 있다.

자료가 부족하여 단언하기는 곤란하지만, 안압지와 포석정 모두 왕실 귀족들의 전유 향락지였던 것은 분명하다. 국가 지도층이 향락에 빠져 민생을 어렵게 하면 백성들도 힘들지만, 그것이 결국 부메랑이 되어 왕실 귀족들도 몰락하게 된다. 3포 세대, 5포 세대라며 젊은이들도 힘들어하지만, 기성세대도 비싼 물가와 노후 걱정으로 살기 쉽지 않은 요즘이다. 먼 역사의 기억이지만 그 옛날 임금이 화려한 연회를 열고 결국 비참한 최후를 맞은 장소에 서면 과거와 현재가 하나로 이어지는 느낌을 받는다. 내 삶의 자세는 어때야 하고, 국가는 어때야 하는가. 나를 몰입하게 하는 아름다운 장소는 내 삶을 또 한 번 일깨운다.

산중·수변 고려 정원,
청평사

현존하는 고려시대 정원으로는 북한 개성에 있는 만월대와 춘천 오봉산 청평사가 대표 사례로 꼽힌다. 만월대는 원래 태조 왕건이 태어난 집터 자리에 궁궐을 지은 것으로 수차례 화재를 겪으며 터만 남았다. 2008년 남북이 공동으로 만월대 터를 발굴했고, 2013년에는 만월대를 포함한 고려의 수도 개성이 유네스코 세계유산 역사유적 지구로 지정되었다.

청평사가 있는 오봉산은 경운산·경수산·청평산으로 불리다가, 청평사 뒤에 비로봉·보현봉·문수봉·관음봉·나한봉의 다섯 봉우리가 있어 오봉산으로 불리게 되었다. 인근의 용화산과 함께 '산림청 선정 100대 명산'에 포함되었다. 779미터의 높지 않은 산이지만 기암괴석과 수려한 계곡, 울창한 소나무들이 어우러진 아름다운 산이다. 이곳은 침엽수림과 활엽수림이 복합된 식생 구조를 형성하고 있다.

청평사 수계는 북쪽 배후령에서 뻗어 내려온 계천과 선동골의 지류가 합쳐져 흐른다. 이 계천溪川을 서천이라 하며, 절 남쪽 바로 아래를 지나 구성폭포를 거쳐 소양호로 흘러 나간다.[8] 소양호는 춘천시, 양구군, 인제군에 걸쳐 있는 호수이다. 수도권 지역의 수자원으로, 춘천 인근 지역의 농업용수와 관광자원으로 활용된다. 135

강원도 춘천시 북산면 청평리 674번지에 소재한 청평사는 고려

135 청평사 초입에서 바라본 소양호.

광종 24년(973)에 당나라 승려인 영현선사가 백암선원이란 이름으로 창건한 절이라고 알려져 있다. 청평사와 주변의 아름다운 풍광과 암자, 정자, 연못 등이 어우러진 이 일대를 '고려선원'이라고 부른 것을 보면 수행하기에 최적의 장소였던 모양이다. 선원禪院은 스님들이 모여 공부하고 참선하는 장소를 뜻한다. 이곳에 머물렀던 인물로는 고려시대의 이자현 · 나옹선사, 조선시대의 김시습 · 보우대사 등이 있다. 김시습은 이 책에 여러 번, 여러 곳에 등장한다. 그가 자기를 찾기 위해 부단히 몸부림쳤다는 증명이다.

'청평사'라는 지금의 명칭은 이자현의 호인 청평거사에서 유래한 것으로, 조선 명종 5년(1550) 보우대사가 정하였다. 고려시대의 학자

이자 거사로 잘 알려진 이자현은 유명한 고려 최대 권문세가 이자겸의 사촌 동생이다. 그가 인종 때 벼슬을 버리고 오봉산에 들어가 아버지 이의가 기존의 백암선원을 보현선원으로 중건한 것을 문수원이라 개칭하고 37년간 머물면서 10여 채의 암자와 정자 · 연못 등을 짓고 도를 닦았다. '청평'에는 더러운 것을 맑게(淸)하고 세상을 평화롭게(平) 한다는 의미가 담겨 있다. 이자현이 청평산에 오게 된 계기를 이인로는《파한집》에서 이렇게 설명한다.

> 이자현은 평소 신선처럼 세상을 피해 숨어 살 만한 은거지를 찾고 있었고, 처의 갑작스런 죽음으로 인생무상을 느꼈다. 선과 도에 대한 관심이 평소에 높았다. 경승지를 찾아다니다 청평산이 세상을 피해 사는 데 적지適地라 이곳에 들어왔다.

김종직의《청구풍아》6권에 이자현의 시 〈낙도음樂道吟〉이 실려 있는데, 선과 도의 즐거움을 읊은 이 시에서 청평산에서 유유자적하는 삶의 모습을 엿볼 수 있다.

> 푸른 산봉우리 아래 지은 집
> 전해 오는 귀한 거문고 있네.
> 한 곡조 타는 것은 어렵지 않으나
> 다만 음을 알아줄 사람이 적구나.

고려시대 명필 탄연의 필적으로 이자현의 행적을 기록한 〈문수원기〉에는 임금 예종이 이자현에게 보낸 시가 있다. 명재 윤증을 향한 숙종의 시와 유사하다.

> 평소에 보기를 원하였더니
> 날이 갈수록 생각이 더하여라.
> 어진 이 높은 뜻을 빼앗긴 어려우나
> 나의 마음 간절함은 어이 하려나.

136 청평사 안내도.

임금이 직접 시를 지어 보낼 만큼 충신이고 능력이 출중했던 모양이다. 이자현은 임금이 여러 번 벼슬을 내렸으나 거절하였다. 이것도 윤증과 비슷하다.

청평사 고려선원(명승 제170호)은 전체 9천여 평에 구성폭포(구송폭포) 구역, 영지 구역, 청평사 경내, 서천 구역, 이자현이 수행하던 선동 구역과 견성암 구역 등이 어울려 큰 정원을 형성하고 있다.

이자현이 조성한 영지影池 137는 전형적인 고려시대 연못이다. 무엇보다도 영지의 존재로 청평사 일대 고려선원이 고려시대 정원의 전형으로 불리는 것이다. 넓이 180제곱미터, 남북 17미터, 동서 8미터의 네모난 모양의 연못이다. 영지란 이름은 이자현이 부용봉에 지은 견성암이 연못에 비친다고 하여 붙여진 것으로, 연못 안에도 삼신산을 상징하는 세 개의 바위가 있다. 직사각형이 아니라 좁은 사다리꼴 모양으로, 원근법에 따른 착시효과를 고려하여 조성한 것이다. 영지 앞에 있는 영지 명문바위에는 불교적 감수성의 시가 적혀 있다.

137 영지. 전형적인 고려시대 정원 연못이다.

마음이 일어나면 모든 만물 일어나고
마음이 사라지면 모든 만물 사라지네.
이와 같이 모두가 사라지고 나면
모든 세상 곳곳이 극락세계이네.

초입에 있는 9미터 높이의 구성폭포138는 아홉 가지의 소리를 내는 폭포라 붙여진 이름이다. 주변에 이자현이 심은 아홉 그루의 소나무가 있어 '구송폭포'라고도 한다. 구성폭포는 서면 삼악산의 등선폭포, 남산면 문배마을의 구곡폭포와 함께 '춘천의 3대 폭포'로 꼽힌다.

138 구성폭포. 아홉 가지 소리를 내며 떨어진다고 붙여진 이름이다.

구성폭포에는 당나라 태종의 딸인 평양공주와 그녀를 사랑한 청년의 이야기가 전설로 내려온다. 당태종에게 죽임을 당한 청년이 뱀으로 환생하여 공주에게 달라붙었고, 스토커(?)를 피해 방랑하던 공주가 청평사에 이르게 되었다. 공주는 구성폭포 옆 공주굴에서 하룻밤을 자고 공주탕에서

왼쪽 139 뱀과의 사랑 이야기가 전해지는 공주상. 오른쪽 140 오봉산을 배경으로 한 청평사. 정면에 있는 문이 보물 제164호 회전문이다.

몸을 깨끗이 씻은 뒤 이곳 스님의 가사를 지었다. 그러자 뱀이 청평사 회전문에서 벼락을 맞아 떨어져 나갔다고 한다. 청동 공주상139이 이를 기념하고 있다. 그런데 공주상의 모습이 뱀을 측은해 하는 듯하고 심지어 사랑스런 눈으로 보는 것 같다. 신분 차이로 못 이룬 사랑일까? 청평사 회전문(보물 제 164호)은 회전하는 문이 아니라 중생의 삶이 윤회를 돈다는 윤회전생輪廻轉生을 줄인 것이다.140 뱀도 윤회환생하여 멋진 청년으로 다시 태어나 공주와의 사랑을 완성하지 않았을까?

CNN이 선정한 대표적 한국 사찰 중 하나인 청평사는 다른 사찰에 비해 규모가 크거나 볼 것이 많은 곳은 아니다. 보우대사가 지은 회전문 정도가 당시의 모습을 보여 주고, 국보였던 극락보전을 포함하여 다른 전각들은 수차례 화재로 한국전쟁 이후 새로 복원되거나 만들어진 것이다. 절 뒤쪽에 나란히 있는 수령 800년, 500년 된 주목

두 그루가 그간 있었던 일들을 지켜보았을 것이다. 한 그루는 이자현이, 한 그루는 보우대사가 심지 않았을까?

청평사 가는 길은 자동차로 구불구불한 배후령 산길을 따라가는 방법과 소양호 소양댐에서 15분 정도 유람선을 타고 가는 방법이 있다. 배를 타고 들어가는 묘미가 색다르며 시원한 바람을 맞으며 '물멍'하는 것도 좋다. 주차장(선착장)에서 청평사까지는 약 2킬로미터로 30분 정도 걸어 올라가면 된다.

한국 전통 정원의 총아, 창덕궁 후원

창덕궁의 정문은 돈화문이다. 돈화문을 들어서서 동쪽으로 꺾인 곳에 있는 금천교 난간 위에는 석수(돌짐승)가 있는데, 북쪽은 거북이가, 남쪽은 사자141가 매우 귀엽고 해학적으로 표현되어 있다.

141 해학적으로 표현된 창덕궁 금천교 돌사자.

창덕궁이 아름다운 이유는 13만 5,200여 평에 이르는 후원 덕분이다. 궁궐의 정원이라 아무나 출입할 수 없다는 뜻에서 '금원禁苑', 궁궐의 북쪽에 있어서 '북원北苑', 또 뒤에 있다 하여 '후원後苑'이라 불렀다. 고종 때에는 '비원祕苑'이라고도 하였다.

낙선재 뒤쪽은 폭이 좁고 긴 직사각형 마당과 북쪽으로 다섯 단의 석단을 쌓은 화계로 조성되어 있다. 화계 위에는 굴뚝이 있고, 동쪽 위 터에 있는 산정山亭인 상량정으로 올라가는 돌계단이 있다. 곧은 직선이 아니라 몇 단 올라가서 꺾여 대문과 마주한다. 화계에는 각종 나무와 꽃이 심어져 있다. 142 143

창덕궁 후원은 많은 전란에도 불구하고 다른 곳에 비해 잘 보존되어 있다. 1830년 그려진 〈동궐도〉와 비교해 보면 반밖에 안 남았지만, 건물은 없어졌어도 지형 자체는 변하지 않고 골격이 그대로다. 창덕궁과 후원은 자연의 순리를 존중하여 자연과 조화를 기본으로 하는 한국 전통문화의 특성을 잘 나타내는 건축과 정원으로 인정받아 유네스코 세계문화유산으로 등재되었다. 후원이 조성되기 시작한 것은 태종 때이며, 연산군 때에는 후원에서 난잡한 놀이가 행해지기도 하였다. 후원이 가장 활발하게 활용된 것은 정조 때이다.

일본 사람들은 교토의 사찰 정원에 비해 창덕궁 후원의 규모가 크면서도 종합적인 것에 시기 혹은 감동한다. 거대한 스케일에 익숙한 중국 사람들은 자연스러운 멋에 놀란다. 경복궁을 보고는 자금성에 빗대어 아류라고 말하기도 하지만, 창덕궁 후원에서는 중국과 다른

창덕궁 낙선재 뒤뜰에 조성된 화계 위 142 돌로 단을 조성하고 꽃과 나무를 심었다. 계단을 올라 문을 지나면 상량정이 나온다. 아래 143 단 위의 굴뚝도 주변과 어우러지도록 아름답게 장식하였다.

한국미에 감탄한다. 서양 사람들은 한결같이 인간적 체취를 말한다. 중국과 일본을 이미 경험한 사람들은 한국의 미학이 따로 있음을 창덕궁 후원에서 비로소 느낀다고 한다.[9]

창덕궁 후원 관람은 낙선재 왼쪽 길 위에서 시작된다. 100명 단위 단체로 이루어진다. 매표소에서 표(5천 원)를 구매하거나 미리 인터넷으로 예매하면 후원을 관람할 수 있다. 후원 입구를 지나 숲으로 둘러싸인 언덕길을 넘으면 앞이 트인 분지를 만나게 되는데, 이곳에서부터 구체적으로 후원의 모습을 접할 수 있다. 창덕궁 후원은 정자와 건물 조성 면에서 우리나라 건축의 특성을 알 수 있는 배치 기법과 자연을 이용하는 기법을 잘 보여 준다.[10]

1781년 표암 강세황이 정조와 함께 창덕궁 후원을 거닐고 난 뒤에 쓴 〈호가유금원기〉이다.

> 푸른 소나무와 붉은 단풍이 은은하게 장막을 두른 듯 신선 세계에 들어선 것 같았다. 이날은 날씨가 맑았고 미풍도 간간히 불었으며 지나온 소나무 숲은 푸르고 울창하였다. 시원한 소리와 짙은 그늘이 사람의 정신을 맑고 상쾌하게 하여 분주하게 오르내린 수고로움을 잊게 해 주었다.

창덕궁 후원에서 가장 두드러지는 곳은 부용지 일대이다. 부용지를 처음 만든 이는 세조였고, 오늘날의 모습으로 경영한 이는 정조였다.

144 부용정. 창덕궁 후원에서 가장 아름다운 곳 중 하나이다.

부용지는 동서 35미터, 남북 30미터의 직사각형 연못이다. 못이 네모지고 가운데 둥근 섬 하나를 둔 것은 동양적 우주관을 반영한다.

부용지에 자리 잡은 정자 부용정 144 은 숙종 33년(1707)에 지어졌다. 본래 이름은 택수재였는데, 정조 16년에 고쳐 지으면서 부용정이라고 부르게 되었다. 정자의 양 측면과 남면 기단 위에 돌계단을 놓아 툇마루에 오를 때 딛고 올라서게 하였다. 북쪽은 연못 속으로 두 다리를 넣었다. 전면 창호들은 모두 접어 들쇠에 매달 수 있게 하였고, 안에는 우물마루(세로 방향에 짧은 널을 깔고 가로 방향에 긴 널을 깔아서 '井' 자 모양으로 짠 마루)를 깔아 놓았다.[11]

부용지 일곽에 있는 모든 건물은 정원의 일부이고, 정원은 자연 그 자체이다. 건물과 정원과 자연이 각각 따로 있는 것이 아니라 모두 하나가 되어 있다. 부용지 서쪽에는 숙종 16년에 세운 사정기비각이 있다. 주합루 근처 우물을 찾은 기념으로 지은 비각이다. 부용정 건너 북쪽 산등성이 마루턱 넓은 터에는 주합루가 남쪽을 향해 우뚝 서 있다. 이곳에 오르는 첫 단에 위치한 어수문을 지나 사방으로 난간을 두른 주합루에 서면 부용정과 연못은 물론, 주위 경관이 모두 한눈에 들어온다.

조선의 르네상스 시대를 연 정조는 학자들을 위하여 주합루 아래층을 규장각이라 하여 수만 권에 달하는 장서를 보존하는 서고로 꾸몄다. 주합루는 우주의 모든 이치를 합하여 한자리에 모이게 한 곳이라는 의미를 담고 있다. 그 위층은 열람실로서 사방의 빼어난 경관을 조망할 수 있는 누가 있다.

주합루(규장각) 입구에 위치한 어수문 앞에는, 난간 역할을 하는 소맷돌에 구름 무늬를 조각한 돌계단이 있다. 어수魚水는 왕과 신하를 뜻한다. 어수문 좌우에 지붕을 곡면으로 한 작은 문을 하나씩 두어 주합루의 외삼문처럼 꾸몄다. 145 어수문은 왕만 출입하였고, 신하들은 옆에 있는 작은 문으로 출입하였다. 어수문에는 덕수궁 정

145 부용정에서 바라본 주합루와 어수문. 146 어수문 앞에서 본 주합루.

관헌처럼 왕의 문양으로 용이 조각되어 있다.146

규장각 주련에는 '손님이 온 것을 봐도 일어나지 말라(見來客不起)'고 씌어 있다. 세종 대에 집현전이 있다면, 정조 시대 문예부흥을 상징하는 것이 규장각이다.

부용지 동쪽에 자리 잡은 영화당은 숙종 18년(1682)에 다시 지은 것으로, 임금이 친히 참석하여 과거를 열어 인재를 뽑은 곳이다. 영화당 동쪽 넓은 마당을 지나 후원 안쪽 왼편의 비교적 넓은 두 계곡 사이 넓은 터에 금마문이 있다. 그리고 금마문 옆 담장 중간에 담장을 끊어 돌을 깎아 세운 불로문147이 있다. 불로문을 드나들며 늙지 않기를 기원하였다고 하는데, 특히 외국인 관광객들에게 '늙지 않게 하는 문'으로 인기가 높다.[12] 불로문을 지나기 전 순조의 아들 효명세자(후일 익종, 1809~1830)의 개인 서실이었던 기오헌을 볼 수 있다.

147 불로문. 늙지 않는 문으로 관광객들에게 인기가 높다.

불로문을 들어서면 연경당 구역이다. 초입 오른쪽으로 넓은 네모난 연못(方池)이 있다. 숙종은 〈애련정기〉라는 글에서 "내 연꽃을 사랑함은 더러운 곳에 처하여도 맑고 깨끗하여 군자의 덕을 지녔기 때문이다"라고 하며 이 연못의 이름을 '애련지'라고 붙였다. 북쪽 물가에는 숲을 배경 삼아 한 칸 크기의 정자인 애련정이 있다.

연못 서쪽에 있는 연경당은 원래 왕과 왕비가 사대부의 생활을 체험하도록 하기 위해 효명세자가 1828년에 지은 것이다. 사대부의 가옥과 유사한 형식으로 사랑채와 안채, 서재인 선향재, 농수정 등으로 이루어져 있다. 연경당은 99칸까지만 지을 수 있었던 일반 양반집과 달리 120여 칸으로 구성되어 있다. 연경당은 〈동궐도〉에 묘사되어 있는데, 지금과는 다른 모습이었다. 지금의 연경당은 헌종 12년(1846)에 다시 지은 것이다. 솟을대문인 장락문을 통해 행랑 마당으로 들어가면, 사랑채 동쪽으로 서고인 선향재가 있다. 선향재 동북쪽 높은 곳에 정자를 지어 '농수정'이라 하였다. 후원 안쪽으로 더 깊이 들어 들면, 왼쪽 꺾인 곳에 또 다른 연못과 관람정을 만나게 된다.

관람정 148 은 부채꼴 평면에, 앞쪽의 기둥 사이 간격이 보통의 경우와 다르게 매우 넓게 되어 있다. 정자에서 바라보는 앞쪽 경관이 너무 가까이 있어서 기둥 간격을 좁게 하면 경관이 잘리기 때문이다. 즉, 관람정은 이름 그대로 경치 감상을 목적으로 지은 정자이다. 관람정을 지나 안쪽으로 들어가면 존덕정 149 이 있다. 존덕정에는 정조가 쓴 〈만천명월주인옹자서〉라는 고풍스런 현판글(원본은 고궁박물관에 있음)이 왼쪽 위에 있고, 가운데에는 작지만 현란한 용 그림이 있다. 정조가 쓴 글의 내용은 다음과 같다.

> 달은 하나이며 물은 수만이니 물이 달을 받음으로 해서
> 앞 시내에도 달이요 뒷 시내에도 달이다.
> 달의 수는 시내의 수와 같은데 시내가 만 개에 이르더라도 그러하다.
> 물은 세상 사람이며 비추어 드러나는 것은 사람들의 모습이다.
> 달은 태극이며 태극은 바로 나다.

왼쪽 148 부채꼴 모양의 아름다운 관람정. 오른쪽 149 존덕정 내부의 정조가 쓴 〈만천명월주인옹자서〉 현판과 현란한 실내장식.

평생 왕권을 강화하려고 노력했던 정조의 외침이며, 용의 그림은 이를 상징한다.

관람정과 존덕정이 자리한 반도지의 이름은 연못의 윤곽이 한반도처럼 생겼다는 데서 유래한다. 창덕궁 후원 안에 연못이 여러 개 있으나 자연스런 형태를 갖고 있는 것은 반도지 하나뿐이다. 우리

왼쪽 150 날개를 편 독수리 모양의 승재정. 오른쪽 151 승재정과 비슷한 모양의 통도사 사명암의 무작정.

나라 연못은 네모진 생김새가 태반이다. 반도지 맞은편 언덕 위에는 관람정을 내려다 볼 수 있는 화려하게 날개를 편 독수리 모양의 승재정 150 이 있다. 승재정은 통도사 사명암의 무작정 151 과 지붕선이 흡사하나 굴곡이 더 급격하다.

반도지를 왼쪽으로 끼고 비탈길을 오르면 창덕궁 후원의 가장 깊숙한 곳에 자리한 옥류천 구역이 나타난다. 옥류천은 북악산 동쪽 응봉에서 발원한 뒤, 창덕궁 후원을 관통하여 종묘를 지나 청계천으로 흘러간다. 이 구역에는 가느다란 냇물을 사이에 두고 여러 형태의 정자가 조화롭게 배치되어 있다. 낮은 언덕이 주위를 둘러싸고 있어 아늑한 별천지 같은 느낌이 든다.[13]

첫 번째로 만나는 정자가 취한정이다. 이 정자는 임금이 옥류정

우물에서 약수를 들고 다시 돌아 나올 때 쉴 수 있게끔 세운 소박한 정자이다. 취한정 위쪽 옥류천 가에는 소요정이 있다. 소요정에서 옥류천과 소요암, 폭포 등을 한눈에 볼 수 있다. 소요정과 취한정 앞쪽을 흐르는 옥류천의 흘러내리는 계류와 우물을 파서 흘러나오는 물이 돌아 흐르도록 둥그런 홈을 팠다. 돌아 흐른 물은 다시 폭포가 되어 떨어진다. 이곳에서 경주 포석정에서 행해졌던 유상곡수연이 벌어지기도 했다. 폭포 위에 있는 바위 소요암에는 인조가 새긴 옥류천이라는 글씨가 있고, 그 옆에 숙종이 지은 다소 과장된 은유의 시가 새겨져 있다.

폭포를 이루며 떨어지는 물은 삼백 척이나 되고
저 높은 하늘로부터 온 것이네
이를 보노라면 흰 무지개가 일고
온 골짜기에 천둥 번개가 치네

옥류천에서 가장 높은 곳에 세워진 청의정은 창덕궁 건축물 중 유일하게 초가지붕으로 꾸며졌다. 왕이 농사일을 직접 체험하며 백성들의 삶을 이해하도록 청의정 앞에 작은 논을 두었는데, 임금이 이 논을 직접 농사 짓고 여기서 나온 벼로 초가지붕을 이었다고 한다.

창덕궁 후원에서 자라고 있는 식물들 중 대표적인 것은 수령 600년으로 추정되는 다래나무(천연기념물 제251호)와, 수령 750년의 향나무(천연기념물 제194호)이다. 향나무는 후원을 만들 당시에 심은 것으로 보인다. 높이 12미터, 뿌리 둘레 5.9미터로 〈동궐도〉에도 나온다. 제사를 지내던 선원전 주변에 있고 향기가 강해 제례와 관련된 것으로 보인다. 생긴 자태가 마치 또아리를 튼 용 같다. 152

그 외에도 조선시대 말기에 조성되어 130년 이상 된 나무로 느티나무 · 은행나무 · 다래나무 · 주엽나무 · 주목 · 회화나무 · 밤나무 · 향나무 · 매화나무 · 엄나무 · 수양버들 · 참나무 등이 있고, 그 정도는 아니어도 비교적 수령이 오래된 것으로 단풍나무 · 떡갈나무 · 배나무 · 뽕나무 · 앵두나무 등이 있다. 수목뿐 아니라 언덕이나 산

152 창덕궁 후원의 향나무가 용트림을 하고 있다.

등성이, 길과 건물 주변 마당을 제외한 땅을 덮어 자라는 지피식물들도 많은 종류가 있다.

무엇보다 중요한 것은 사시사철 늘 푸른 관상수를 심지 않았다는 사실이다. 봄이면 움트고 여름이면 잎이 푸르고 가을이면 단풍 들고 겨울이면 가지만 남아 눈꽃을 피우는 활엽수 계통의 나무들을 주로 심었다. 이것이 창덕궁 후원 식재의 특성이고, 나아가 한국 전통 정원의 식재 특성이다.[14]

창덕궁의 후원은 변화무쌍한 자연 지형을 가급적 파괴하는 일 없이 적절히 이용하였다. 낮은 곳에는 연못을 파고 못가나 높은 곳에는 정자를 세워 관상과 휴식, 그리고 놀이에 알맞도록 꾸민 궁궐 안 공간이다. 창덕궁의 후원은 조선시대의 각종 전통 정원을 망라하고 있다는 느낌을 준다.[15]

이런 보물 같은 비밀의 숲이 있다는 것은 서울 사람들에게는 행운이고 축복이다. 백 년 전만 해도 못 가 볼 곳이었으나 지금은 시간만 내면 찾아가서 자연과 예술, 옛 귀인들의 호흡을 느낄 수 있다. 오래되었으나 늘 새로운 생명력이 약동하는 이런 곳은 나를 우아하고 기품 있게 만든다. 여기에서 보낸 시간은 기계적인, 쫓아가기 바쁜 현대인의 시간인 크로노스chronos가 아니다. 과거가 현재 속에 침투해서 미래를 예감케 하는 영원하고 진정한 시간, 나만의 주관적인 시간, 이른바 카이로스kairos가 된다. 이런 시간의 중첩과 생명력으로 가득한 존재들과의 마주침은 이전의 나와는 차원이 다른 나를 만든다.

맑고 깨끗한 별서,
소쇄원

관직을 그만두고 낙향하여 은거하는 선비들의 정원을 별서別墅라고 한다. 별서는 본가에서 조금 떨어진 산수 좋은 곳에 둔다. 지금의 별장이다. 별서는 일시적 생활 거처이면서 교류와 풍류의 공간이다. 별서는 울타리 내부뿐만 아니라 외부의 바라보이는 영역까지 포함한다. 대개 울타리로 둘러친 내원, 그 바깥의 외원, 주변을 둘러싼 자연까지 포함하는 세 개의 영역으로 나눌 수 있다. 이것이 우리 전통 정원, 별서의 특징이다.

우리나라에서 별서를 최초로 경영한 사람은 신라의 최치원으로 알려져 있다. 《삼국사기》 제46권 〈열전〉편에 "최치원은 당나라에서 돌아와 난세에 실의하여 벼슬을 버리고 경주, 지리산 등의 산림이나 강과 바다에 정자를 짓고 풍월을 읊었는데, 합포현(현재의 창원 합포구) 별서 같은 곳이 그가 노닐던 곳이다"라고 기록되어 있다.

신라의 상류층들은 사절유택이라 하여 계절에 따라 봄에는 동야택, 여름에는 곡양택, 가을에는 구지택, 겨울에는 가이택이라는 별서 주택을 따로 마련하여 거주했다.[16] 조선시대에는 15세기를 전후하여 전국에 많은 별서 정원들이 생겨났다. 이 시기에 화계, 둥근 섬을 가운데 두는 네모난 연못, 자연 계류를 이용한 수경 기법, 차경 등 우리 정원의 특징이 나타났다.

담양 지역에는 줄잡아 30여 개소의 정자가 있다. 산으로 둘러싸인 이 지역의 비옥한 평야지대는 농업을 기반으로 한 유교 사회의 이상적인 지역이 되었다. 이곳처럼 풍부한 경제력과 아름다운 산수를 갖춘 곳은 쉽게 찾기 어렵다. 저자가 오래되고 좋다는 여러 곳을 방문할 때마다 느낀 점이지만, 든든한 산이 있고 유장하게 맑은 물이 흐르고 그 앞에 평야가 넓직한 곳에 풍류가 만개한다.

이런 배경에서 소쇄원이 나타났다. 흔히 소쇄원은 한국 최고의 별서정원別墅庭園이라고 한다. 조선 중종 때 학자 양산보가 조성한 소쇄원(명승 제40호)은 전남 담양군 남면 지곡리 광주호 상류에 위치하고 있다.

양산보는 기묘사화 때 스승 조광조의 죽음을 직접 목격하면서 현실 정치에 거리를 두고 소쇄원을 조성하였다. 양산보가 어렸을 때 우연히 들오리가 물길을 따라 내려오는 것을 보고 궁금하여 물줄기를 거슬러 올라가다가 바위가 기묘하고 폭포수가 쏟아지는 경치가 아주 빼어난 어느 골짜기에 이르렀다. 그때 그는 그곳에 집을 지을 생각을 했다고 한다. 그것이 시초가 되어 1519년 낙향하여 그곳에 소쇄정이란 작은 정자를 짓고 1540년대에 소쇄원의 형태로 확장하였다.[17] 강릉 선교장의 입지 선택과 비슷한 스토리이다. 아들인 양자징과 양자정 대에 고암정사와 부훤당을 갖춤으로써 별서정원을 완성했고, 정유재란 때 건물이 폐허가 되었으나 손자 양천운이 재건하여 오늘에 이르고 있다.

'소쇄瀟灑'는 중국 제나라 문인 공덕장이 쓴 〈북산이문北山移文〉에 들어 있는 말이다. 맑을 소, 깨끗할 쇄, 동산 원, 즉 '인품이 맑고 깨끗해 속기가 없는 사람들이 사는 동산'이란 뜻이다. 소쇄원은 양산보의 살림집인 창암촌에서 멀지 않은 곳에 조성되어, 전원 생활과 문화 생활을 함께 영위할 수 있는 공간이었다. 상주하며 일상생활을 보내는 주거지에서 도보 거리에 있는 가까운 경승지에 조영된 제2의 주거이자 이를 둘러싼 정원이라고 할 것이다.[18]

소쇄원이 애초에는 양산보의 별장이었을지 모르지만, 선비들이 많이 모여들면서 정치 토론과 더불어 음주가무의 풍류가 있었을 것이다. 현재의 소쇄원은 양산보 한 사람의 힘으로 조성된 것이 아니라 송순과 김인후의 도움이 있었다. 소쇄원의 2대 주인인 양자징을 사위로 삼고 학문을 가르친 바 있는 김인후는 특히 양산보와 더불어 소쇄원 조성에 가장 큰 영향을 미친 인물이다. 김인후가 지은 〈소쇄원 48영〉은 소쇄원에 대한 그의 비전과 사상을 시문학적으로 잘 표현하고 있다.[19]

소쇄원의 넓이를 보통 1,400여 평이라고 한다. 이는 현재 소쇄원 입구에서부터 담장으로 둘러싸인 부분까지를 말하는 것이다. 소쇄원의 영역은 크게 세 부분으로 나뉘는데, 첫째는 입구 대나무 숲에서 대봉대를 거쳐 오곡문까지로 진입 및 전망 공간이다. 둘째 부분은 오곡문 담장 사이를 흐르는 계곡물과 담장들의 영역으로 계류 공간이다. 세 번째는 광풍각과 제월당으로 이어지는 주인과 손님의 대화와 풍류의 공간이다.

소쇄원을 보면 계곡과 그 사이를 흘러 떨어지는 물, 온갖 나무들과 화초들로 아름다운 공간이라는 느낌이 든다. 소쇄원은 어느 부분에서도 전체를 인식할 수 있으며, 동시에 부분 영역의 경관과 행위를 즐길 수 있다. 소쇄원은 입체적인 정원으로서 수직적 공간을 절묘하게 이용했다.

입구에서부터 울창한 대나무 숲 사이로 난 길다란 오솔길을 따라 새로운 세계로 인도되고 그곳에는 무엇이 있을까? 하는 궁금함과 기대감에 젖는다. 시원한 바람 소리가 대숲에서 들려온다. 심신이 상쾌해진다. 그야말로 맑고 깨끗, 즉 소쇄하다. 옛날 선비들의 집에는 반드시 대나무 숲이 있었는데 이런 맑은 기운을 주기 때문이다. 그래서 지금도 소쇄원은 일상에 지친 도시인들에게 소쇄해질 특별한 경험을 제공한다. 153

153 소쇄원 대나무 숲. 그야말로 소쇄하다.

대나무 숲을 지나면 정자가

154 봉황을 기다리는 곳 대봉대. 건너편으로 광풍각과 제월당이 보인다.

나온다. 소쇄원 입구에서 가장 먼저 눈에 띄는 이 작은 정자에는 '대봉대待鳳臺'라 씌어진 현판이 걸려 있다.154 시원한 벽오동나무 그늘에 앉아 말 그대로 '봉황새(귀한 손님)를 기다리는 집'이다. 이곳을 방문하는 여행자를 VIP로 환대하는 대봉대에서 잠시라도 귀한 사람으로서의 나를 향유해 보자. 귀한 손님으로서 그에 걸맞는 안목을 갖춘다면 소쇄원을 본격적으로 산책할 준비가 된 것이다. 대봉대가 반가운 이유는, 다른 곳과 달리 일반 여행자가 정자에 오를 수 있게 허락한다는 점이다. 이 상식적 허락이 비상식이 된 수동적 문화재 관리에 대해 다시 생각해 보게 한다.

155 제월당. 소쇄원의 주인이 거처하는 곳이다.

소쇄원이 다른 별서들과 구별되는 것은 이곳의 주요 사용자가 주인이 아니라 손님이라는 점이다. 아마 양산보는 많은 한을 남기며 죽어 간 스승 조광조와 같은 큰 인물을 기다리고 있었는지도 모르겠다. 그래서 소문난 인물들을 초청하고, 그들과의 교제를 위해 한양에서 먼 곳이라는 불리함을 극복하기 위해 이처럼 매력적인 공간을 만들었을 것이다.

대봉대 건너편으로 제월당과 광풍각이 보인다. 제월당155은 정자라기보다는 주인이 거처하며 조용히 독서하는 곳이었다. 당호인 '제월霽月'은 비 갠 뒤 하늘의 상쾌한 달을 의미한다. 좌측 한 칸은 다락

156 광풍각. 바람같이 오고 가는 손님을 위한 정자이다. 뒤에 제월당이 보인다.

을 둔 온돌방이다. 여기에 소쇄원의 모습을 마흔 여덟가지로 나누어 설명한 김인후의 〈소쇄원 48영〉이 걸려 있다. 제월당 아래쪽 개울가에 있는 광풍각光風閣 156 은 맑은 날 불어오는 시원한 바람 같은 집이고, 그런 바람을 맞이하는 집이다. 바람같이 오고 가는 손님이 머무는 곳을 광풍각이라 하고, 주인이 머무는 곳을 제월당이라 한 것이다. 북송 시대 문인인 황정견이 주자학의 길을 연 주돈이의 인품을 일컬어 광풍제월光風霽月이라 하였듯, 맑은 날 불어오는 시원한 바람이고, 비 갠 뒤에 떠오르는 밝은 달이다.

제월당과 광풍각은 통해 있다. 주인과 손님이 통해 있고, 너와 내가 통해 있다. 모두가 하나로 통해 있다. 그것이 천국의 모습이다. 그 사이에는 얕은 담이 있다. 최소한의 예의 있는 가림을 통해 불편하지 않게 마음을 놓고 손님이 푹 쉬게 할 수 있는 배려이다. 불가근불가원不可近不可遠의 배려이고, 지나치게 뜨겁지도 차갑지도 않은 은근한 환대이다. 모르는 사람들에게 너무 냉정하거나 마음에 든다고 지나치게 접근하다 상처를 입는 우리에게 시사하는 바가 크다.

광풍각은 별당으로 중앙 한 칸은 온돌방으로 되어 있고, 문은 셋으로 나뉠 수 있는 들어열개문이다. 사방으로 열린 마루에 앉아 있다가 추워지면 방으로 들어가면 된다. 김인후는 〈소쇄원 48영〉에서 광풍각을 이렇게 묘사했다.

머리맡에서 개울 물소리를 들을 수 있는 선비의 방으로
창은 밝고, 그림과 글씨는 수석에 비치고
뒤엉키는 착잡한 생각이 솔개와 물고기인 양 떠돈다.

소쇄원의 담은 유달리 정겹다. 원래 담장은 들어오지 말라고 만드는 것인데 소쇄원의 담은 그렇지 않다. 이리로 들어오라고 여행자에게 손짓을 한다. 담에 '애양단愛陽檀'이란 글자가 보인다. '햇빛을 사랑하는 담'이라니, 담을 의인화한 시적이고 따뜻한 문구이다. 두 손 벌려 손자를 맞이하는 사람 좋고 든든한 할아버지 같다.

개울 한복판에 있는 커다란 바위는 위에서 바둑을 두거나 차를 마시며 대화를 나눌 수 있을 정도로 넓다. 계곡물은 소쇄원 영역을 둘로 나누어 놓는다. 수량은 풍부하지 않지만, 소쇄원의 생기를 돋우는 생명수가 되고 있다. 다음은 김인후가 소쇄원에 대해 쓴 즉흥시인데, 광풍제월 속에서 소외된 선비의 풍류를 잘 그려 냈다.

대숲 너머 부는 바람은 귀를 맑게 하고
시냇가의 밝은 달은 마음 비추네
깊은 숲은 상쾌한 기운을 전하고
엷은 그늘 흩날리며 치솟는 아지랑이 기운
술이 익어 살며시 취기가 돌자
시를 지어 흥얼 노래 자주 나오네
한밤중에 들려오는 처량한 울음
피눈물 자아내는 소쩍새 아닌가

신기하게도 문이 아닌 담에 '오곡문'이라고 써 있다.157 송시열의 글씨인데 '오곡五曲'이란 계곡물이 바위를 타고 '갈 지之'자 모양으로 다섯 번을 돌아 흐른다는 뜻이다. 담장 밑을 흐르는 물을 오곡류라고 하고, 오곡문 글자 왼편 담 아래 돌을 쌓아 담 밖의 물이 안으로 흘러들게 만들었다.158 오곡문에서 볼 수 있는 독특한 구조는 분명히 인공적인 요소지만, 그 구조는 계곡물이 자연스럽게 담 안으로 흘러들게 하려는 배려에서 나온 것이다.[20] 사람만 들어오는 게 문

오곡문 위 157 담에 붙어 있는 글씨는 송시열이 쓴 것이다. 아래 158 담 왼편 아래로 돌을 쌓아 물이 안으로 흘러들게 만들었다. 트고 열림이 자유자재하다.

이 아니다. 물도 바람도 들어오는 게 문이다. 굳게 닫혀 구별하는 벽과 같은 나의 마음을 넉넉히 따뜻하게 열라는 부드러운 격려 같다. 혹시라도 못 알아들을까 봐 잔소리하지 않고 넌지시 한쪽 벽을 자연스럽게 열어 놓았다. 오곡문을 두고 김인후는 〈소쇄원 48영〉에서 이렇게 읊었다.

가까이서 졸졸 흘러내리는 물
분명 다섯 구비로 흘러내리네.
그해 물가에서 말씀한 뜻을
오늘은 살구나무 아래서 구하다니.

뒤쪽 벽에는 소쇄처사양공지로瀟灑處士梁公之廬라는 송시열의 글씨가 새겨져 있다. '소쇄원의 처사 양씨의 조촐한 집'이란 뜻이다. 일종의 문패라고 할 수 있다.

담장이 인공적인 중심 요소라면, 물은 자연적인 요소다. 물은 눈에 보이는 시각적인 요소일 뿐 아니라, 소리로 들리는 청각적인 요소다. 특히 소쇄원의 물은 소리로 듣는 물이다. 그래서 소쇄원은 시청각적 공감각의 정원이다. 물소리뿐 아니라 바람 소리, 새들의 소리가 어우러진다.

계곡물이 집 동쪽에서 와서 문과 담을 통해 뜰 아래를 따라 흘러간다. 위에는 외나무다리가 있는데, 외나무다리 아래의 돌 위에는 저절로 웅덩이가 이루어져 이름하여 '조담槽潭'이라 한다. 이것이 쏟아져서 작은 폭포가 된다. 〈소쇄원 48영〉 중 담장을 뚫고 흐르는 계곡물에 대하여 노래한 부분이다.

걸음 걸음 물결을 보며 걷자니
한 걸음에 시 한 수 생각은 깊어지는데
흐르는 물의 근원을 알 수 없으니
물끄러미 담장 밑 계류만 바라보네.

양산보는 "소쇄원 어느 언덕이나 골짜기를 막론하고 나의 발길이 미치지 않은 곳이 없으니, 이 동산을 팔거나 양도하지 말고 어리석은 후손에게 물려주지 말 것이며 후손 어느 한 사람의 소유가 되지 않도록 하라"는 귀한 유훈을 남겼다. 그에게 소쇄원은 은둔의 공간, 사적 소유의 공간이 아니라 창조와 교류, 공유의 공간이었다.

소쇄원의 전체 경관에 대한 감상은 밝음과 어둠, 빛과 그늘의 적절한 반복과 대비다. 그 음영의 효과는 공간의 크기 변화에 따라 증폭된다. 어두운 대나무 숲을 지나면 갑자기 밝아지는 정원의 전체 풍경에 도달하고, 여기서 계곡 건너편을 보면 그늘에 숨은 광풍각과 볕 바른 제월당이 대조를 이룬다. 극적인 연출이다. 너무 의미 없이 반복되는 삶을 살고 있는 것은 아닌지, 이런 드라마틱한 장치를 경험해 보면 나도 모르게 반성하게 된다.

자연을 그대로 살리면서 곳곳에 작은 인공을 가하여 자연과 인공의 행복한 조화를 창출한 소쇄원을 통해서, 우리는 전통 정원의 미학을 배우고 감탄한다. 소쇄원에서의 천국 체험은 세상을 천국으로 바꾸는 체험이다. 천국을 체험하고 소쇄원을 나온 우리는, 다시 이전의 나로서 속세로 돌아가는 것이 아니다. 내가 세상의 피해자가 아닌 주인공이 되어 속세를 지옥이 아니라 천국으로 만들어야 할 것이다.[21] 임제선사의 '수처작주 입처개진隨處作主 立處皆眞'이란 말이 생각난다. 어디를 가나 손님이 아니라 주인이 되고, 서 있는 곳마다 진실돼야 한다. 특히 나 자신에게 말이다. 소쇄원의 가르침이다.

풍류의 섬,
보길도 원림

보길도는 전라남도 완도에서 남쪽으로 32킬로미터, 해남의 남쪽 끝에서 12킬로미터 떨어져 있는 섬이다. 크기는 동서 12킬로미터, 남북 8킬로미터, 면적이 32.9제곱킬로미터에 이른다. 완도나 해남에서 배를 타고 30분 정도 가면 노화도가 나오고, 노화도에서 보길대교를 통하여 20분 정도 더 가면 보길도에 도착한다. 그야말로 땅끝에서 더 간 바다 끝이다.

명문가인 해남 윤씨의 큰 인물, 외로운 산(고산孤山) 윤선도가 보길도에 직접 조성한 독창적인 정원 원림이 부용동이다. 부용동은 해발 300미터 내외의 산맥이 남과 북으로 병풍처럼 아늑히 감싸 주고 있으며, 북동쪽을 향하여 골이 열려 있다. 그래서 태풍이 와도 피해가 없고 겨울에는 북풍을 막아 주어 따뜻하다. 연평균 기온이 섭씨 14도, 강수량 1,400밀리미터, 상록활엽수가 많은 난대 지방이다. 윤선도는 이곳에 대하여 "지형이 마치 연꽃 봉오리가 터져 피는 듯하여 부용芙蓉이라 이름했다"고 한다.

고산 윤선도를 비롯한 조선조의 문인, 학자들에게 자연은 본연의 도道로 간주되었다. 따라서 자연을 가까이 함은 그것에 내재되어 있는 도를 취하고자 하는 수양 행위에 비유되었다.[22] 조선 선비들의 이상적인 삶은 과거 합격의 입신양명을 통하여 남아의 포부를 증명하고, 성현의 뜻에 따라 백성을 교화하다가, 노년에 이르면 물러나 자연 속에서 유유자적하며 남은 생을 보내는 것이었다.

자연에 대한 양반들의 인식은 첫째, 한가로움과 여유의 공간이다. 둘째, 자연을 심성 수양의 공간으로 인식하는 태도이다. 지금은 비록 실현될 수 없지만 때를 얻으면 정치적 이상을 실현하기 위하여 준비하는 대기 공간으로 자연을 인식한 것이다. 셋째, 자연을 은둔의 공간으로 보는 태도이다. 은둔의 바탕에는 현실에 대한 강한 불만이 자리하고 있다.

윤선도는 당대는 물론이고 한국사를 통틀어도 유래가 드물 만큼 스케일이 다른 정원을 조성하였다. 윤선도야말로 한국 최고의 공간

예술가이다.

해남 본가에 낙향해 있던 윤선도는 병자호란이 발생하자 의병을 조직하여 임금이 있는 강화도로 출병하였다. 그러나 조정이 항복하자 하는 수 없이 뱃머리를 돌려 내려오던 중 보길도의 빼어난 자연에 끌려서 경관을 살핀다. 윤선도의 5대손 윤위가 1748년 보길도를 답사하고 유적을 자세히 기록한 《보길도지》에 의하면, 문학적 영감이 충만했던 윤선도는 이곳 땅의 영험한 기운을 감지하여 "하늘이 나를 기다려 이곳에 멈추게 한 것"이라고 했다고 한다.

윤선도가 보길도에서 은둔 생활을 시작한 것은 병자호란의 수치을 당하여 대의를 세우고자 함이었다. 또 한편으로는 자기를 배척한 세상 사람들의 질시에서 벗어나고자 함이었다. 윤선도는 1637년부터 여든다섯 살로 세상을 떠나기까지 13년 동안 부용동에 머물렀으며, 그동안 일곱 차례나 나갔다 들어왔다 하면서 이곳을 가꾸었다. 보길도는 해남 윤씨의 종가인 녹우당이 있는 해남에서 뱃길로 한나절이면 닿을 수 있었다.

윤선도는 가장 먼저 이곳에 낙서재樂書齋를 지었다. '책 읽기를 즐긴다'는 뜻의 낙서재는 그가 생활하던 집으로, 처음에는 초가집으로 지어 살다가 이후 잡목으로 거실을 만들었다. 우리가 흔히 말하는 최소한의 집인 방 하나, 마루 하나, 부엌 하나로 이루어진 3칸 집으로 사방에 툇마루를 돌렸다. 이어 낙서재 남쪽에 침실을 지어 '무민無悶'이라 쓴 편액을 달았다. 그리고 무민당과 낙서재 사이에 1칸 크

159 낙서재. 산 밑의 나무가 있는 곳이 소은병이다. 소은병, 낙서재와 아래의 귀암이 일직선상으로 정렬해 있는 것이 보인다.

기로 사방에 툇마루를 단 동와와 서와를 지었다.

해발 431미터인 격자봉의 북쪽, 쉽게 말해 낙서재 뒤쪽에 4, 5인이 앉을 만한 바위인 소은병이 있다. 소은병이란 이름은 주자가 살던 무이산 대은병을 본떠서 지은 것이다. 주자처럼 살고자 했던 윤선도의 의지를 읽을 수 있다. 낙서재 앞에 있는 바위 귀암은 그가 달맞이를 하던 곳이라고 한다. 소은병과 낙서재와 귀암이 일직선상의 축을 형성한다. 159

임금이 있는 한양 쪽, 곧 북향인 낙서재에서 북쪽으로 바라다보이

160 동천석실. 부용 제일의 경승으로 독서 공간이자 하늘정원이다.

는 산으로 30분쯤 걸어 올라가면 정상 근처에 동천석실160이 있다. 윤선도는 이곳을 몹시 사랑하여 부용 제일의 경승이라 하고, 그 위에 정자를 짓고 수시로 찾아와 놀았다. 이곳에 앉으면 격자봉과 평평하게 마주하게 되고 온 골짜기가 내려다보이며 낙서재가 환하게 눈앞에 펼쳐진다.[23] 동천이란 하늘로 통하는 곳, 신선이 사는 곳이며 석실은 책을 보존해 둔 곳, 산중에 은거하는 곳이니 그에게 동천석실은 독서를 즐기며 신선처럼 소요하는 은자의 하늘정원이었다.

동천석실 바로 밑의 석담에 8단의 계단이 조성되어 있어서 동천석실로 올라가는 층계다리의 역할을 하는데, 이를 '희황교'라고 한다. 희황은 중국의 황제 복희씨로, 산꼭대기 누추한 정자인 동천석실을 천자가 사는 황궁으로 비유한 것이다. 다음은 윤선도가 지은 시 〈희황교〉이다.

희황교 남북에 작은 난간을 두고
가운데 양포단을 깔기에 적당하네
청산에 비갠 뒤 턱 받치고 누웠으니
물소리, 연꽃 향에 온갖 흥이 절로 나네

희황교 위, 동천석실 바로 앞에는 차바위가 있다. 고산이 차를 끓이던 곳이라고 전한다. 바위에는 차 상다리를 고정할 수 있도록 몇 개의 구멍을 파 놓았다. 이곳에서 아래를 보며 시상을 떠올리고 다도를 즐겼다고 한다.

낙서재와 동천석실은 부용동 중심부에 조성되어 있는 데 비해, 세연정[161]은 부용동 입구에 자리 잡고 있다. 물과 바위, 정자와 소나무, 대나무 등이 어우러진 공간으로 부용동 원림園林 중에서도 아직까지 잘 남아 있는 유적이다. 세연정은 기능상 유희의 장소로 쓰였으나, 조선 선비의 청정한 세계관이 담겨 있는 곳이기도 하다. 세연정 계곡은 우리나라 조경 유적 중 특이한 곳으로, 윤선도의 기발한 착상이 잘 나타난다. 세연정 일대는 산중에 은둔하는 선비의 원림으로는 화려하고 규모가 크다. 윤선도가 관직에 있을 때 경복궁 경회루와 창덕궁 후원 등에서 벌어지는 연회를 보았을 것인바, 그런 일들이 세연정에서의 생활에 영향을 미쳤을 것이다.

세연정 주위에는 자연석으로 축대를 쌓아 호안을 만들고 바닥에는 암반을 깔았다. 산란기가 되어 숭어나 은어가 바다에서 올라오면 낚시를 하고, 배를 띄워 풍류를 즐기기도 했다. 다른 곳이 자연지물을 그대로 이용한 것에 비하여, 이곳은 매우 치밀한 인공적 솜씨로 가꾸어져 있다. 귀암·혹약암·사투암·유도암·무도암·용두암·비홍교 등의 '칠암七巖'처럼 신기하게 생긴 암석들이 널려 있다. 윤선도는 시인의 면모를 살려 바위 하나하나에 이름을 붙여 주었다. 그중 혹약암은 힘차게 뛰어나가려는 황소의 모습을 닮았다. 혹약은 《역경》에 나오는 혹약재연或躍在淵, 즉 뛸 듯하면서 아직 뛰지 않고 못에 있다는 말에서 따온 것이다. 윤선도 자신의 이야기일 것이다.

161 보길도의 백미 세연정.

162 세연정 옆 우리나라 유일의 석조보인 판석보.

윤선도는 살림집인 낙서재에서 주로 생활하였으나, 세연정과 동천석실, 그리고 낙서재가 서로 유기적으로 연결되어 부용동 일대가 하나의 큰 정원을 이루었다. 윤선도는 판석보라는 특이한 공법의 제방을 쌓고 개울을 막아 2개의 연못을 나누어 만들었다. 우리나라에서 유일한 석조보로, 마을 사람들은 굴뚝다리라고 부른다. 물이 없을 때에는 아름다운 돌다리가 되고, 큰비가 내리면 물이 넘쳐 폭포가 된다. 수량을 조절하기 위함인데, 가운데가 비어 소리가 증폭되게 설계하였다. 162

위 연못인 상지는 자연 그대로의 아름다움으로 동적인 경관을 살리고, 아래 연못 회수담은 물의 속도를 떨어뜨려 정적인 공간으로 만들었다. 두 연못 사이에 네모꼴의 인공 섬을 쌓아 그 위에 세연정을 세웠다. 세연정은 한 칸 정자로, 동서남북의 각 방향에 편액을 걸었다. 중앙인 북쪽에는 세연정, 남쪽에는 낙기란, 서쪽에는 동하각, 동쪽에는 호광루, 칠암이 있는 서쪽에는 칠암헌을 걸었다.

세연정 원림은 철저하게 윤선도 개인을 위한 것이었다. 원림의 중앙에 놓인 세연정은 윤선도가 원림의 모든 부분을 즐기던 객석이었다. 앞으로는 자연적인 연못을, 뒤로는 인공적인 연못을 바라본다. 북측 면으로는 무도암 등의 기암괴석의 정원을, 남측 면으로는 세연정에서 바라보기 좋은 곳에 만든 무대인 동대와 서대에서 춤추던 무희들을 볼 수 있었다고 한다.

부용동 정원의 동대와 서대, 그리고 무도암은 다른 별서정원에서는 찾아볼 수 없는 요소이다. 이 요소들은 시, 노래, 춤의 합일이라는 동양 고래의 유교적 예술철학을 반영하고 있다는 점에서 우리나라 정원사에서 중요한 의미를 지닌다. 보길도는 윤선도의 예술적 안목이 빚어낸 거대하고 입체적인 극장이었다.[24] 윤선도의 부용동 원림은 울타리가 없는 자연 그 자체의 정원이다.

부용동 원림은 여러 면에서 선비관에 입각한 조선시대의 전통적인 조원 기법을 드러내는데, 그 특징을 살펴보면 다음과 같다.[25] 첫째, 글 읽고 강론하는 선비의 글방 건물과 자연의 경승을 관조하고 사색하는 정자 등의 건물이 있다. 둘째, 연못에 석교, 목교, 죽교 등 간결하고 다양한 다리들을 설치하였다. 셋째, 돌을 자연의 영물이라 하여 암석이나 괴석을 배치하고 원림의 공간 속에 석상, 평상, 물확, 석가산 등을 배치하였다. 넷째, 화목으로는 소나무, 대나무, 매화, 난초, 국화, 연꽃이 거의 공통적으로 심어져 있다. 건물에는 화려한 단청을 하지 않았으며, 화계나 연못 등의 모든 곳에 자연석을 사용하여 자연에 동화되도록 만들었다. 다섯째, 주변 자연의 산과 계류, 암석 등에 상징적 의미를 부여하여 사색의 터전으로 삼았다. 이곳에 온 여행자가 주목해야 할 부용동 팔경은 다음과 같이 공감각적이다.

제1경 연당곡수 고산의 아들 학관이 조성한 곡수당의 연꽃

제2경 은병청풍 은벽 석벽에 부는 맑은 바람

제3경 연청고송 세연정의 홀로 선 소나무

제4경 수당노백 곡수당 터의 늙은 동백

제5경 석실모연 석실에 감도는 저녁 연기

제6경 자봉귀운 격자봉을 두른 바다 구름

제7경 송현서아 솔재에 둥우리를 튼 갈가마귀 떼

제8경 미산유록 미산에 뛰노는 푸른 사슴

부용동은 우리 국문학사에서 뚜렷한 자리를 차지하고 있는 윤선

도의 창작의 산실이었다. 창조란 어쩌면 갈등과 좌절과 고독 속에서 생기는 것인지도 모른다. 무중량 경제 시대에 경쟁력은 상상력과 창조력뿐이다. 그 멀리 가서 풍경만 보고 올 일이 아니다.

윤선도는 아름다운 자연을 벗해 그것을 시조로 표현한 시인이다. 물 · 돌 · 소나무 · 대나무 · 달을 예찬한 〈오우가〉, 해남 산에서 지은 《산중신곡》, 보길도에서 지은 《어부사시사》 등은 우리 국문학사의 빛나는 작품들이다. 《어부사시사》는 봄, 여름, 가을, 겨울 각각 10수씩 모두 40수로 되어 있다. 속계를 벗어난 어부의 생활을 한글로 아름답게 묘사하였다. 그는 '고산유금'이라는 거문고를 직접 제작하고 연주하기도 하였는데 최근에 복원되었다.

윤선도는 인조의 총애를 받았으며, 봉림대군(효종)의 스승이기도 했다. 봉림대군은 윤선도를 잘 따르고 존경했다. 그러나 당파 싸움에 휘말려 85세로 생을 마감하기까지 20여 년간 삼수 · 영덕 · 부산 기장 등에서 유배 생활을 했으며, 그 기간만큼 은둔하여 총 40년을 그늘에서 살았다. 그의 낙천적 · 유희적 생활 태도는 정치적 음지에서 자신을 지키기 위한 반작용이었다. 56세인 1642년에 쓴 〈낙서재 우음〉에서 그의 심경을 느낄 수 있다.

눈은 청산에 귀는 거문고 소리에 있으니
세간의 무슨 일이 마음에 내키랴.
마음에 가득한 호연지기 알아줄 이 없어

미친 노래 한 곡조를 혼자 부르리.

특이한 것은 같은 봉림대군의 또 다른 스승인 우암 송시열과의 아이러니한 인연이다. 송시열과 윤선도는 각각 서인과 남인의 수장으로 최대 정적이었다. 송시열이 숙종에게 왕세자(훗날 경종) 책봉 반대 상소를 올렸다가 1689년 83세의 나이에 제주도로 귀양 갈 때 쓴 시가 보길도 글씐바위에 희미하게 남아 있다.163 시의 내용은 다음과 같다.

왼쪽 163 송시열이 제주 귀양 중 왕에 대한 서운함을 담아 쓴 시가 새겨져 있는 거대한 글씐바위. 오른쪽 164 글씐바위에 희미하게 시구가 보인다.

여든셋 늙은 몸이 멀고 찬 바다 한가운데 있구나.

한마디 말이 무슨 큰 죄이기에 세 번이나 쫓겨나니 역시 궁하다.

북녘의 임금님을 우러르며 남녘 바다 바람 잦기만 기다리네.

이 담비 갖옷 내리신 옛 은혜에 감격하여 외로이 흐느껴 우네.

송시열이 큰 병에 걸렸을 때 윤선도에게 약을 지어 달라고 부탁했고 이를 복용해 나았다는 이야기도 있을 만큼 두 사람은 학문적·정치적 라이벌이었으나 서로를 인정하는 사이였다. 실력을 기르고 경쟁은 철저하게 하되, 인간적으로 원수 되는 일은 없어야 한다.

85세에 운명한 윤선도의 사당은 그의 본가인 해남 녹우당 뒤쪽에 있다. 한편 진도에는 윤선도 사적비가 있는데, 이는 그가 우리나라 간척사업에 남긴 큰 족적 때문이다. 윤선도는 진도군 임해면 굴포리 등 4개 마을에 축구장 300개 크기의 논을 간척하여 마을 농민들에게 무상으로 제공하였다. 그래서 진도에서는 사적비를 세우고 수백 년째 매년 음력 1월 15일 그의 신위를 모시고 제사를 지내고 있다. 후손들에게 입신양명이 아니라 수신과 적선을 당부했던 위대한 시인다운 유물이다.

고택의 아름다운 변신, 쌍산재

쌍산재는 전라남도 구례군 미산면 장수길 3-2에 위치하고 있다. '쌍산雙山'은 해주 오씨 문양공 진사공파 23대손 형순의 호이며, 쌍산재는 그의 개인 서재이다. 지금의 운영자인 오경영 종손의 고조부이다. 쌍산재는 약 1만 7천 제곱미터의 부지에 한옥 여러 채와 넓은 정원으로 구성되어 있다. 100여 종의 각종 나무와 꽃들이 어우러져 계절별로 색채를 달리하는 전통 정원을 품은 고택, 혹은 고택을 품은 전통 정원이다. 봉선화 · 능소화 · 옥잠화 · 작약을 비롯하여 가장 오래 꽃이 가는 부처꽃과, 동백나무 · 대나무 · 차나무 등이 높이와 계절을 달리하며 화려한 아름다움을 뽐내고 있다.

현재도 후손이 생활하며 관리하는 고택으로, 오전 11시부터 오후 4시 30분까지 관람이 가능하다. 텔레비전 예능 프로그램과 드라마의 배경으로 등장했을 만큼 정원이 아름답다. 다른 고택과 달리 보존 중심이 아니라 개방적 · 대중적 공간으로 활용되고 있다. 전라남도 민간정원이기도 하다. 쉽게 말하면, 넓고 고풍스런 한옥 정원 카페라고 해야 할 것이다.

시간이 멈춰 버린 듯 박제된 모습으로 남은 고택들 가운데에서 쌍산재는 새로운 대안을 보여 주고 있다. 생활의 불편과 보존의 어려움, 지원 부족, 자구책 마련 노력의 부재 등 현재 고택이 처한 어려움을 어떻게 극복할 것인가에 대하여 많은 것을 생각하게 한다. 쌍산재는 조상이 물려준 공간에 현대 도시인의 요구에 맞는 미학을 더하여 새로운 창조적 공간을 만들어 내고 있다. 대중성과 예술성의 조화, 상업성과 미적 연출 능력의 조화를 이곳에서 발견할 수 있다. 전통적 공간에 미학적 자기 연출 능력이 더해졌다는 점에서 우리에게 의미 있는 힌트를 제공한다.

쌍산재에 입장하려면 초입의 한옥 관리동에서 1만 원을 내고 차(커피, 매실차, 생강차)를 사야 하는데, 주말에는 한참을 기다려야 할 정도로 인기가 높다. 종손이 부지런히 오가며 방문객들을 응대하며 조경에 신경을 쓰고 있는 모습이, 다른 명문 고택들과는 하드웨어뿐만 아니라 소프트웨어 자체가 다르다는 느낌을 준다. 다른 고택은 종손을 만나기도 쉽지 않고 근엄하여 접근하기도 어렵다.

165 쌍산재 대문 옆의 당몰샘. 풍수적으로 좋은 곳임을 증명한다.

쌍산재는 외부의 정면(파사드)에서 볼 때 이웃한 운조루에 비하면 규모는 작아 보인다. 그러나 안으로 들어가면 깊숙이 넓다. 정문 옆에는 '천년고리 감로영천'이라 씌어 있는 우물이 있다.[165] '당몰샘'이라고 하는 이 우물은 지리산 약초 뿌리가 녹은 물이 흘러든 것으로, 천 년 동안 아무리 심한 가뭄에도 마르지 않고 일정 수위를 유지한다고 한다. 이 우물은 풍수적으로 좋은 곳이라는 증명이다. 이 물을 마시면 80세 이상 산다고 한다.

쌍산재는 종부 중심의 일상 가사일이 진행되던 안채, 바깥주인이 거처하며 손님을 접객하는 사랑채, 딸들의 처소인 건너채, 가족들의 모임 장소인 별채 거연당으로 구성되어 있다. 한옥이 밀집한 전면부와 여유 있게 정원이 자리 잡은 후면부를 가르는 경계에 호서정이 있다.[166] 호서정의 누마루는 인접한 운조루 사랑채의 누마루에서 주는 편안한 착좌감과 적당한 높이의 시선을 제공하지는 못하지만, 돌계단과 대나무 숲 등이 잘 어우러지는 정원의 중요한 구성물이다. 전통 정원의 특성상 돌길, 돌계단이 많아 자칫 한눈을 팔면 낙상이나 발을 삘 정도의 부상을 입을 수도 있다.

약간 어두운 호서정 대숲 고개를 넘어서면 갑자기 밝아지면서 본격적으로 정원이 전개된다. 명암의 대비를 극적으로 연출한 것이다. 돌길 양옆으로는 넓은 잔디밭이 시원한 풍경을 연출하며 향후 정원과 한옥 건물들의 확장 가능성을 암시한다. 돌의자들이 곳곳에 배치되어 편안히 앉아 쉴 수 있게 하였다. 결혼식 등 야외 행사를 하기에도 좋아 보인다. 쌍산재는 다른 고택처럼 사랑채 중심 소수의 접빈객이 아니라 야외 정원에서 많은 손님을 맞이한다. 개방성, 상업성, 대중성 등 콘셉트 자체가 다르다.

166 호서정. 쌍산재의 가옥 중심 전면부와 정원 중심 후면부를 가르는 경계에 있는 정자이다.

깊숙이 자리 잡은 돌담과 영벽문 너머엔 사도저수지가 있다. 그 전에 위치한 경암당 주변은 바로 옆에 있는 서당채인 쌍산재와 더불어 가장 아름다운 정원부를 형성한다. 이곳에 규모는 작지만 인간 친화적이고 자연스러운 연못이 있다. 이 고택의 이름이기도 한 쌍산재는 23대 오형순의 서재였으며, 자손들이 공부한 서당이다. 이 서당 정원이 압권이다.

어렴풋이 보이는 가정문을 건너 따뜻하고 밝은 숲을 지나면 쌍산재가 나오는데, 중간에 왼쪽으로 급격히 휜 나무가 있어 겸손하게 허리를 숙이거나 돌아들어야 입장이 허락된다. 아름다운 자연 풍경과 오래된 고택의 편안한 공간 안에서 비로소 나와 마주할 수 있다. 이곳이 '포토 존'임을 보여주는 장치로 삼각대를 설치해 놓았다.167 다른 종가에서는 상상할 수 없는 수완이다.

167 삼각대가 설치되어 있는 쌍산재 '포토존'.

쌍산재의 한옥 건물들은 고택 숙박 체험을 운영하고 있다. 현대적으로 해석한 향토

168 아름답게 연출된 고택 카페 쌍산재가 고택 변신의 한 사례를 보여 준다.

적이고 고풍스러운 아기자기한 연출을 통하여 여행자들, 특히 여성들의 마음을 빼앗는 아름다운 정원을 품은 고택카페이다.

눈 맑고 마음 밝은 이에게 머리말이면 됐지, 맺음말은 사족이지만 다정도 병이어서 한마디 마지막으로 덧붙인다. 체코 출신 영국 극작가 톰 스토퍼드가 "모든 출구는 어딘가로 들어가는 입구(Every exit is an entry somewhere)"라고 했듯이, 일단 맺어야 다시 풀어서 시작할 수 있기 때문이다. 이 책은 세 가지 관점에 초점을 맞추었다.

우선, 한국인은 물론이고 한국의 진수를 보고 싶어 하는 외국인들을 위하여 한국의 고유한 아름다움에 대하여 설명하였다.

둘째, 한국의 미학을 대표하는 산사, 왕궁과 서원, 전통 마을과 고택, 정원에서 직관적이고 공감각적으로 느껴지는 아름다움에 대하여 해석하고 분석하였다.

셋째, 아름다움은 나다움의 다른 표현이다. 단순한 미적 대상이 아니라 나를 비추는 거울로서 이곳들에서 나를 찾는 지혜를 숙고하였다.

여러 책의 제목으로 등장하는, 그러나 구체적으로 '이거다'라고 눈이 번쩍 뜨이게 말해 주는 곳 없는 나를 찾는다는 것은 무엇인가?

'Life is not about finding myself, life is about creating myself.'

세계적으로 유명한 건물들을 설계한 램 쿨하스의 작품인 시애틀 도서관을 보러 갔을 때, 그 앞 기념품점에서 우연히 본 문구이다. 나를 찾는다는 건, 신이 만든 피조물로서 고정된 자기를 발견하는 것이 아니라 스스로 자기를 새롭게 창조하고자 하는 변화의 노력인 것이다. 고정된 나가 아니라 새롭게 변하고 창조해 나가는 것이 나의 정체성이다. 그런데 나를 창조하는 게 쉬운 일인가?

《탈무드》에 나오는 가장 인상 깊은 구절이다.

Let's please hope it works!

현재의 천지창조 이전에 스물여섯 번의 시도가 있었으며…, 그가 이 세상을 창조할 때 신은 '이루어지기를 간절히 바라노라!' 하고 부르짖었다는 것이다. 전지전능하다는 신조차도 세상을 만드는 데 이렇게 애를 썼다.

오른쪽의 그림은 시인이자 화가인 윌리엄 블레이크가 1794년 그린 〈태초의 나날들〉이다. 천지를 창조하기 위해 시행착오 속에서 열심히 컴퍼스 작업을 하는 신의 모습이다. 예술은 창조주가 만든 아름다움의 암호를 바탕으로 이를 다양한 현상으로 시각화 · 창작화하는 작업이다. 진짜 예술가는 작품뿐만 아니라 삶에 임하는 태도도 아름답다.

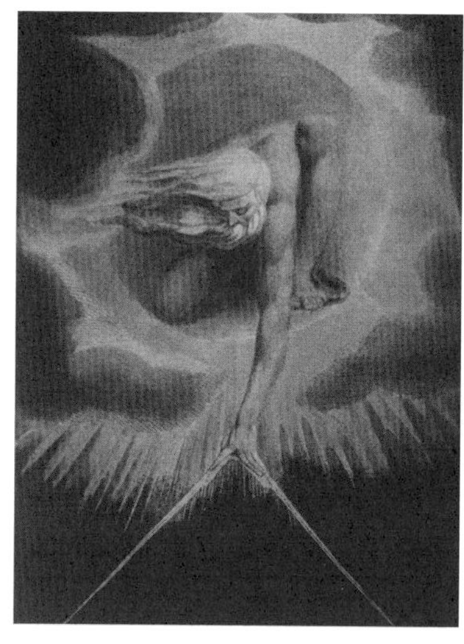

왼쪽 윌리엄 블레이크의 〈태초의 나날들〉. 오른쪽 고야의 〈Aun Aprendo〉(나는 여전히 배우고 있다).

서양미술사에서 최초의 근대 화가라 불리는 프란시스코 고야가 78세에 그린 〈Aun Aprendo〉(1824)라는 그림이 있다. 영어로는 'I'm still learning'이라는 뜻이다. 파리에서 새로운 화풍이 나왔다고, 죽음이 멀지 않은 화가가 이를 배우겠다고 두 개의 지팡이를 짚고 스페인에서 프랑스로 걸어가는 모습이 눈물겹다. 이것이 나를 새롭게 창조하기 위해 노력하는 '나를 찾는 아름다운 여행'이다.

여행은 뭐니 뭐니 해도 즐겁고 행복한 활동이다. 여행은 인간의 지적 호기심을 충족하는 창조적 유희이고, 세상 곳곳에 숨겨진 아름다움을 체험하는 것이다. 여행은 삶을 숙제에서 축제로 바꾸어 준다. 시간은 반복되고 공간은 고정되어 있는 일상의 권태, 무의미, 스트레스 등 추함에 저항하고 이상적인 장소에서 재미, 의미, 심미의 미학을 지향하는 것이다.

여행은 떠남과 만남이고 돌아옴이다. 떠남은 고유한 '나'를 잃어버린 눈치 보기와 이기심에서 벗어나는 것이다. 놀랍고 멋진 타자들을 만나는 것이다. 그래서 결국에는 진정한 자기로 돌아오는 일이다. 여행은 내가 아닌 것을 비우고 세상이 기대하는바 아름다운 나로 나를 채우는 일이다.

창조와 변화를 바탕으로 우리다움의 한국적 미학을 보여 주는 오래된 미래 같은 장소들을 여행하였다. 한국미의 원형 석굴암, 삼보사찰, 산사 미학의 전형 부석사, 아름다운 전설을 가진 마곡사와 월정사, 한국적 궁궐 창덕궁과 조선의 고요한 절제미 종묘, 다름을 받아들여 조화미를 보여 주는 하회마을과 양동마을, 공자 · 맹자가 아닌 우리 선현을 모시는 자연미와 지성미의 서원들, 환대미학의 명문고택들, 산고수려한 금수강산을 예술로 승화한 정원들…. 그리고 온고지신溫故知新한 나의 모습이다.

부디 이 책을 읽는 모든 분들이 우리다움을 보여 주는 곳들로 나다움을 찾는 여행을 떠났으면 한다. 기쁨과 아름다움을 잃은 일상 속에 감추어져 있던 나만의 행복한 진짜 모습을 되찾았으면 한다. 그래서 내가 있기 전보다 더 아름다운 세상을 함께 만들어 나갈 수 있기를 바란다.

미주

1장_나를 찾는 한국 미학 여행 길라잡이

1 이지훈,《혼창통》, 샘엔파커스, 2010, 183쪽.
2 박인석,《디자인,세상을 비추는 거울》, 디자인하우스, 2001, 152쪽.
3 파울로 코엘료,《연금술사》, 문학동네, 2001, 39쪽.
4 마코토 후지무라,《컬처 케어》, IVP, 2020, 68쪽.
5 고은,《화엄경》, 민음사, 1991, 42쪽.
6 플라톤,《파이드로스》, 조대현 옮김, 문예출판사, 2011, 250쪽.
7 미학대계간행회,《미학의 역사》, 서울대출판부, 2007, 30~35쪽.
8 고유섭,《한국미술문화사논총》, 통문관, 1966, 13쪽.
9 조지훈,《멋의연구, 한국인과 문학사상》, 일조각, 1968, 213쪽.
10 표정옥,《신화와 미학적 인간》, 청송, 2016, 175~176쪽.
11 브리기테 셰어,《미와 예술》, 박정훈 옮김, 미술문화, 2016, 7쪽.
12 카간,《문화철학》, 이혜승 옮김, 지만지, 2009, 96쪽.
13 윤광준,《심미안 수업》, 지와인, 2018, 97쪽.
14 채지형,《인생을 바꾸는 여행의 힘》, 상상출판, 2012, 35쪽.
15 이상형,《철학자의 행복여행》, 역락, 2013, 187쪽.
16 권영걸,《공간디자인 16강》, 국제, 2001, 196쪽.
17 최광진,《한국의 미학》, 미술문화, 2015, 81쪽.
18 심영옥,《한국의 아름다움, 그리고 그 의미》, 진실한 사람들, 2006, 154~157쪽.
19 지상현,《한중일의 미의식》, 아트북스, 2015, 217쪽.
20 안드레 에카르트,《에카르트의 조선미술사》, 권영필 옮김, 열화당, 2003, 131쪽.
21 최순우,《무량수전 배흘림기둥에 기대서서》, 학고재, 1994, 46~47쪽.
22 조민환 외,《한국의 전통적 미의식을 찾아서》, 전통문화연구소, 2013, 13쪽.
23 Dietrich Seckel, "Some Characteristics of Korean Art", Oriental Art, vol.23, 1977, p.52.
24 김원용,《한국미의 탐구》, 열화당, 1996, 47~48쪽.
25 조요한,《한국미의 조명》, 열화당, 2004, 98쪽.
26 야나기 무네요시,《조선을 생각한다》, 학고재, 1996, 78~79쪽.
27 권영필 외,《한국의 美를 다시 읽는다》, 돌베개, 2002, 256쪽.
28 야나기 무네요시,《조선을 생각한다》, 학고재, 1996, 47쪽.
29 심영옥,《한국의 아름다움, 그리고 그 의미》, 진실한 사람들, 2006, 97쪽.
30 최광진,《기교너머의 아름다움(미술로 보는 한국의 소박미)》, 현암사, 2021, 6~7쪽.

31 유홍준,《안목》, 눌와, 2017, 258쪽.
32 Jones, Linsay ed., 2005, Encyclopedia of Relligion,Macmillan Library Reference, pp. 5228~5237.
33 유동식,《한국 무교의 역사와 구조》, 연세대출판부, 1997, 14~15쪽.
34 위의 책, 298~299쪽.
35 조민환 외,《한국의 전통적 미의식을 찾아서》, 전통문화연구소, 2013, 31~32쪽.
36 조요한,《한국미의 조명》, 열화당, 1999, 148~149쪽.
37 중앙일보와의 귀국 인터뷰, 1984.
38 조지훈,《멋의 연구, 한국학 연구》, 나남출판, 1996, 394쪽.
39 유동식,《풍류도와 한국의 종교 사상》, 연세대학교 출판부, 2007, 193쪽.
40 신은경,《풍류—동아시아 미학의 근원》, 보고사, 2000, 23쪽.
41 조용헌,《백가기행》, 디자인하우스, 2010, 3쪽.
42 박시익,《한국의 풍수지리와 건축》, 일빛, 1990, 2쪽.

2장 _ 산사의 아름다움 순례

1 이주영,《미학특강》, 미술문화, 2011, 104쪽.
2 오강남,《불교, 이웃종교로 읽다》,현암사, 2006, 4쪽.
3 자현,《사찰의 상징세계》, 불광출판사, 2012, 7쪽.
4 이형권,《산사》, 고래실, 2002, 16쪽.
5 김웅세,《한국의 마음》, 동서문화, 1994, 115쪽.
6 유홍준,《나의문화유산답사기 산사순례》, 창비, 2018, 109쪽.
7 임창옥,《마곡사와 화승계보》, 모시는 사람들, 2023, 112~114쪽.
8 김봉렬,《불교건축》, 솔, 2004, 80~85쪽.
9 최준식 외,《유네스코가 보호하는 우리문화유산 열두가지》, 시공사, 2002.
10 최준식,《경주, 신라가 빚은 예술》, 한울, 2010, 9쪽.
11 김대식,《경주남산》, 미술문화, 1999, 13쪽.
12 윤경렬,《경주남산》, 대원사, 1989, 34쪽.
13 요헨 힐트만,《미륵》, 이경재 외 옮김, 학고재, 1997, 17쪽.
14 최선호,《한국의 미 산책》, 해냄, 2007, 145쪽.
15 이찬훈,《불교의 미를 찾아서》, 담앤북스, 2013, 95쪽.
16 이형권,《산사》, 고래실, 2002, 109쪽.
17 이태호 외 2인,《운주사》, 대원사, 1994, 109쪽.
18 나경수,《한국의 신화》, 한얼미디어, 2005, 207쪽.
19 이기영 외 2인,《통도사》, 대원사, 1991, 11~21쪽.
20 한정갑,《재미있는 사찰 이야기》, 산지니, 2017, 45쪽.
21 이형권,《산사》, 고래실, 2002, 63쪽.

22 이찬훈,《불교의 미를 찾아서》, 담앤북스, 2013, 92쪽.
23 이재창 외 2인,《해인사》, 대원사, 1993, 31쪽.
24 주남철,《한국의정원》, 고려대출판부, 2009, 244쪽.
25 고은,《절을 찾아서》, 책세상, 1987, 97쪽.
26 이형권,《산사》, 고래실, 2002, 65쪽.
27 최남선,《심춘순례》, 경인출판, 2013, 207쪽.
28 김봉렬,《불교건축》, 솔, 2004, 165~168쪽.
29 신영훈,《절로 가는 마음》,책만드는 집, 1994, 57쪽.
30 김봉렬,《불교건축》, 솔, 2004, 134쪽.
31 자현,《사찰의 상징세계》, 불광출판사, 2012, 57쪽.
32 김봉렬,《불교건축》, 솔, 2004, 48쪽.
33 김봉렬,《김봉렬의 한국건축이야기 3》, 돌베개, 2006, 63~66쪽.
34 이형권,《산사》, 고래실, 2002, 92쪽.
35 김보현 외 2인,《부석사》, 대원사, 1995, 61쪽.
36 최선호,《한국의 미 산책》, 해냄, 2007, 107쪽.
37 임창옥,《마곡사와 화승계보》, 모시는사람들, 2023, 21쪽.
38 마곡사, 근대불화를 만나다, 공주박물관, 2012, 14~15쪽.
39 최선호,《한국의 미 산책》, 해냄, 2007, 208쪽.
40 《마곡사 실측조사보고서》,문화공보부, 1989, 90쪽.
41 김봉렬,《불교건축》, 솔, 2004.
42 임창옥,《마곡사와 화승계보》, 마곡사, 2023, 8~9쪽.
43 고은,《절을 찾아서》, 책세상, 1987, 78쪽.
44 우리사찰답사회,《강원도로 떠나는 사찰여행》, 2004, 159쪽.
45 우리사찰답사회,《강원도로 떠나는 사찰여행》, 2004, 205쪽.
46 이형권,《산사》, 고래실, 2002, 175쪽.
47 선원빈,《큰스님》, 법보신문사, 1991, 54쪽.

3장 _ 조선의 유교 미학 기행

1 유홍준,《나의문화유산답사기10》, 창비, 2017, 13쪽.
2 홍순민,《우리궁궐이야기》, 청년사, 1999, 11쪽.
3 이강근,《경복궁》, 대원사, 1998, 35~36쪽.
4 구완회,《우리궁궐이야기》, 상상출판, 2022, 52쪽.
5 심영옥,《한국의 아름다움, 그리고 그 의미》, 진실한 사람들, 2006, 201쪽.
6 이상해,《궁궐 · 유교건축》, 솔, 2004, 104쪽.
7 장순용,《창덕궁》, 대원사, 1990, 11쪽.
8 이형준,《유네스코세계문화유산》, 시공주니어, 2010, 47쪽.

9 이상해,《궁궐 · 유교건축》, 솔, 2004, 27쪽.
10 주남철,《한국의 정원》, 고려대출판부, 2009, 231쪽.
11 김봉렬,《김봉렬의한국건축이야기1, 시대를담는그릇》, 돌베개, 2006, 151쪽.
12 최준식 외,《유네스코가 보호하는 우리문화유산 열두 가지》, 시공사, 2002, 97쪽.
13 승효상,《오래된 것들은 다 아름답다》, 컬쳐그라피, 2012, 201쪽.
14 이형준,《유네스코세계문화유산》, 시공주니어, 2010, 35쪽.
15 최준식 외,《유네스코가 보호하는 우리문화유산 열두 가지》, 시공사, 2002, 99쪽.
16 이상해,《궁궐유교건축》, 솔, 2004, 205쪽.
17 김봉렬,《서원건축》, 대원사, 1998, 17쪽.
18 강판권,《서원생태문화기행》, 계명대출판부, 2019, 6~7쪽.
19 김봉렬,《서원건축》, 대원사, 1998, 96쪽.
20 주남철,《한국의정원》, 고려대출판부, 2009, 235쪽.
21 김봉렬,《김봉렬의 한국건축 이야기 3》, 돌베개, 2006, 232쪽
22 이진경,《한국의 고택기행》, 이가서, 2013, 109쪽.
23 김봉렬,《김봉렬의 한국건축 이야기 3》, 돌베개, 2006, 27~28쪽.
24 최선호,《한국의 미 산책》, 해냄, 2007, 85쪽.
25 강판권,《서원생태문화기행》, 계명대출판부, 2019, 121~122쪽.
26 주남철,《한국의정원》, 고려대출판부, 2009, 219쪽.
27 이상해,《궁궐 · 유교건축》, 솔, 2004, 206쪽.

4장 _ 전통 마을과 명문 고택 답사

1 유홍준,《나의 문화유산답사기 3》, 창비, 2011, 76~84쪽.
2 임재해 외,《하회마을의 세계》, 민속원, 2012, 23쪽.
3 신영훈,《한옥의 향기》, 대원사, 2000, 94쪽.
4 김봉렬,《김봉렬의 한국건축 이야기 1,시대를담는그릇》, 돌베개, 2006, 303쪽.
5 차장섭,《선교장》, 열화당, 2011, 27쪽.
6 김원 외,《건축가는 어떤 집에서 살까》, 서울포럼, 2005, 66~67쪽.
7 조용헌,《500년 내력의 명문가이야기》, 푸른역사, 2002, 12쪽.
8 조용헌,《명문가》, 랜덤하우스, 2009, 75쪽.
9 허균,《한국의 정원: 선비가 거닐던 세계》, 다른세상, 2002, 57쪽.
10 이진경,《한국의 고택기행》, 이가서, 2013, 97쪽.
11 여태동,《명문가에서의 하룻밤》, 김영사, 2013, 105쪽.
12 신영훈,《한옥의 향기》, 대원사, 2000, 137쪽.
13 주남철,《한국의 정원》, 고려대출판부, 2009, 320쪽.
14 여태동,《명문가에서의 하룻밤》, 김영사, 2013, 105쪽.

1 김종길,《한국정원기행》, 미래의창, 2020, 12~19쪽.
2 정동오,《한국의정원》, 민음사, 1986, 74쪽.
3 허균,《한국의정원: 선비가 거닐던 세계》, 2002, 다른세상, 103쪽.
4 조요한,《한국미의 조명》, 열화당, 1999, 253쪽.
5 허균,《한국의 정원: 선비가 노닐던 세계》, 다른세상, 2002, 25쪽.
6 김종길,《한국정원 기행》, 미래의창, 2020, 187쪽.
7 김봉렬,《김봉렬의 한국 건축 이야기 1,시대를 담는 그릇》, 돌베개, 2006, 67~70쪽.
8 윤영활,《청평사》, 대원사, 2009, 14쪽.
9 유홍준,《나의 문화유산답사기 9》, 창비, 2017, 217~230쪽.
10 이상해,《궁궐 · 유교건축》, 2004, 17~31쪽.
11 주남철,《비원》, 대원사, 1990, 24쪽.
12 유홍준,《나의 문화유산답사기 9》, 창비, 2017, 217~230쪽
13 허균,《한국의 정원: 선비가 거닐던 세계》, 다른세상, 2002, 211~215쪽.
14 주남철,《비원》, 대원사, 1990, 101쪽.
15 정동오,《한국의정원》, 민음사, 1986, 95쪽.
16 김종길,《한국정원기행》, 미래의창, 2020, 20~22쪽.
17 위의 책, 60쪽.
18 천득염,《한국의 명원 소쇄원》, 발언, 1999, 13쪽
19 김봉렬,《김봉렬의 한국건축이야기2》, 53~83쪽.
20 허균,《한국의정원: 선비가 거닐던 세계》, 2002, 다른세상, 37~41쪽.
21 이기동,《소쇄원,천국을 거닐다》, 사람의 무늬, 2014.
22 조정송 외,《조경·미학·디자인》, 조경, 2006, 216쪽.
23 주남철,《한국의정원》, 고려대출판부, 2009, 362~364쪽
24 김봉렬,《김봉렬의 한국 건축 이야기 1,시대를 담는 그릇》, 돌베개, 2006, 241~247쪽.
25 정동오,《한국의정원》, 민음사,1986, 66~67쪽.

나를 찾는 한국 미학 기행

2024년 10월 10일 초판 1쇄 발행

지은이 | 신동주

펴낸이 | 노경인 · 김주영

펴낸곳 | 도서출판 앨피

출판등록 | 2004년 11월 23일

주소 | (01545) 경기도 고양시 덕양구 향동로 218 (향동동, 현대테라타워DMC) B동 942호

전화 | 02-710-5526 팩스 | 0505-115-0525

블로그 | blog.naver.com/lpbook12

전자우편 | lpbook12@naver.com

ISBN 979-11-92647-38-8 93980